U0722385

"十四五"时期国家重点出版物出版专项规划项目

中国天眼（FAST）工程丛书

国家出版基金项目
NATIONAL PUBLICATION FOUNDATION

中国天眼

测量与控制卷

孙京海　朱丽春　于东俊　杨清亮
李心仪　张志伟　袁　卉　蒋志乾　编著

人民邮电出版社
北　京

图书在版编目（CIP）数据

中国天眼. 测量与控制卷 / 孙京海等编著. -- 北京：
人民邮电出版社，2024. -- （中国天眼（FAST）工程丛书
）. -- ISBN 978-7-115-65388-8

Ⅰ. TN16

中国国家版本馆 CIP 数据核字第 2025T3D689 号

内 容 提 要

本书系统介绍为适应 FAST 的独特工作原理而构建的测量与控制体系，主要内容包括基准控制网、望远镜测量和望远镜控制 3 个部分，着重阐述各系统的功能与组成、性能指标、相应的软硬件设计与实施方案，以及研发过程中涉及的测量与控制关键技术。本书提供 FAST 团队在研发系统过程中获得的数据，详述重要的实验方法，帮助读者理解 FAST 建设过程中的方案决策及其依据，以及选择技术时关注的重点。

本书内容丰富，涉及学科和技术领域众多，适合测量与控制相关专业具有一定专业知识基础的研究生阅读和学习，同时也可供相关领域的工程技术人员参考。

◆ 编　著　孙京海　朱丽春　于东俊　杨清亮　李心仪
　　　　　张志伟　袁　卉　蒋志乾
　责任编辑　邓昱洲　王法文
　责任印制　马振武

◆ 人民邮电出版社出版发行　　北京市丰台区成寿寺路 11 号
　邮编　100164　　电子邮件　315@ptpress.com.cn
　网址　https://www.ptpress.com.cn
　北京盛通印刷股份有限公司印刷

◆ 开本：700×1000　1/16
　印张：17　　　　　　　　　　2024 年 12 月第 1 版
　字数：227 千字　　　　　　　2024 年 12 月北京第 1 次印刷

定价：139.00 元

读者服务热线：(010)81055410　印装质量热线：(010)81055316
反盗版热线：(010)81055315

丛书编委会

主　编：姜　鹏

副主编：李　辉　　甘恒谦　　孙京海　　朱　明

编　委：王启明　　孙才红　　朱博勤　　朱文白

　　　　朱丽春　　金乘进　　张海燕　　潘高峰

　　　　于东俊

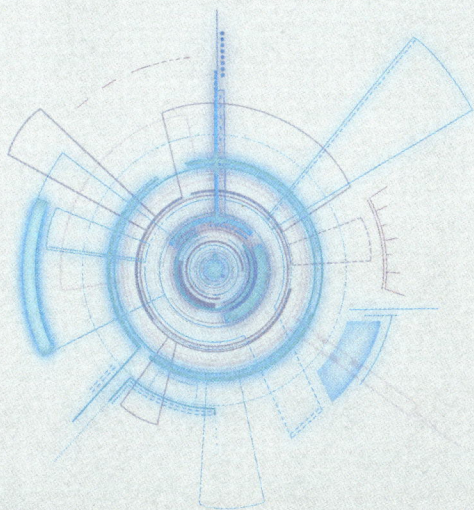

重大科技基础设施是为探索未知世界、发现自然规律、实现技术变革提供极限研究手段的大型复杂科学研究系统，是突破科学前沿、解决经济社会发展和国家安全重大科技问题的物质技术基础。在诸多重大科技基础设施之中，500 米口径球面射电望远镜（FAST）——"中国天眼"，以其傲视全球的规模与灵敏度，成为中国乃至世界科技史上的璀璨明珠。

作为"中国天眼"曾经的建设者，我对参与这项举世瞩目的工程深感荣幸，更为"中国天眼（FAST）工程丛书"的出版感到无比喜悦与自豪。本丛书不仅完整记录了"中国天眼"从概念萌芽到建成运行的创新历程，更凝聚着建设团队二十余载的心血与智慧。翻开本丛书，那些攻坚克难的日日夜夜仿佛重现眼前：主动反射面、馈源支撑、测量与控制、接收机与终端等系统的建设，台址开挖、观测基地等单位工程的每一个细节，无不彰显着中国科技工作者的执着与担当。本丛书不仅是对过往奋斗历程的忠实记录，更是我国科技自立自强的生动写照。

"中国天眼（FAST）工程丛书"科学价值卓越。本丛书通过翔实的资料、严谨的数据和科学的记录，全面展示了当前世界最大单口径、最灵敏的射电望远镜——"中国天眼"的科学目标。"中国天眼"凭借其无与伦比的灵敏度，成功捕捉到来自遥远星系，甚至宇宙边缘的微弱信号。这些信号如同穿越时空的信使，为我们揭示了宇宙深处的奥秘。本丛书生动展示了"中国天眼"如何助力科学家们发现新的脉冲星、快速射电暴等天体现象，这

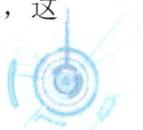

些发现不仅丰富了天文学的观测数据库，更为我们理解极端物理条件下的天体形成机理提供了宝贵线索。

"中国天眼（FAST）工程丛书"技术解析深入。本丛书深入剖析了"中国天眼"在设计、建造、调试、运行等各个环节中的技术创新与突破。从选址的精心考量到结构的巧妙设计，从高精度定位系统的研发到海量数据的处理与分析，每一项技术成果都凝聚了无数科技工作者的智慧与汗水。这些技术创新不仅推动了我国天文学领域的进步，也为其他领域的科技发展提供了宝贵的经验和启示。

"中国天眼（FAST）工程丛书"社会意义深远。作为"十一五"期间立项的国家重大科技基础设施，"中国天眼"的建造和运行不仅提升了我国在全球科技竞争中的地位和影响力，更为我国创新驱动发展战略的实施注入了强大的动力。"中国天眼（FAST）工程丛书"是一套集科学性、技术性与人文性于一体的优秀著作。本丛书的出版，是对 FAST 工程最好的记录。它不仅系统梳理了工程建设的经验，为我们揭开了"中国天眼"这一神秘而伟大的科学装置的面纱；更展现了科技工作者追求卓越的精神，为我们提供了深入思考科学、技术与社会关系的宝贵素材。

希望本丛书能为射电天文从业者提供一些经验和技术借鉴，激励更多年轻人投身天文事业。未来，期待他们可以建设更多的天文大科学装置，在探索宇宙的道路上不断前行。

中国科学院国家天文台原台长

FAST 工程经理、总指挥

2024 年 12 月

丛 书 序 二

在浩瀚宇宙的探索之旅中，每一次科技的飞跃都是人类智慧与勇气的结晶。作为中国天文学乃至国际天文学领域的一项壮举，500 米口径球面射电望远镜（FAST）——"中国天眼"的建成与运行，无疑是射电天文探索宇宙奥秘历程中的一座重要里程碑。而今，随着"中国天眼（FAST）工程丛书"的问世，我们可以更加全面、深入地了解这一伟大工程，感受其背后的技术创新与科学精神。

作为一名在射电天文领域深耕多年的科研人员，我非常荣幸地向广大读者推荐这套珍贵的学术丛书。"中国天眼（FAST）工程丛书"分为 5 卷，每一卷聚焦"中国天眼"的不同维度，共同构建了一幅完整而丰富的科学画卷。

《中国天眼·总体卷》作为开篇之作，系统介绍了"中国天眼"的总体设计思路、建设背景及战略意义，为其余各卷的详细阐述奠定了坚实的基础。该卷不仅概览了工程全貌，而且深刻阐述了"中国天眼"在天文学领域的重要地位，对于理解其科学价值具有重要意义。

《中国天眼·结构、机械与工程力学卷》从专业技术的角度，详细剖析了"中国天眼"构造的奥秘。无论是独特的台址系统，还是极具特色的主动反射面和馈源支撑系统，都展现了我国科研人员与工程技术人员的智慧与精湛技艺。这些技术的成功应用，不仅保证了"中国天眼"的稳定运行与高效观测，更为我国乃至全球的工程技术树立了新的标杆。

《中国天眼·电子电气卷》将我们带入了一个充满科技与创新的电子世界。接收机的研制及性能测试、电磁兼容的研究及实现、电气系统的设计及实施……这些看似枯燥的技术细节，实则是"中国天眼"能够稳定运行并持续获得高质量科学数据的关键所在。

《中国天眼·测量与控制卷》聚焦测控系统的设计与实现。作为"中国天眼"的"神经系统"，测控系统负责望远镜的精准定位、稳定运行与数据采集等核心任务。该卷详细介绍了测控系统的设计思路、技术难点、分析方法及解决方案，让我们领略到现代测控技术的先进性与复杂性。

《中国天眼·数据与科学卷》介绍了"中国天眼"在数据采集、处理与存储方面的创新成果，不仅展示了"中国天眼"在寻找脉冲星、快速射电暴，以及中性氢巡天等领域的卓越表现，还探讨了这些发现对现代天文学研究的推动作用，是科研人员进行天文观测数据分析的实用指南。

"中国天眼（FAST）工程丛书"的出版，是 FAST 团队对多年建设、调试和运行经验的全面记录与总结，为未来重大科技基础设施建设提供了宝贵经验。同时，这套专业的学术丛书，为科研人员和相关专业的师生提供了重要的学习资料与技术参考，有助于科技人才培养，为射电天文及相关领域的发展注入强劲动力。

中国科学院紫金山天文台研究员

中国科学院院士

2024 年 12 月

人类仰望苍穹时，总是在想：我们是谁？我们从哪里来？我们要往哪里去？我们是否孤独？……如何科学解答人类的困惑，天文学家一直在努力寻求突破。

1609 年，意大利科学家伽利略用他自制的放大倍数为 32 倍的望远镜指向星空时，可谓人类第一次揭开宇宙的神秘面纱。随着科技的飞速发展，人类探索宇宙的手段日新月异。500 米口径球面射电望远镜（Five-hundred-meter Aperture Spherical radio Telescope，FAST）的建成，正是人类迈向未知世界的重要一步。

FAST 是"十一五"重大科技基础设施建设项目。该项目利用贵州的天然喀斯特洼地作为望远镜台址，建造世界最大单口径射电望远镜，以实现大天区面积、高精度的天文观测。项目总投资 11.7 亿元，2011 年 3 月 25 日开工建设，2016 年 9 月 25 日工程落成启用。落成启用当天，习近平总书记发来贺信指出："天文学是孕育重大原创发现的前沿科学，也是推动科技进步和创新的战略制高点。500 米口径球面射电望远镜被誉为'中国天眼'，是具有我国自主知识产权、世界最大单口径、最灵敏的射电望远镜。"从此，FAST 有了享誉全球的名字——中国天眼。

以南仁东为首的中国天文学家团队提出建设"中国天眼"的想法，并为之呕心沥血。在南仁东等老一辈科学家的带领下，"中国天眼"的工程技术人员迅速成长。为了工程建设，他们开始了异地坚守、舍家拼搏的奉献之旅。2011 天，数百名科技工作者用自己最好的青春年华，谱写了"中国天眼"最美的乐章。

2020 年 1 月，"中国天眼"通过国家验收后进入了安全、高效、稳定的

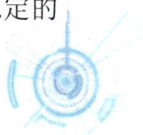

望远镜运行阶段。FAST 拥有科学的管理模式、合理的运维体系、专业的运维队伍、开放的国际平台、海量的科学存储，实现了全链条、高效率的运行管理，连续四年荣获中国科学院国家重大科技基础设施评选第一名的佳绩。截至 2024 年 11 月，FAST 发现的脉冲星已超千颗，超过同一时期国际上其他望远镜发现脉冲星的总和；开展中性氢巡天任务，构建并释放了全球最大的中性氢星系样本，样本数量和数据质量远超国内外其他中性氢巡天项目；在脉冲星物理、快速射电暴起源、星系形成演化及引力波探测等领域，产出了一系列世界级科研成果。

11 篇重要成果发表于《自然》和《科学》主刊。快速射电暴相关成果入选《自然》《科学》杂志 2020 年度十大科学发现 / 突破，并于 2021 年、2022 年连续两年入选我国科学技术部发布的中国科学十大进展。"FAST 探测到纳赫兹引力波存在的关键性证据"这一成果入选《科学》杂志 2023 年度十大科学突破、中央广播电视总台发布的 2023 年度国内十大科技新闻和两院院士评选的 2023 年中国十大科技进展新闻。此外，FAST 团队获得了 9 项省部级科技一等奖及"中国土木工程詹天佑奖"等 19 项社会奖励，先后被授予首届国家卓越工程师团队、第六届全国专业技术人才先进集体、第 23 届中国青年五四奖章集体等多项荣誉称号。

为了总结 FAST 关键技术，传承科学精神，深入展现这一世界级天文观测设施的科技成就与建设历程，FAST 团队成员共同编撰了"中国天眼（FAST）工程丛书"。丛书旨在全面、深入、系统地记录 FAST 的科学目标、技术创新、工程建设、运行管理及其对科学研究的深远影响，为国内外科研人员立体而生动地呈现 FAST 全貌，同时也为我国的科技基础设施建设与运行管理提供宝贵的经验借鉴。

"中国天眼（FAST）工程丛书"包含 5 卷，每一卷聚焦 FAST 的不同维度，共同构成了"中国天眼"完整的知识体系。

《中国天眼·总体卷》作为丛书的开篇之作，从宏观视角出发，简述了射电天文学和射电望远镜，在此基础上全面阐述了 FAST 的设计概念、核心科学目标、建设与调试情况、运行管理情况及未来规划，使读者能够清晰地了解 FAST 的总体蓝图和发展历程。

《中国天眼·结构、机械与工程力学卷》从结构、机械与工程力学专业的角度对 FAST 进行介绍，内容涵盖望远镜台址系统和两大工艺系统——主动反射面和馈源支撑。回顾 FAST 从创新概念的提出，到当前已进入正常的设备运行维护这 20 多年的历史，讲述 FAST 在工程建设前的研发阶段，在工程建设、设备调试和设备运行维护期间，在望远镜结构、机械与工程力学等专业方面所面临的技术难题和挑战、解决问题的方法和设计方案、工程实施的详细过程等。该卷内容翔实，介绍了所涉及的专业理论、研究背景和可能的应用，对于有志从事相关研究的科研工作者和工程技术人员具有重要的参考意义，有助于培养启发性思维。

《中国天眼·电子电气卷》主要包括 3 部分内容：接收机研制及性能测试、电磁兼容研究及实现、电气系统设计及实施。第一部分汇总描述 FAST 7 套接收机的主要构成、性能指标、关键技术及研制过程，包括初步设计、详细设计、部件加工、组装测试、安装调试等。第二部分主要介绍 FAST 的电磁兼容指标、各分系统的电磁兼容设计及实施、各部件的电磁辐射特性及屏蔽效能测试、电磁波环境监测及保护等。第三部分主要介绍 FAST 供电系统设计及施工、综合布线系统设计及施工、各分系统电气设备的主要构成及功能、防雷系统设计及实施等。该卷从天眼工程实例出发，系统介绍望远镜接收机、电磁兼容系统以及电子电气系统的原理、设计、研制过程等，可以给射电天文从业者提供相关的参考。

《中国天眼·测量与控制卷》主要包括 3 部分内容。第一部分详细介绍建立基准控制网的过程，这是实现高精度测控的基础条件。高精度测量是望远镜控制乃至整个望远镜高效观测的前提。第二部分详细介绍望远镜测量，针对反射面和馈源支撑的不同测量需求，深入介绍多种测量方案和测

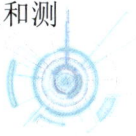

量设备。第三部分详细介绍望远镜控制，控制系统是 FAST 在观测时实现望远镜功能和性能的执行机构，根据功能和控制对象的不同，分为总控、反射面控制和馈源支撑控制，涉及多种创新控制方法。该卷可以帮助读者了解 FAST 如何在复杂的环境中保持高精度运行，对于未来新一代、更先进的大型望远镜研制具有重要的参考借鉴作用。

《中国天眼·数据与科学卷》深入讲解 FAST 的科学目标、时域科学与频域科学、科学数据处理、科学数据存储，以及基于这些数据所开展的前沿科学研究。从发现新的脉冲星到研究黑洞和中性氢，从探索宇宙起源到寻找地外文明，FAST 正刷新着人类对宇宙的认知，展示了其在天文学发展方面的巨大潜力。同时，该卷可以帮助读者了解 FAST 海量数据的存储和管理过程，掌握海量数据存得住、管得好的实用方法。

"中国天眼（FAST）工程丛书"的顺利出版，得到了国家出版基金的大力支持以及人民邮电出版社的鼎力帮助。国家出版基金的资助，为丛书的编撰提供了坚实的资金保障；人民邮电出版社以其专业的编辑团队、丰富的出版经验，为丛书的顺利出版提供了全方位的支持与帮助。在此，我谨代表丛书编委会向国家出版基金和人民邮电出版社致以最诚挚的感谢！同时，也要感谢所有参与 FAST 项目设计、建设、运行与研究的科研人员、工程技术人员，以及为丛书编撰提供宝贵建议的各位同仁，是你们的辛勤工作与无私奉献，共同铸就了"中国天眼（FAST）工程丛书"这一科技与文化的结晶。

我们期待，"中国天眼（FAST）工程丛书"的出版能够激发更多人对科学的热爱与追求，推动天文学及相关领域的发展，为人类探索宇宙奥秘贡献更多的智慧与力量。

中国科学院国家天文台副台长

FAST 运行和发展中心主任、总工程师

2024 年 12 月

　　500 米口径球面射电望远镜是世界径最大、最灵敏的单口径射电望远镜。它采用创新的结构和独特工作方式，开创了低成本建造高性能射电望远镜的新模式。FAST 使用大跨度的柔性钢索（柔索）支撑结构，分别构建望远镜的反射面和馈源支撑两个核心部分。在观测时，反射面需要主动变形成瞬时抛物面，将天体发出的信号汇聚到焦点处，同时利用柔索拖动馈源接收机到达焦点位置来接收信号。与常规全可动射电望远镜不同，FAST 开展有效的天文观测需要实时、同步、精确地调整数千个柔性节点，同时改变反射面的形状，驱动馈源接收机到达指定位置，高效接收信号。因此，FAST 深度依赖精密的测量与控制系统。

　　FAST 的观测性能指标要求其在严苛的电磁兼容限制和复杂的野外气象环境下，在千米级尺度上实现全天候测量和毫米级的控制精度，这远远超过现有工业技术的极限。这一要求给 FAST 团队带来了前所未有的挑战——既没有成熟的产品可以使用，也没有类似的工程案例可以借鉴。自 1994 年概念提出之后，FAST 团队便开始思考 FAST 的测量与控制方法，先后调研了大量技术资料，联合国内外多个专业团队测试了众多的设备和方法。在一轮轮的参数优化和方案迭代过程中，最初的灵感逐步演化为工程设计方案。经过漫长的工程建设和调试，测量与控制系统不断被改进和优化，其性能和可靠性不断提高，最终建成经得起长期开放运行考验的、适用于 FAST 特殊工作方式的测量与控制系统。回顾这一历程，最终的实现方案与最初的

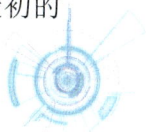

技术设想已经有天壤之别，这是本书作者所在的工程团队经过多年努力，克服重重困难所取得的成绩。在此期间，团队研发出大量的新技术和新方法，也总结出一些实际有效的工程经验。本书的主要目的就是把这些成果整理出来供读者学习和参考。

本书系统地介绍 FAST 测量与控制系统的功能组成、性能指标、实施方案，以及涉及的关键技术。全书共 5 章，内容概述如下。

第 1 章　综述

这一章简要概述天文望远镜的观测原理与运行特点，以及射电望远镜具有代表性的几类工作方式。在此基础上，详细阐述 FAST 的创新结构和工作方式，以及为实现这一特殊工作方式，测量与控制系统的功能组成和性能指标。

第 2 章　基准控制网

基准控制网是为 FAST 提供本地高精度时间基准和位置基准而设立的。及时、精确的反馈测量是实现精密控制的前提。FAST 的时间基准要求相对容易实现，要满足位置基准要求则极具挑战，因此本章重点阐述位置基准的建立和保持。

第 3 章　望远镜测量

高精度的测量信息是实现 FAST 运动精准控制的基础，测量精度直接影响和制约 FAST 所能实现的观测性能。这一章主要阐述 FAST 的测量需求、任务，详细阐述反射面测量系统和馈源支撑测量系统的具体实现方法。

第 4 章　望远镜控制

这一章主要阐述在获取精确的测量数据后，如何根据 FAST 的结构组成与运动特点，开发出一套稳定、可靠的控制系统，确保驱动设备的工作精度达到预期。首先以提高 FAST 的工作效率为目标，详细介绍 FAST 的控制策略及观测模式；然后分别介绍为满足 FAST 的技术指标，反射面控制系统和馈源支撑控制系统如何实现设备驱动及位姿控制，以及涉及的关键技术等。

第 5 章　总结与展望

这一章对 FAST 测量与控制的各子系统进行了总结与展望。

本书的第 1 章由孙京海编写，第 2 章由朱丽春、于东俊、李心仪编写，第 3 章由于东俊、李心仪、袁卉编写，第 4 章由孙京海、杨清亮、张志伟、蒋志乾编写，第 5 章由全体作者共同撰写，全书由李心仪进行统稿。

由于本书是在汇集、整理第一手工程资料的基础上撰写而成的，加之作者的水平有限，书中难免存在不足，恳请读者谅解并予以指正。

致谢

本书内容涉及 FAST 测量与控制系统及关键技术，FAST 团队在不同时期获得了国内外多个技术团队的支持，对这些团队在合作研究中做出的卓越贡献致以诚挚的谢意。

作者

2024 年 8 月

目　录

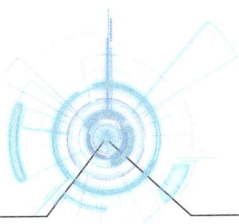

第1章 综　述

FAST 是我国"十一五"重大科技基础设施,是世界上最大、最灵敏的单口径射电望远镜。FAST 创新的工程概念开创了低成本建造巨型射电望远镜的新模式。器利则事半功倍,FAST 是世界一流设备,对提高我国天文学领域研究水平和国际地位具有重大意义。

FAST 在工程概念和设计上均采用创新模式。传统的全可动射电望远镜馈源与反射面在结构上采用刚性连接来保持两者之间的相对位置,馈源始终位于反射面的焦点。但 FAST 空间跨度巨大,受重力影响,结构会发生变形,因此无法采用这种传统方式来建造。基于此,FAST 团队提出采用主动反射面系统和馈源支撑系统的创新设计:主动反射面系统采用柔性索网结构,上面铺设 4450 块反射面单元面板,柔性索网结构通过主动变位控制,在照明方向上形成口径为 300m 的瞬时抛物面;通过轻型索拖动馈源支撑系统在千米级的尺度上进行实时调整,以控制馈源舱到达瞬时抛物面的焦点位置,并采用精调机构精密调整,将接收机馈源精确定位于焦点。

可以看出,FAST 采用柔性索网结构和精密调整控制有机结合的方式来保证馈源和反射面之间的相对位置可控。柔性索网结构可以有效克服大尺度空间结构自重的影响,并能显著降低造价成本。但柔性索网结构需要通过及时调整和补偿才能保证形状和位置精度。因此测量与控制系统是 FAST 的重要组成部分,并作为其关键技术之一,直接影响和制约天线的观测性能。

FAST 的反射面和馈源支撑空间跨度巨大且没有任何连接,给望远镜的测量与控制（简称测控）带来了前所未有的挑战。在严苛的电磁兼容限制及全天候的野外工作条件的影响下，测量与控制要高度协调、同步，并且连续、实时地实现望远镜高精度运动，在千米级尺度上实现毫米级的定位精度，这是极具挑战性的任务。测控团队经过多年努力，克服重重困难，开发了大量新技术，成绩斐然。在测控团队的技术支持下，FAST 实现了高精度实时运行，并产出了很多重大科学成果。

| 1.1 天文望远镜的观测原理与运行特点 |

天文望远镜是开展天文观测所使用的最主要的观测设备之一。从分类的角度来看，可按观测频段划分，也可按观测地点划分。按照观测频段划分，有 X 射线望远镜、光学望远镜、射电望远镜等；按照观测地点划分，有地基望远镜、机载望远镜、空间望远镜等。无论何种天文望远镜，它的观测目标都处于宇宙深处的某个特定位置。这个位置可以用天球坐标系的坐标来确定。天文望远镜指向观测目标的过程可以描述为根据观测目标所在的天球坐标系的坐标和望远镜所处的地球坐标系的坐标，计算出观测时段内望远镜的主光轴指向的方向向量，然后由望远镜的运动执行机构驱动望远镜实时、准确地调整到指向所需的姿态。不同望远镜的组成结构、驱动方式不同，其指向的描述方式和姿态调整的实现方式也各不相同。对地基望远镜来说，其指向的描述方式分为地平式和赤道式两种。地平式地基望远镜的指向用所在地点的方位角、垂直角来描述；赤道式地基望远镜的指向则用赤经和赤纬来描述。无论采用哪种指向的描述方式，绝大多数天文望远镜都可以简单地通过绕两个正交轴旋转来实现姿态调整。赤道式地基望远镜的主旋转轴与地球自转轴平行，指向北天极，优点是望远镜的视场不会因为姿态调整而旋转；而地平式地基望远镜的主旋转轴指向所在地点的天顶，因此其主旋转轴能够支撑更大的镜体结构，但在姿态调整过程中不可避免地会发生视场旋转，需要额外的机构来补偿。

射电望远镜一般采用抛物面天线来汇聚微弱的无线电信号，具有动辄几十米、上百米的结构尺寸，是天文望远镜中最巨大的一类。常规的全可动射电望远镜，如被誉为地面上最大机器的埃菲尔斯伯格射电望远镜（见图 1-1），仅需要设置沿水平方向

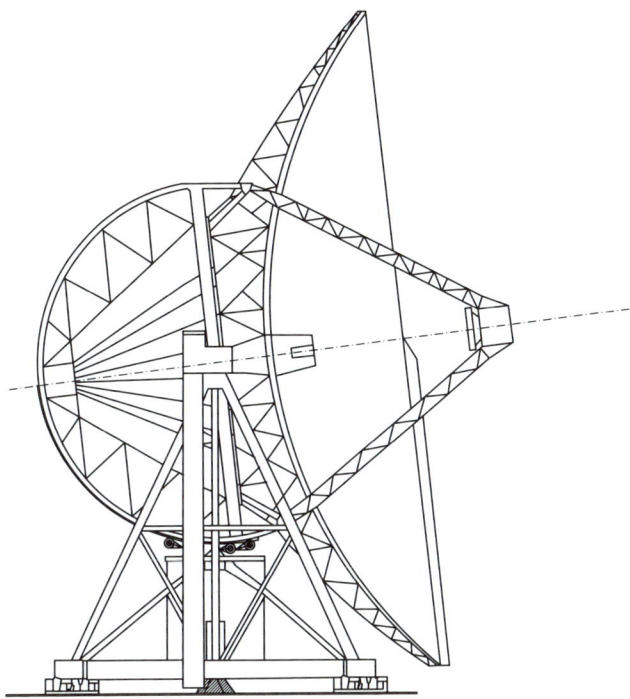

图 1-1 埃菲尔斯伯格射电望远镜示意图

和俯仰方向的两个驱动轴，即可带动反射面和馈源支撑一体化结构指向所需要的方向。来自观测目标的无线电信号经过两级反射面的反射汇聚后进入馈源，被转换成电信号。但是巨大的支撑结构会由于自重和风载荷发生变形，具有工程极限，因此这种全可动望远镜的口径受到一定限制。想要突破单口径望远镜的尺寸限制，只能将反射面固定到地面上。作为一个成功的应用案例，阿雷西博射电望远镜（见图 1-2）采用约 305m 口径的固定球反射面。与抛物面能够将平行电磁波汇聚到焦点不同，球面只能将平行电磁波汇聚到一条线上。因此，阿雷西博射电望远镜早期采用线馈源来接收信号，后期增加了具备两级改正镜的馈源舱才实现在焦点处接收信号。如果固定反射面天线，为了实现指向调节，就需要牺牲一部分反射面的接收面积，利用整个反射面内的不同区域来对准不同方向的天空。阿雷西博射电望远镜的有效接收口径是 210m，对应的天线指向调节范围能够达到

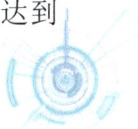

±20°。由于反射面固定，天线指向的调节只能通过移动馈源来实现。阿雷西博射电望远镜的信号接收装置位于固定反射面上方约150m处，设置了由固定钢索支撑的巨型馈源平台。馈源平台上设置了沿水平方向的旋转轴和一条弧形轨道。弧形轨道通过整体转动实现方位调节，不同类型的馈源平台可以沿着弧形轨道移动来实现俯仰调节。因此，阿雷西博射电望远镜虽然实现形式特殊，但仍然是通过两个轴来驱动指向的地平式射电望远镜。

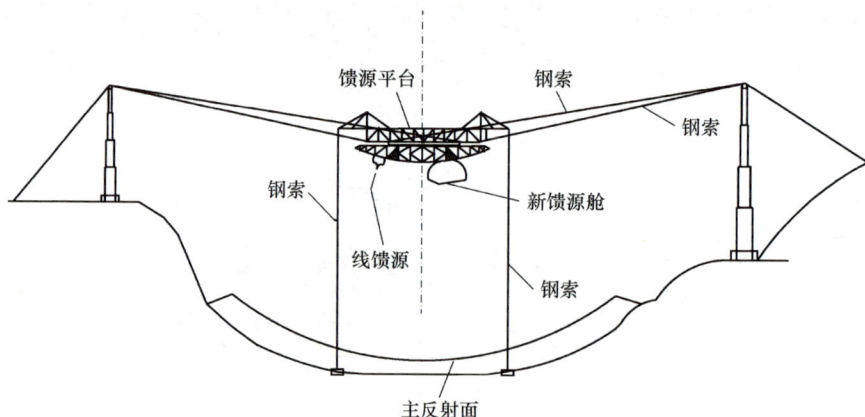

图 1-2　阿雷西博射电望远镜示意图

FAST是另一种实现形式极其特殊的射电望远镜。它利用单一的500m口径反射面来实现超高灵敏度，因远超百米工程极限，所以只能固定在地面上。FAST（见图1-3）的结构与阿雷西博射电望远镜看上去相似，如二者都具备放置在洼地中的固定球反射面、由支撑塔和索悬吊在空中的馈源接收系统等，但是FAST不只是比阿雷西博射电望远镜更大，其观测原理、调节指向的操作方式完全不同，且更加复杂。这是因为如果参照阿雷西博射电望远镜的观测原理，口径要从300m扩大到500m，那么对应的馈源平台质量将从900t提高到4000t以上。另外，馈源平台的存在会对反射面产生非常严重的遮挡，从而降低望远镜的有效接收面积。于是，FAST提出了独一无二的工程实现概念：在观测过程中，与指向目标对应的反射面有效观测区域由球面变形成抛物面，因此从望远镜观测方向发来的平行电磁波能够通过抛物面反射并汇聚到瞬时焦点上。与此同时，馈源舱内的接收机馈源相位中心需要放置在这个瞬时焦点上。之所以称之为瞬时焦点，是因为随着望远镜指向的变化，反射面的抛物面变形区域将发生改变，瞬时焦点的位置也会在空中移动。在望远镜的整个观测范围内，瞬时焦点位置的集合将在主动反射面上方形成一个开口直径超过 200m 的球冠面，这就是 FAST 馈源舱的运动范围。

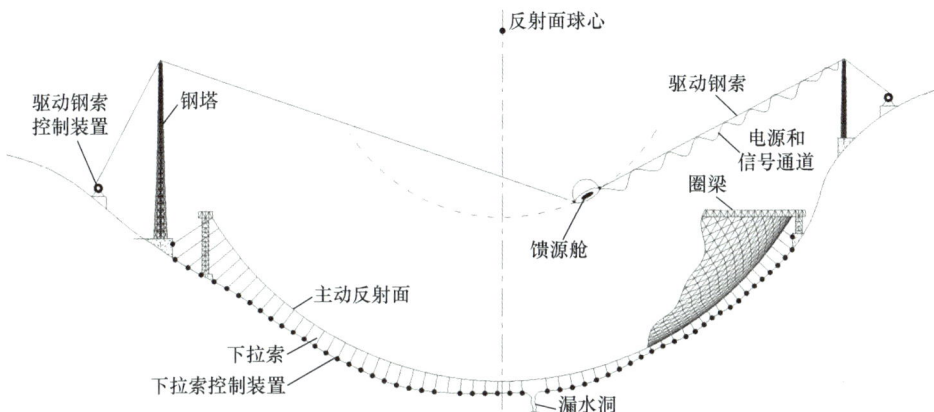

图 1-3　FAST 示意图

基于独特的工程概念，FAST 形成了两项标志性的自主创新技术：柔性主动反射面和轻型索牵引馈源支撑。这两个部分在结构上没有任何连接，需要实时地进行高精度协同配合才能实现 FAST 的观测指向调节功能。

1. 柔性主动反射面

使反射面能够受控变形的方法就是将整个反射面分割成若干个小单元面板，然后想办法调节这些小单元面板。最先提出的刚性实现方案是在地面上建立刚性分块基础结构，并设置促动器来支撑这些小单元面板，通过调节促动器伸长或缩短来实现每一块面板的位置和姿态调整。刚性实现方案无论从理论还是模型实验角度都被证明用在 FAST 上是可行的，但是问题也很明显：刚性反射面支撑结构过于复杂，大量的运动部件使维护工作繁重，难以保证可靠性。此外，过高的工程造价也是不采用该方案的直接原因。

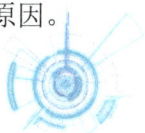

因此，FAST 转而采用柔性实现方案。通过计算发现，如果选择合适的抛物面焦比，那么在变形区域内原始球面与抛物面的偏差将非常小，在柔性索网结构的弹性变形范围内即可实现变形。具体的实现方法是沿反射面的外周建设一圈刚性支撑结构，利用数千根钢索编织成索网并悬挂在外围刚性支撑结构上。反射面小单元面板与索网节点连接并固定，可以通过控制索网变形来调节反射面的面形。悬挂的索网受到重力作用而呈现自然的形态，如果想控制索网，就需要将索网张紧，通过对张力进行调节即可实现对索网形状的调节。控制索网是通过索网和地面之间连接的几千套下拉索和促动器来实现的。柔性主动反射面方案（见图 1-4）由于结构简单、运动部件少，工程造价显著降低，最终被 FAST 采用。

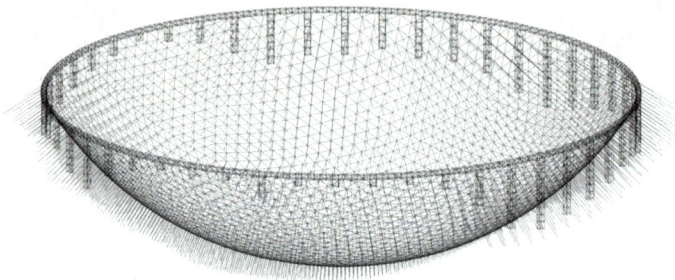

图 1-4　柔性主动反射面方案

2. 轻型索牵引馈源支撑

巨大的空间跨度使 FAST 用于接收信号的馈源舱与反射面无法像常规的全可动射电望远镜那样实现刚性连接。与阿雷西博射电望远镜由钢索悬挂的静止馈源平台不同，FAST 使用钢索牵引轻型馈源舱在空中大范围、高精度运动，这是一个非常大胆、有很高风险的实践。FAST 在反射面周边设立 6 座均匀分布的支撑钢塔，塔顶设置导向滑轮，6 根钢索一端与馈源舱连接，另一端跨过塔顶导向滑轮，连接设置在塔底的卷扬机。通过卷扬机对钢索的收放控制，可以实现另一端的馈源舱在空中大范围运动。但是，由于大跨度钢索的低刚度和低阻尼特性，以及环境风干扰，由钢索牵引的馈源舱运动精度无法得到保证。因此，在馈源舱与接收机馈源之间还需要设置额外的调整机构，即 AB 转轴机构和斯图尔特平台（见图 1-5）。AB 转轴机构包括两个环形框架，可分别绕水平设置的两个正交轴旋转，实现对接收机馈源的大范围姿态指向补偿；而斯图尔特平台作为最终的稳定器，用于实时补偿剩余的馈源相位中心定位误差。斯图尔特平台是 6 台刚性驱动器并联的调整平台，能够实现高刚度、高速度和高精度的空间 6 自由度位姿调整。

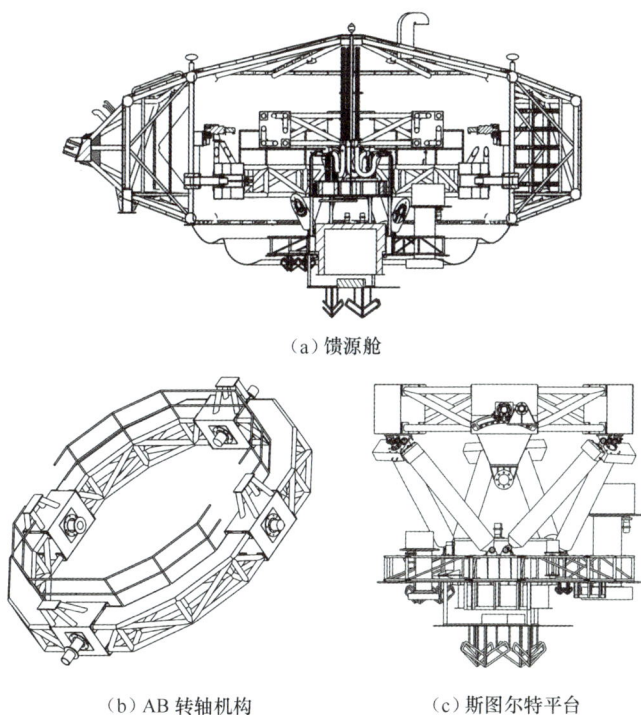

（a）馈源舱

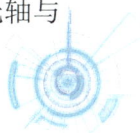

（b）AB 转轴机构 　　（c）斯图尔特平台

图 1-5　馈源舱及舱内调整机构

| 1.2　测量与控制系统功能组成和性能指标 |

与其他射电望远镜相比，FAST 具有独特的观测原理。FAST 观测光路如图 1-6 所示，经过投影在天球上的观测目标和反射面球心作一条直线，这条直线被定义为 FAST 的主光轴，它描述了望远镜应该指到的方向。主光轴与球反射面的交点是变形区域的抛物面顶点，而变形区域抛物面口径为300m。从观测目标处发出的平行电磁波，经过变形区域抛物面反射后汇聚到瞬时焦点，这个焦点同样在主光轴上，是馈源的相位中心需要定位的位置。

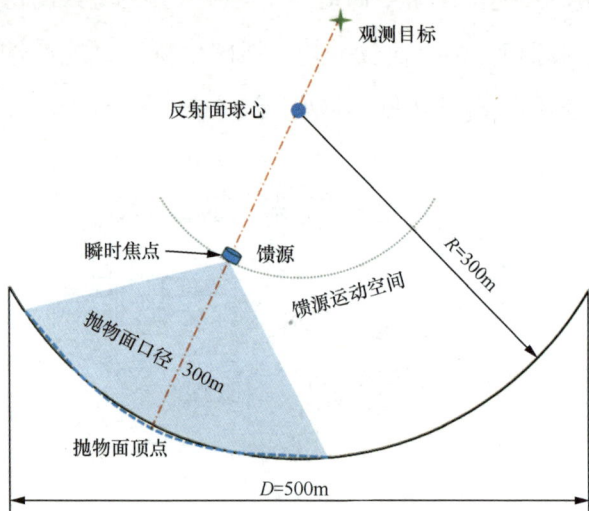

图 1-6 FAST 观测光路

FAST 独特的观测原理决定了其仅依靠望远镜自身的结构无法实现有效的天文观测。从根据反射面的精确变形实现电磁波汇聚、馈源支撑大范围精确定位馈源到瞬时焦点实现电磁波接收，再到根据目标的位置和探测模式协调反射面、馈源支撑的同步运行，需要用一整套复杂且精密的测量与控制系统来实现。

1.2.1 功能组成

测量与控制系统是 FAST 实现高效率、高精度天文观测的核心，主要包括基准控制网、反射面测量系统、馈源支撑测量系统、望远镜总控系统、主动反射面控制系统和馈源支撑控制系统等几大部分。

1. 基准控制网

望远镜从地球表面指向深空天体，需要精确的时间和位置基准。基准控制网正是为 FAST 提供本地高精度时间基准和坐标基准而设立的，它是

FAST 完成高精度测量与控制的基础和先行工作。基准控制网为 FAST 建设提供统一、高精度的安装放样坐标，为 FAST 的馈源及反射面静态、动态位姿测量提供精密的点位位置基准，是 FAST 项目建设、调试及运行全过程中不可或缺的关键基础部分。

2．反射面测量系统

反射面测量系统的功能是为控制反射面变形提供精准的点位坐标。FAST 反射面由 4300 块三角形单元面板和边缘处的 150 块四边形单元面板拼接而成，每一块单元面板都能根据观测要求实时进行位置调整。在使用望远镜观测时，反射面会实时在照明方向形成 300m 口径的瞬时抛物面。为了实现对反射面形状的精确控制，必须精确地测量反射面所有控制节点的位置。反射面测量系统采用激光全站仪作为测量设备，提供精密测量和标准测量两种测量模式。二者的区别在于精密测量的精度更高，所用时间更长。精密测量一般用于反射面和抛物面的标定，标准测量可用于抛物面快速面形测量。

3．馈源支撑测量系统

馈源支撑测量系统的功能是为馈源舱闭环控制提供精准、可靠、全天候的测量数据。为实现馈源支撑高精度、全天候测量，其测量功能通过一次支撑索系和二次精调平台测量系统来实现。一次支撑索系采用全球导航卫星系统（Global Navigation Satellite System，GNSS）/ 惯性测量单元（Inertial Measurement Unit，IMU）组合模块进行测量，获得馈源舱整体框架的位姿信息。二次精调平台采用全站仪定位系统（Total station Positioning System，TPS）/IMU 组合模块进行测量，获得二次精调平台的位姿信息，进而获得馈源相位中心的位置信息。馈源舱与精调平台之间的连接机构刚度极大，可忽略变形，故可以利用连接机构的运动行程实现一次支撑索系与二次精调平台之间的位姿推算，使两种组合模块的测量方式互为备份。当天气导致 TPS 无法正常工作时，可以利用馈源舱 GNSS/IMU 组合模块的测量结果推算

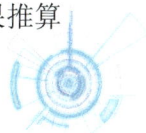

得到精调平台位姿的估算结果，虽然精度会有所下降，但仍能保证大多数科学目标的观测需求。

4. 望远镜总控系统

望远镜总控系统（后文简称总控系统）是 FAST 的控制中心，其功能为联系、协调和控制各子系统，使望远镜有条不紊、按计划、高效率地进行天文观测。总控系统的主要任务是收集观测任务，自动对观测任务进行最优排布，将观测任务参数和指令发送给各子系统并设置接收机与终端的参数，监测各子系统运行状态，收集并记录望远镜运行数据，对历史数据进行统计和分析，实现 FAST 从观测任务采集到观测数据管理的全流程自动化。

5. 主动反射面控制系统

主动反射面的实现基于钢索编成的柔性三角形网格。在 2225 个钢索网格的节点上，用下拉索与安装在地面的执行机构连接。在各执行机构下拉的预拉力下，整个反射面首先形成标准的中性球面。因此主动反射面控制系统在开始观测前进行初始球面标定，根据标定结果对整网进行综合评估以形成最优中性球面。启动观测后，主动反射面控制系统首先接收天文观测指令，解析瞬时抛物面顶点位置，根据索网节点位置和抛物面顶点位置解算出需要调整的节点号和理论索长，并通过光纤双环以太网将调整量实时下发给执行机构以完成调整。

6. 馈源支撑控制系统

馈源支撑控制系统的功能是支持和驱动接收机馈源，将其置于反射抛物面的焦点。为了支持馈源在空中的大范围移动和精确定位，馈源支撑控制系统的控制功能分成三级控制来实现。第一级控制通过卷扬机调整 6 根钢索的长度，可以实现馈源舱在 100 多米的纵向空间跨度、200 多米的横向跨度范围内的初步定位。第二级控制由馈源舱内的 AB 转轴机构实现，用于补偿第一级控制因索力优化而产生的馈源舱姿态与观测所需姿态的偏差。第三级控制由馈源舱内的斯图尔特平台实现。斯图尔特平台刚度高，对空间 6 自由度的位姿调节精度也很高。它作为最终的误差补偿机构，补偿经过第一级控制和第二级控制后馈源相位中心的残余定位误差。

1.2.2 性能指标

FAST 的性能需求来自科学目标。按照 FAST 项目立项时的射电天文学研究前沿和热点，FAST 的观测频段设定为能够覆盖其主要科学目标的 70MHz ～ 3GHz，而其中最具科学重要性的核心工作频段之一是 L 波段（1 ～ 2GHz）。射电望远镜作为一类特殊的天线，其综合性能体现在天线效率上。天线效率代表天线实际有效的接收面积与其尺寸定义的几何面积之比。在不同的频段观测时，天线效率会随工作频率的升高而下降。换句话说，若想保持一定的天线效率，那么在更高频段观测时对天线的加工制造、观测定位的精度要求就要更高。对 FAST 来说，在 3GHz 这个最高工作频率上设定性能指标，需要满足天线基本性能的需求。而在更低的频段观测时，天线效率将优于设定的指标。天线效率是一个综合指标，由天线的反射面、馈源及它们之间的协作程度等多方面的性能共同决定。

反射面的实际面形相对于理想抛物面的误差是天线效率的一个重要表征，称为面形效率。一般而言，反射面面形误差的均方根（Root Mean Square，RMS）值、即面形精度不大于最小观测波长的 1/20 时，面形效率可以达到 70%。对 FAST 来说，就是观测区域的抛物面面形精度应小于 3GHz 频率所对应波长的 1/20，即 5mm。这就是 FAST 对主动反射面面形精度的核心指标要求。如果继续对面形精度进行分解，结合现有技术能力与成本，设定反射面索网节点的控制误差指标为 3mm，测量误差指标为 1.5mm，除此之外，加上面板的设计误差、面板加工和安装误差、温度引起的变形误差等，应保证总体的观测抛物面面形精度为 5mm。

馈源相位中心相对于瞬时焦点的定位误差是天线效率的另一个重要表征。这个误差按照对效率影响的机理和程度的不同，分为沿观测主光轴的

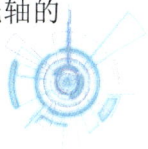

轴向误差和与主光轴垂直的焦平面内的侧向误差。为确定效率影响的大小，需要进行仿真分析和计算。在设计之初，设定由馈源相位中心偏离引起的天线增益损失为5%，则对应的轴向误差RMS值为30mm，或者侧向误差RMS值为10mm。此外，馈源的照明方向与主光轴存在夹角时，也会造成增益损失。经过计算，馈源在照明方向的误差超过10°，会引起3%的增益损失，因此馈源在正常的定位过程中出现的小于1°的照明方向误差引起的增益损失可以忽略不计。在实际情况中，馈源的定位误差在空间上是随机分布的，造成的增益损失是这些沿轴向和侧向误差造成损失的平均值。根据综合仿真计算的结果，我们设定馈源相位中心的空间定位误差RMS值为10mm。这样，在各个自由度上分布均匀的误差指标是和测量与控制的方式相适应的，而且即使误差在某些极限情况下超出限定值，增益损失的增大也不是颠覆性的，仍然可以接受。

除了反射面的面形、馈源相位中心的定位精度，还有很多影响天线效率的因素，如由馈源本身辐射特性决定的照明效率、反射面面板的辐射损耗、馈源结构对反射面的遮挡等。这些因素并不是由天线的测控功能决定的，也不会影响测控系统的开发和调试。

FAST的最长切换目标源（简称换源）时间为10min，这是指观测完上一个观测目标需要走过望远镜最大运动路径并到达下一个观测目标的最长时间，它是望远镜运行效率的基本保证。10min对全可动射电望远镜来说很长，但对大跨度柔性索网结构的FAST来说是合理的。10min的射电望远镜最长换源时间，要求馈源舱的最大换源速度达到400mm/s，这对馈源支撑索驱动的卷扬机和主动反射面的下拉索促动器的最大功率提出了要求。

FAST的指向精度指标为8″，即在最高工作频率为3GHz时，为主波束半功率带宽的1/10。FAST指向精度指标的实现与全可动射电望远镜是有区别的。全可动射电望远镜实际工作在开环控制模式中，在望远镜观测运行过程中没有精确的测量手段获知望远镜真正指向哪里，因此需要通过对天线在不同指向姿态下结构变形的补偿和标定分析出天线实际指向控制的精度范围，这对全可动射电望远镜来说是一个关键的性能指标。对于 FAST，由于采用了末端闭环反馈的控制方式，我们在观测时能实时知道望远镜馈源相位中心所指向的位置（拟合的实际反射面面形影响信号接收的效率，而不是天线指向），在某一时刻的位置由于控制不到位造成的偏差是可以通过闭环控制系统来纠正的。或者说，我们确切地知道望远镜指向哪里，真正的不确定因素是 FAST 测量系统的测量误差，这个测量误差会造成测得的指向和真实指向的差异，也是 FAST 指向误差的主要来源。因此，FAST 的指向精度实际上对需要达到的测量精度提出了要求。

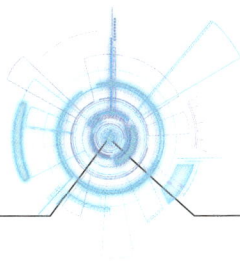

第 2 章　基准控制网

基准控制网为 FAST 测控提供高精度的时间基准和位置基准，是 FAST 测控的基础和先行工作。及时、精确地反馈测量数据是实现精密控制的前提，"及时"需要高精度的时间基准，"精确"需要高精度、高稳定性的位置基准。针对 FAST 的需求，时间基准的实现相对容易，位置基准的实现极具挑战性，本章主要阐述位置基准的实现，即基准控制网的建立和保持。基准控制网为 FAST 建设提供统一、高精度安装放样坐标，为 FAST 建成后调试和运行过程中天线的馈源及反射面静态、动态位姿测量提供精密的点位坐标，是 FAST 项目建设、调试、运行的基础。国内外暂无相似工程案例可以参考。

FAST 基准控制网技术指标如下。

① 内部网络授时精度小于 1ms。

② FAST 基准控制网起算天文方位角精度为 0.5″。

③ 基准控制网相对坐标精度为 1mm。

| 2.1　时间基准 |

天体在周而复始的运行中发出微弱的信号，我们需进行长时间积分观测以获得信息，并在跟踪过程中保持目标不变，因此对望远镜系统有实时性的要求。FAST 馈源支撑和反射面之间没有刚性连接，它们需要建立共同的时间基准。

通常使用全球定位系统（Global Positioning System，GPS）中的原子钟时间信号为时间源建立时间基准。使用网络时间协议（Network Time Protocol，NTP）对计算机等设备完成授时，使用计算机内部石英晶体振荡器（简称晶振）的精确时间来守时，从而解算出测量与控制所需的准确时刻及准确时段。

在某一瞬间，时钟的钟面时刻与正确时刻之差被称为这一时钟在这一瞬间的钟差。钟差不是固定不变的常数，而是不均匀变化的，钟差在单位时间内的变化称为钟速。

2.1.1 系统组成

FAST 内部网络授时利用授时系统完成，授时系统由授时型 GPS 接收机、授时天线、高精度时钟晶振、工业级服务器主板、高亮度真空荧光显示屏、串口分配器、多个网口等组成，采用标准 1U 工业机箱，将设备集成为一体的授时系统。

系统通过授时型 GPS 接收机接收 GPS 信号，经接收机处理后输出时间信息及秒脉冲（Pulse Per Second，PPS）信号给时频服务模块，时频服务模块将所收到的信号处理成两类信号，即串口格式信号和 NTP 网络格式信号。

如图 2-1 所示，FAST 系统授时网络采用星形以太网结构，通过总控核心交换机将各子系统有机结合在一起。FAST 授时系统通过星形以太网对连接在其上的需要授时的设备授时。反射面内控制节点的授时，通过主动反射面控制服务器对测控环网连接的反射面内的 12 个中继点（图中环网共 13 个节点，其中 1 个位于控制服务器所在的机房）进行授时，12 个中继点再对各控制节点进行授时。

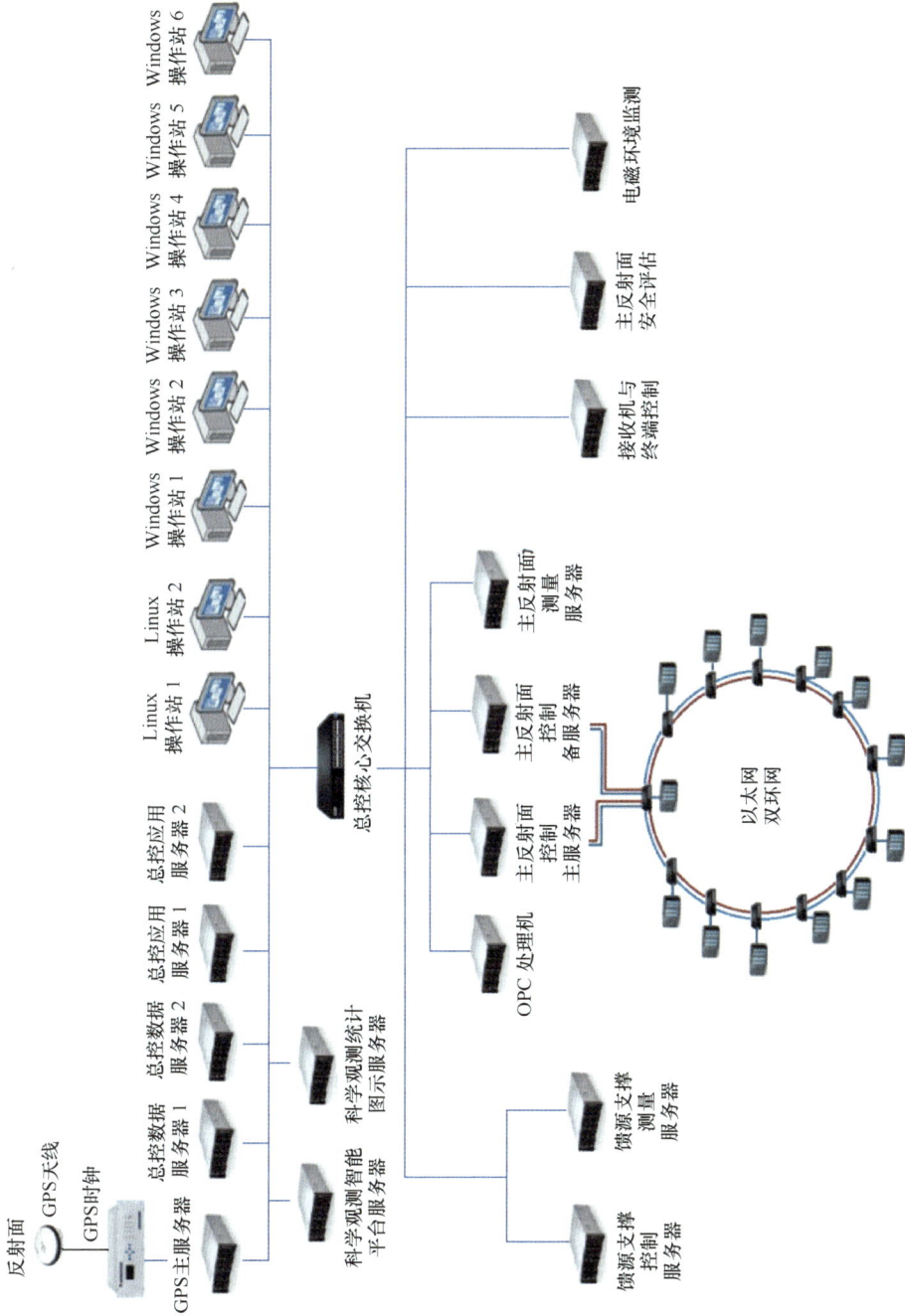

图 2-1　FAST 系统授时网络结构

2.1.2　时间精度

授时设备为 16 通道授时型 GPS 接收机，输出 1PPS 信号、NMEA-0183 格式的时间数据；接收 L1 频段信号，C/A 码信号为 -1575.42MHz，跟踪及锁定灵敏度可达 -160dBm。

内部网络时间精度由授时系统的时间精度和内部网络的时间输出精度叠加组成。授时系统的时间精度由 3 个部分叠加组成：授时设备可提供的 1PPS 时间精度、授时传输过程中的时间输出精度、授时设备的时间保持精度。

1. 1PPS 时间精度

① 与协调世界时（Coordinated Universal Time，UTC）时刻同步精度：$\pm 1\mu s$。

② 与 GPS 时刻同步精度：$\pm 50ns$。

2. 时间输出精度

授时器串口时间输出精度如下。

① 与 UTC 时刻同步精度：$\pm 1\mu s$。

② 与 GPS 时刻同步精度：$\pm 50ns$。

授时器通过串口向控制终端同步时间，时间校正精度为 $\pm 1ms$。

网口时间输出精度如下。

授时器通过网口进行时间传输，并通过 NTP 与网络中的计算机（即控制终端）同步时间，即把计算机的时钟同步到 UTC，精度在局域网内可达 $\pm(1 \sim 2)ms$。

3. 授时设备的时间保持精度

① 钟差测定精度：$\pm 1\mu s$。

② 钟速确定精度：10h 钟速互差小于 $\pm 5ms$，即平滑后钟速的振幅小于 $\pm 2.5ms$。

③ 钟差改正：在不调整时间、计算机时钟连续运行的情况下，通过钟差改正修正系统钟差。总控系统每 10s 对设备授时一次，采用逐次逼近方式进行钟差改正，因此守时设备钟速对授时系统精度不会产生显著影响。

| 2.2　测量基准网点位分布与基墩建造 |

建立测量基准网需要综合考虑 FAST 建造、调试及运行阶段中基准控制网的实现和连接；测量基准网点位分布需要考虑 FAST 台址的实际地形、地质环境，在避开相关系统的结构和设备施工干涉等前提下，为主动反射面变形测量和馈源支撑系统跟踪测量提供良好分布性能的测站和差分控制点；同时考虑将来天线的升级改造，测量基准网还需要具备进一步优化升级的可实现性。组成测量基准网的控制点，需要保持稳定的相对位置关系。在 FAST 复杂的地形、地质环境中，要保持控制点稳定，基墩建造也是关键。

2.2.1　测量基准网点 8 分布

FAST 建设工期短、任务重，为赶工期，FAST 各组成部分并行施工，所以施工放样、安装和调试不能等测量基准网建好并稳定后再进行。为配合并保证施工精度，测量与控制系统采取了分步保障方案，在建造高稳定基墩的同时建造临时基墩，组成临时控制网，为各个阶段施工放样、安装、调试等提供位置基准。在工程实施过程中针对不同时期的需求建立并测量首级控制网、施工控制网、设备安装网和后期调试运行的精密控制网。

首级控制网点位（见图 2-2）A0 ～ A4 在洼地周边山顶上，有 3 个作用：一是可实现对 FAST 台址范围内绝对坐标的控制；二是由于控制点 A0 位于台址外围的山顶，可以作为馈源跟踪测量系统中的 GPS-RTK 基准站使用；

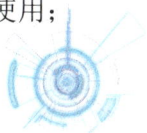

三是建设初期各系统工作相互干涉，洼地内不具备测量实验条件，通过对首级控制网联测为后续 FAST 测量提供现场测试的参考方法。

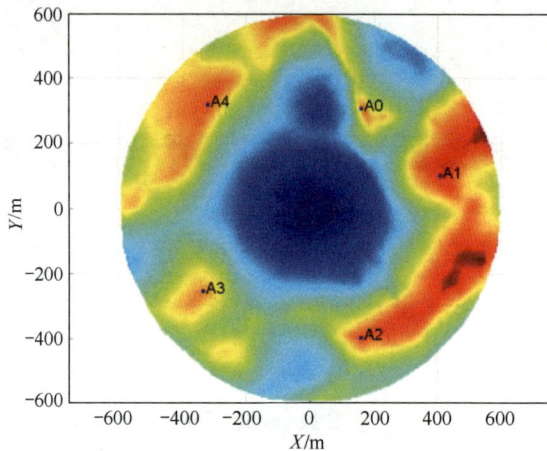

图 2-2   FAST 首级控制网点位分布图

施工放样阶段建立施工控制网（见图 2-3），根据施工需要在地表建造了部分临时基墩，以测图的部分根控制点为已知点建立施工控制网。在圈梁外建立 5 个测量基墩 JL1 ~ JL5，点位间距离约 300m；在圈梁内建立测量基墩 JC0、JC1；为了保证馈源支撑塔基础施工的点位精度，以能够与馈源支撑塔的 4 根桩基通视及与附近控制点通视为条件选点，建立馈源支撑塔 10 个放样测量基墩 Z1 ~ Z10 及 2 个测量基墩 JL8 和 JL10。施工控制网为 6 个馈源支撑塔、50 个圈梁立柱、2225 个地锚、12 个中继室和 25 个测量基墩的放样提供坐标测量基准。随着施工进度深入，施工控制网完成其使命，控制点被其他建造物覆盖。

在工程设计阶段，完成了精密控制网点位分布设计，基墩建造非一蹴而就，为配合工程建设实施，应根据需要优先完成部分基墩的建造，用这些基墩组成设备安装网（见图 2-4），为索网、面板和馈源舱停靠平台等设备安装提供更精确的测量基准。

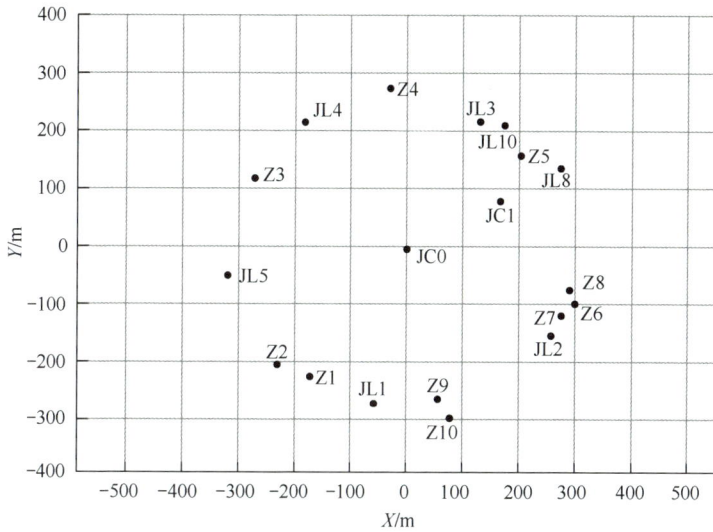

图 2-3　施工控制网点位分布图

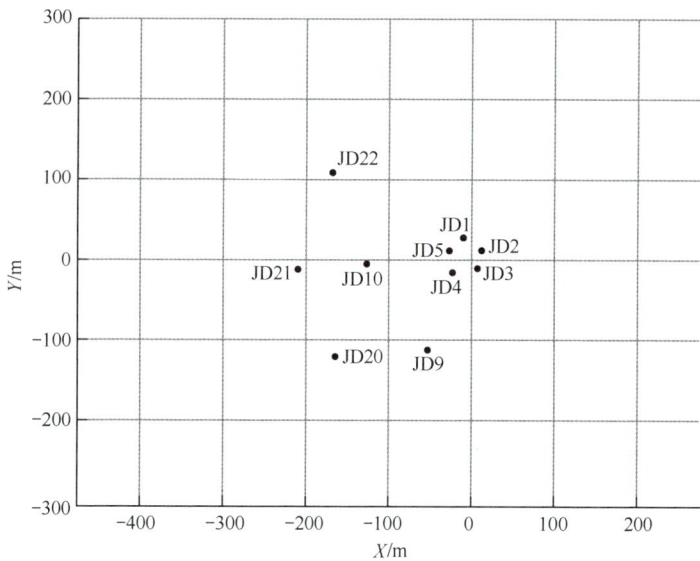

图 2-4　设备安装网点位分布图

维持调试及运行的精密控制网（见图 2-5）由 25 个点（JD0～JD24）组成，每个点都代表深入基岩的高稳定性基墩。其中 JD1～JD23 分布成 3 圈，外圈为 JD12～JD23，12 个基墩距反射面中心约 200m；中圈为 JD6～JD11，

6 个基墩距反射面中心约 100m；内圈为 JD1 ～ JD5 位于反射面中心区域。内圈 5 个基墩建在馈源舱停靠平台正五边形的 5 个顶点附近，这 23 个基墩高出反射面并能相互通视。JD0 是地面点，在反射面天线中心，图中未标注。JD24 和首级控制网的 A0 是同一个点，图中未标注。在天线外的山顶上，每个基墩的具体高度如表 2-1 所示。

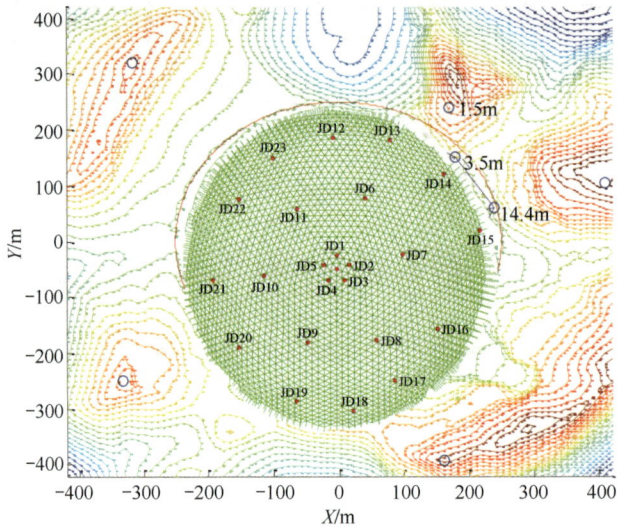

图 2-5　精密控制网点位分布图

　　精密控制网的主要功能包括：为馈源、反射面测量系统的测量实施提供精密的点位坐标，作为构成馈源、反射面测量系统主要测量设备全站仪的测站和差分网参考点。精密控制网布设方案除了需要满足以上两种功能的需求，还需要考虑图形结构、地形因素，优化选取控制点，使每个基墩建造高度最小，同时避免与反射面机构发生干涉。根据精密控制网的相对坐标精度，要求中误差小于等于 1mm。虽然基墩稳定性很高，但基墩受地层、岩性、地质构造运动和重量变化等的影响，仍会产生变形乃至失稳，故设计时控制点（基墩）数量有一定的冗余。根据稳定性评价结果将所有基墩按稳定程度分级，后续在精密控制网测量中进行取舍和权重设计，以提高精密控制网测量精度。基墩冗余设计还为将来天线的升级改造、基准控制网进一步细化升级提供保证。

表 2-1　精密控制网基墩高度

基墩编号	基墩高度 /m	基墩编号	基墩高度 /m
JD0	0	JD15	20.6
JD1～JD5	6.3	JD16	18.1
JD6	6.8	JD17	16.3
JD7	10.5	JD18	15.1
JD8	6.9	JD19	15.4
JD9	6.8	JD20	15.1
JD10	6.8	JD21	16.4
JD11	6.8	JD22	12.4
JD12	10.6	JD23	9.7
JD13	10.9	JD24	1.5
JD14	16.6		

2.2.2　测量基准网基墩建造

首级控制网和施工控制网的控制点都选择了地表相对稳定的位置，建造临时混凝土强制对中观测墩。如图 2-6 所示，站在观测员旁的是曾任 FAST 首席科学家的南仁东研究员（戴蓝色安全帽），他十分关心测控工作，经常到测量现场指导工作。设备安装网控制点是精密控制网的一部分，建造了深入基岩的高稳定性永久基墩。

精密控制网的控制点大部分在反射面圈梁内，必须在洼地内建造并要求测量基墩伸出反射面面板，以满足通视要求。洼地内测量基墩为双层三级变径结构，底部为基础墩，直径最大，地下基础延伸到基岩，为基墩提供稳定的基础；反射面到地面间部分的直径次之，为保持基墩稳定性，直径仍然较大；最上部为测量基墩，为减小对面板结构的影响，直径最小，从反射面面板中穿过。基墩上、中、下 3 部分均为双层结构，内部为核心墩，

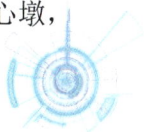

外部为隔离层，核心墩独立、不受干扰，地面以下隔离层与核心墩之间用细沙隔离，地面以上隔离层可保护核心墩免受风力、日照及振动等的影响；反射面以上部分的隔离层装有操作平台，可供人员操作，平台仅与隔离层连接，不与核心基墩接触，避免人员走动对核心基墩稳定性产生影响。为满足设备安装需要，2014 年 3 月高墩施工刚刚完成，选出 9 个基墩节点组成设备安装网。测量时 JD21、JD20 外筒上的人稍走动，全站仪的水平气泡就会偏离中心，照准差 2C 值超限，说明测量基墩内部与隔离层相连，经多方排查发现核心墩和隔离层之间被一个小石头卡住，证明了双层结构的有效性和必要性。图 2-7 所示为测量基墩结构。

图 2-6　临时混凝土强制对中观测墩照片

每个测量基墩上都有 3 个强制对中盘，可以安装 3 套测量设备，如图 2-8 所示，可供 3 台测量设备同时使用。中间的强制对中盘称为测量基准网主站，基墩编号为所在基墩名，如 JD21 上中间的强制对中盘基墩编号为 JD21。两侧强制对中盘称为精密控制网副站，副站基墩编号为 JD21-1 和 JD21-2，基墩指向窝凼中心，右边的副站为 JD21-1，左边的副站为 JD21-2，每个基墩设有上、下两个水准点。基墩照片如图 2-9 所示。

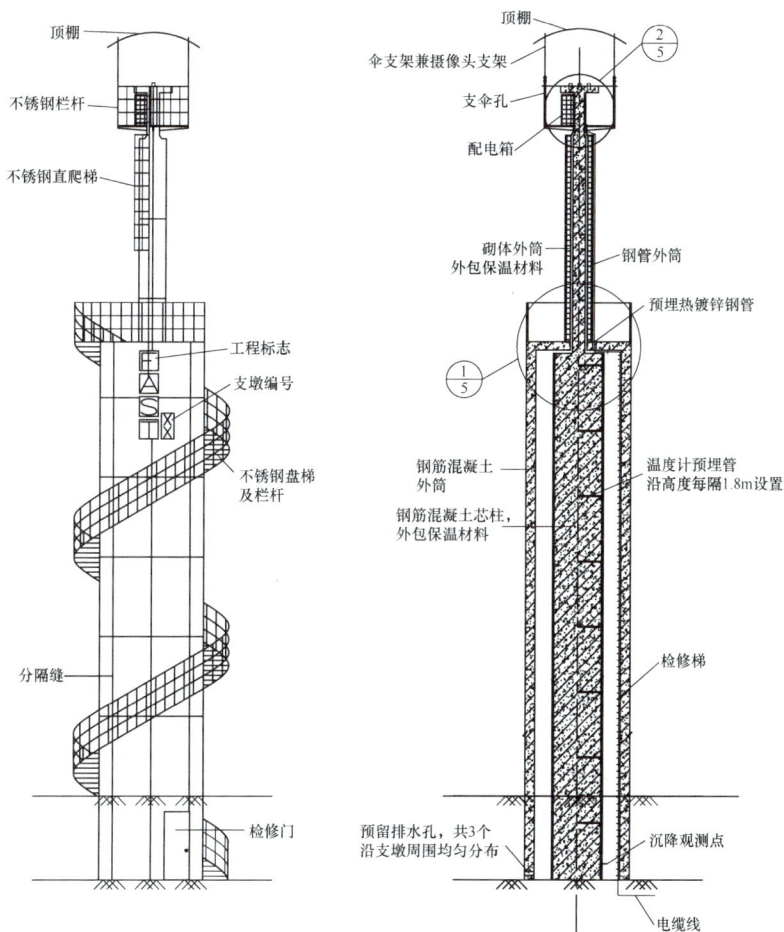

图 2-7　测量基墩结构

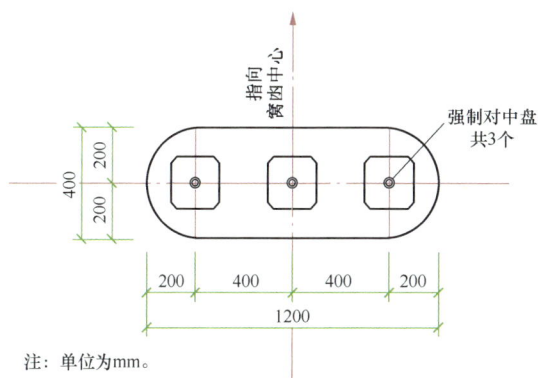

注：单位为 mm。

图 2-8　强制对中盘

图 2-9　基墩照片

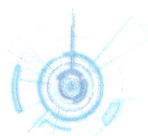

| 2.3 测量基准网的测量方法 |

2.2 节提到了针对不同需求建立不同测量基准网，介绍了各网选点和控制点基墩的建造。本节介绍不同测量基准网的测量方法和实现精度。

2.3.1 坐标系起算数据

FAST 工程在建造设计前完成了大比例地形图测量，并在测量时埋设了导线点。这些导线点在施工中部分被破坏，部分由于地基开挖导致稳定性变差。经过监测，只有少量地形图测量时使用的 GPS 图根控制点能作为已知点使用。这些已知点的坐标数据是由平塘县境内控制点联测得到的。经过筛选，选择 I-30 和 I-18-4 为 FAST 坐标系起算点，高程系统为 1985 国家高程基准。截至 2015 年 10 月，现场只有 I-30 稳定，可以作为平面和高程起算点，I-18-4 基墩的地质条件较差，不作为起算点。起算点坐标如表 2-2 所示。

表 2-2 起算点坐标

基墩编号	X/m	Y/m	H/m
I-30	2838392.568	498634.272	963.927
I-18-4	2838655.221	498776.818	950.837

FAST 地形图测量、工程建造设计及首级控制网均采用 1980 年西安坐标系，以大地北为起算方向，采用 GPS 联测平塘县内控制点，建立 FAST 坐标系（大地北坐标系）。反射面球心北坐标 X=2838440.7134m，东坐标 Y=498956.8651m，高程 H=1138.7217m。

天文观测需要采用天文坐标系，FAST 地形图测量、设计及施工均采用大地北坐标系。但 FAST 工程钢结构安装，天线调试、运行，天文观测，则需要更高精度的坐标数据保障。因此，需要建立新的、优化的控制坐标系统。为区分前后坐标系，测量、设计及施工时使用的坐标系被称为 FAST 测控坐标系（天文北坐标系）。在与 FAST 坐标系坐标相同的高斯投影平面下，FAST 测控坐标系坐标原点在反射面球心，X 轴方向指向天文真北，Y 轴向东，Z 轴与 FAST 坐标系一致，指向铅垂线天顶方向。在稳定性好的 JD4、JD9 点上测量天文方位边。

FAST 测控坐标系的建立步骤如下：先将 FAST 坐标系原点坐标平移至球心，作为 FAST 测控坐标系原点；然后把 FAST 坐标系的 X 轴向西旋转到真北方向，旋转角度的具体参数以 JD4、JD9 为框架进行多期测量。

经多期测量取平均值后，JD4 到 JD9 天文测量边的天文方位角为 199°12′35.719″，FAST 坐标系中 JD4 到 JD9 天文测量边的坐标方位角为 199°12′45″，把 FAST 坐标系的 X 轴向西旋转 9.28″（0.002578°）就是真北方向。

2.3.2　天文方位角测量

FAST 施工建设期间使用 1980 年西安坐标系，采用 GPS 联测平塘县内控制点建立 FAST 施工控制网，满足 FAST 工程施工要求。FAST 工程设备安装及运行过程中，馈源舱及反射面动态位姿测量需要精密的点位坐标，要求点位坐标误差 RMS 值小于 2mm。望远镜内部控制要求更高的测量精度，为了天文观测和建立真北方位角方向的局部坐标系统（FAST 测控坐标系），需要进行天文方位角测量。本小节介绍测量时采用的天文定向测量内容、原则方案和定向结果等，后续阐述不同测量基准网测量过程时不再赘述。

1．作业内容及精度要求

作业内容为测量施工控制网中两个代表性控制点所组成基线的真北方位角。基线的真北方位角测量精度要求达到天文方位角一等精度，即中误差不超过 0.5″。

2．选点基本原则

选点基本原则包括以下 5 个方面：① 所选基墩稳定；② 两基墩形成的基线在测量基准网中应具有代表性；③ 尽量选择南北走向的基墩，以提高天文方位边测量精度；④ 在测站能够对北极星进行观测；⑤ 基准天文方位

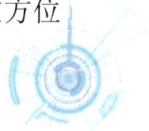

边通视状况良好，无物体遮挡。

测量 FAST 天文方位角时理论上最好选择 JD4 基墩作为测站，JD9 基墩作为目标点，测定基准天文方位边的真方位角，用 TS30 全站仪并采用北极星任意时角法完成真北方向测量。JD4 作为测控坐标起算点，JD4 到 JD9 作为起算边，测量基准网图形及测量精度均很好。测站在天线底部，可以观测到最多的恒星，地质条件优良。但是 JD4 比 JD9 地势低，观测北极星时有时会被山顶遮挡。

3. 真北方位测量实施方案及过程

首级控制网和施工控制网均采用 1980 年西安坐标系，无须进行天文定向测量。设备安装网基墩是精密控制网基墩的一部分，天文定向测量均选择在 JD4 和 JD9 上进行，由于 JD4 作为测站有时看不到北极星，故选择 JD9 基墩作为测站，JD4 基墩作为对向目标点，测定基准天文方位边的真北方位角。

采用方法：北极星任意时角法，通过在测站用仪器观测瞬时北极星的方位及对向点上靶标的方位，来确定测站及对向点所形成的天文方位边的天文方位角。

采用仪器：TM5100A 电子经纬仪或 TS30 全站仪，卫星天文计时器。TM5100A 电子经纬仪如图 2-10（a）所示；卫星天文计时器如图 2-10（b）所示。

系统软件：Y/JGT-01 型天文测量系统，如图 2-10（c）所示。

所需资料：FK5 星表（目前采用依巴谷星表）、地球位置参数（采用国际地球自转服务标准）、极移、时间频率公报等。

（a）TM5100A 电子经纬仪　　（b）卫星天文计时器　　（c）Y/JGT-01 型天文测量系统

图 2-10　天文方位角测量使用仪器

测量前必须进行时间比对和时刻校正，以使观测时刻严格、准确。其方法如下：连接好卫星天文计时器，启动系统，等待卫星天文计时器的绿灯闪烁后，锁定 4 颗以上卫星，取得正确的导航解，启动时间比对程序，比对 3min 以上。比对后不能关闭计算机，如计算机关闭后重新开机，应重新比对。

完成时间比对后，连接好电子经纬仪或全站仪（如果计算机只有一个串口，可断开与卫星天文计时器的连接）数据线。进入"天文方位角测量"子系统。

在天文点上测定天文方位角时，为了消除误差的影响，应分多个时段根据精度要求进行测量，每次测量不少于 6 个时段。在每一个时段内的观测按如下步骤进行。

① 观测地面目标：用望远镜的纵丝（尽量靠近十字丝中心）连续照准地面目标 3 次，每次照准后按下电子经纬仪上的测量记录键，由计算机自动记录测量数据。

② 观测北极星：用望远镜的纵丝照准北极星 6 次。在北极星运行轨迹的稍前方等待北极星的到来，等待时间应不小于 0.5s，每次北极星过纵丝瞬间（即纵丝平分星象）按下测量记录键，计算机将自动记录观测时刻及测量数据。每两次测量应间隔 1.5s 以上，这是为了避开电子经纬仪测角耗时并让仪器旋转后稳定下来。

③ 纵转望远镜，再次观测北极星，观测要求同步骤②。

④ 观测地面目标，操作同步骤①。

重复以上步骤，完成不少于 6 个时段的观测。

4．真北方位角测量结果

2014 年 5 月 27 日—29 日测得 JD4 到 JD9 天文测量边的天文方位角，如表 2-3 所示。

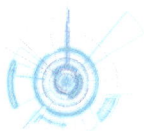

表 2-3　JD4 到 JD9 天文测量边的天文方位角实际测量结果

时段号	方位角	中误差
1	199° 12′ 34.93″	±0.38″
2	199° 12′ 33.77″	±0.27″
3	199° 12′ 32.40″	±0.29″
4	199° 12′ 34.23″	±0.32″
5	199° 12′ 34.10″	±0.28″
6	199° 12′ 34.46″	±0.28″

根据测量得出 JD4 到 JD9 天文测量边的天文方位角平均值为 199° 12′ 33.98″，中误差平均值为 ±0.35″。以上结果已加入天文方位角测量中所需加入的各项修正。

2.3.3　首级控制网

首级控制网 5 个点（A0 ～ A4）的测量与地形图测量同期完成，具体点位如图 2-2 所示。因山体稳定性差，山顶被削平，且一直处于施工状态，无法建造基墩，到建造精密控制网时再完成 A0 点的测量。

为监测控制点的稳定性，对首级控制网进行了多次 GPS 观测，结果表明，采用 GPS 测量技术进行稳定性监测，高程测量精度不能满足首级控制网高程稳定性监测的需求。基于此，提出采用对向三角高程和水准测量的方法对控制网高程进行稳定性监测。

在高程测量中，对向三角高程测量具有快速、高效、不受地形限制等优点。在精密高程测量中，采用对向三角高程测量方法来代替一等、二等精密水准测量，经过不同的实验验证，其弱点是存在大气折射影响而造成精度相对不足。

在 FAST 工程的具体应用中，需要对现场环境进行相应的实验验证，以期为将来的基准控制网测量方案设计提供参考依据。首级控制网高程共进行了 4 期对向三角高程测量和 3 期二等水准测量。

对向三角高程测量方法在此不赘述。相对高程的计算是假定首级控制网 A2 点高程已知，设 A2 点高程为 0。由边长确定权重，进行高程坐标平差。平差时，每千米高差的误差设定为 0.005m，平差结果见表 2-4。

表 2-4　对向三角高程平差结果

点名	高程平差值 /m				中误差 /m			
	2012 年 3 月	2012 年 5 月	2012 年 11 月	2013 年 4 月	2012 年 3 月	2012 年 5 月	2012 年 11 月	2013 年 4 月
A2	0.0000	0.0000	0.0000	0.0000	0.0000	0.0000	0.0000	0.0000
A1	+22.9243	+22.9317	+22.9275	+22.9273	0.0019	0.0031	0.0026	0.0008
A3	−30.2875	−30.2851	−30.2847	−30.2887	0.0018	0.0030	0.0025	0.0007
A4	−6.8233	−6.8274	−6.8232	−6.8278	0.0020	0.0031	0.0028	0.0008

水准测量是精密高程测量的主要测量手段之一，测量具有精度高的优点，但需要设计合理的水准路线。作业过程中易受实际地形环境限制，在保持测量线路通视的条件下，单站测量的距离有限。首级控制网高程测量采用水准测量，一是为对向三角高程测量提供外部测量精度的比对参考，二是在 FAST 现场环境下对水准测量实施可行性和精度试验验证，为后期在特殊地形环境中的水准测量提供试验依据。

FAST 台址地形起伏大，坡度较陡，局部山体陡峭，形成陡崖和悬壁，直接在控制点间进行往返观测的难度较大。为减少重测工作量和方便测量实施，在水准路线交会处布设间歇点，也就是在各控制点水准路线上靠近公路处或中途布设过渡水准点，并在间歇点及控制点间分段进行往返观测。

① 在至 A1 点方向水准路线上增加 A10、A11 间歇点。

② 在至 A2 点方向水准路线上增加 A20 间歇点。

③ 在至 A4 点方向水准路线上增加 A40、A41、A42 间歇点，A3 与 A4 共用 A40 间歇点。

④ 各控制点通过 A0 公共点连接。

其中 A10、A20、A40、A41、A42 与另外布设的 SZ1 ～ SZ5 共 10 个点构成 FAST 水准控制网基准点。水准点在大窝凼环境下的布局如图 2-11 所示。

3次水准测量结果中误差最大值为0.74mm，符合二等水准精度要求，满足FAST工程对高程控制小于1.0mm的要求。对向三角高程测量与水准测量观测结果符合度总体较高。结合对向三角高程数据及水准测量数据对比分析可得出：在较好的观测条件下，对向三角高程测量与水

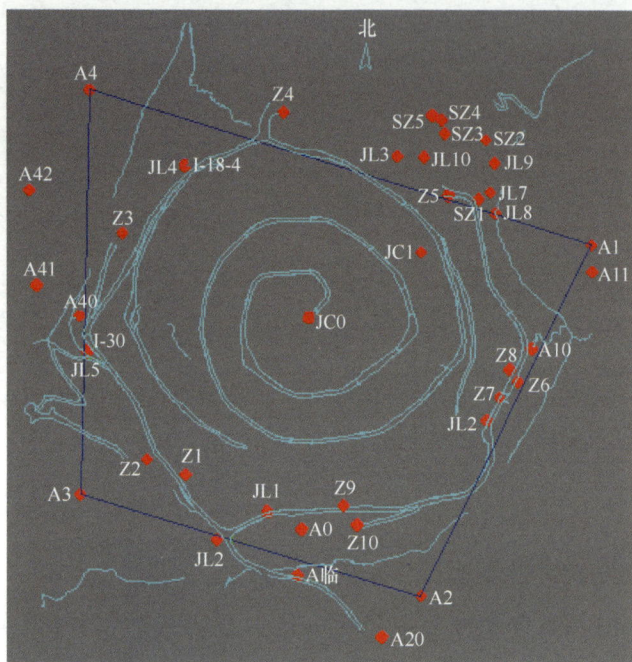

图 2-11　水准点在大窝凼环境下的布局

准测量观测精度相当。在精密工程控制测量中，当水准测量实施难度较大，如果进行多次对向三角高程测量，可以实现高程的高精度传递。

大部分水准点在后续施工中都被破坏了，后续测量中主要使用 I-30 和 A40 两点作为平面和高程起算点，结果见表 2-5。

表 2-5　首级控制网 FAST 测控坐标系坐标结果

点名	X/m	Y/m	H/m
I-30	2838392.568	498634.272	963.927
I-18-4	2838655.221	498776.818	950.837
A40	—	—	964.27351
Al	2838544.1845	499366.6019	1154.4350
A2	2838047.7590	499119.0220	1129.0160
A3	2838190.2317	498625.3298	1097.3720
A4	2838762.1268	498639.7578	1119.6030

注：由于施工，到建造精密控制网时完成 A0 点的测量；A40 点是高程起算点，未测平面坐标。

2.3.4　施工控制网

2012 年 10 月—2013 年 9 月，测量团队利用近一年时间设计和建造了施工控制网，并对施工控制网进行了 6 期测量，施工控制网用 I-30、I-18-4 作为已知点。第 5 期施工控制网测量后，圈梁基础正在施工，JC0 墩附近也在施工，JC1 旁的土把基墩一面全部埋没，不能靠近测量，Z10 墩已经被破坏，JL1 与 JL4 被格构柱隔开而不通视。2013 年 9 月 26 日—29 日，测量团队对施工控制网可测量部分完成了第 6 期测量。

1．施工控制网选点

2012 年 10 月，FAST 地面开挖工程基本结束，地锚点、圈梁、格构柱、馈源支撑塔塔基开始施工。这些点位测量误差要求小于 1cm，如果采用地形图测量时期的导线点进行施工放样，会受诸多因素影响导致误差超限。为了保障工程质量、提高工作效益，需要建立强制对中的施工控制网，要求相对点位误差小于 1cm。

2012 年 10 月下旬，在 FAST 施工现场完成了施工控制网选点和施工（建立临时基墩），临时测量基墩建造时间和主要作用如表 2-6 所示。在天线洼地中心建立测量基墩 JC0，离 JC0 基墩东 186m 建立测量基墩 JC1，在圈梁外建立 5 个测量基墩 JL1 ～ JL5，点间距离约 300m。施工控制网图形结构较好，点位分布均匀。为保证馈源支撑塔施工精度局部加强，建立 10 个放样测量基墩 Z1 ～ Z10 及 2 个测量基墩 JL8、JL10。

表 2-6　临时测量基墩建造时间和主要作用

基墩编号	建造时间	主要作用
JC0，JC1，JL8，JL10	2012 年 10 月 24 日—30 日	现场大气折射实验
JL1，JL2，JL3，JL4，JL5	2012 年 11 月 20 日—30 日	现场大气折射实验及施工放样
Z1，Z2，Z3，Z4，Z5，Z6，Z7，Z8，Z9，Z10	2013 年 1 月 1 日—5 日	馈源支撑塔基施工放样

2．施工控制网测量方法

FAST 现场的 GPS 信号差，点间通视条件较好、距离较短。综合施工控制网的平面坐标考虑，宜采用全站仪进行边角测量。由于当时现场四周正在开挖施工，高差又大，高程坐标宜采用全站仪进行三角高程测量。对 2012 年 10 月 24 日—30 日建成的临时基墩进行几何水准测量，这些基墩高程可作为三角高程测量的基准。

平面网采用徕卡 TCA2003 全站仪测量，测角精度为 0.5″，测距精度为 1mm+ 1ppm×D（D 为测量距离，单位为 km，ppm 为百万分之一，即测量距离的百万分之一，天文学中常用），测站测量干温、湿温（实际水汽压）、气压，对边长进行大气折射率改正。

采用全站仪进行对向高程测量，仪器高及目标高采用游标卡尺量至对中盘上一周 3 点测量，测量值取平均读数为 0.2mm。导线网测量采用三联棱镜法，第一人测量后，第二人再测量和复核一次。测回数及限差按照工程测量相关规范中一级导线实施。

采用方向观测法测量水平角，采用对向观测法测量垂直角，每次测量距离进行 5 个测回，取中数。测量时，棱镜需要校正，基座采用徕卡原装基座，每条边实时测量温度精度为 0.2℃，测量气压的精度为 1ppm，测量湿度的精度为 0.2℃。距离测量结果进行气象改正。

总网数据采用广东南方数码科技股份有限公司的南方数码平差易软件进行平差计算。

3．施工控制网测量结果

2012 年 11 月—2013 年 9 月底，每间隔两个月对整网测量一次，共进行了 6 期测量。测量的平差计算结果提供给相关施工单位使用，满足了 6 个馈源支撑塔、50 个圈梁和格构柱、2225 个地锚点、12 个中继室和 24 个测量基墩及其他现场构筑物的施工放样要求。施工控制网用 I-30、I-18-4 作为已知点。

6 期施工控制网测量中，分别测量网形、水平角、垂直角、平距，因篇幅限制不在此赘述。前 2 期采用清华三维平差软件计算，后 4 期采用南方数码平差易软件进行平差计算，经比较，2 种软件结果相同。6 期施工控制网平差结果如表 2-7 所示。

表 2-7　6 期施工控制网平差结果

期数	平面最大点位误差 /mm	最大点间误差 /mm	最大边长比例误差	高程最大点位误差 /mm
1	2.03	1.57	1/263000	5.79
2	3.13	3.65	1/77300	5.16
3	4.6	6.2	1/183374	5.41
4	5.6	7.7	1/146420	6.04
5	9.5	13.2	1/61946	4.23
6	4.7	6.4	1/136313	5.36

注：规范允许每千米高差中误差为 10mm；允许每千米高差偶然中误差为 6.72mm。

6 期测量中平面最大点位误差 [JL10]=9.5mm；平面最小点位误差 [JC0]=3.2mm；平面平均点位误差为 5.3mm；平面平均高程中误差为 3.33mm。6 期测量综合成果如表 2-8 所示。

表 2-8　6 期测量综合成果

基墩编号	X/m	Y/m	H/m	稳定性
JC0	2838440.7314	498956.8758	835.2929	优
JC1	2838533.3293	499119.0643	887.8967	后期施工中被破坏
JL1	283165.9988	498897.4579	983.3831	优
JL2	2838295.8171	499213.7403	976.5426	优
JL3	2838669.0469	499084.8757	972.4241	差
JL4	2838654.9660	498775.2490	952.5032	优
JL5	2838391.3440	498634.9050	965.7160	优
Z1	2838218.6904	498778.1772	969.6656	良
Z2	2838239.5762	498721.6461	990.9524	良
Z3	2838559.7309	498685.6051	968.0870	优
Z4	2838731.4641	498920.5944	941.0566	差
Z5	2838612.3240	499158.8748	972.5249	良
Z6	2838350.9752	499258.4760	971.3797	良

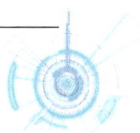

续表

基墩编号	X/m	Y/m	H/m	稳定性
Z7	2838328.1211	499231.5090	974.2879	良
Z8	2838367.0550	499246.7520	958.4689	良
Z9	2838175.7452	499007.0376	974.8554	良
JL8	2838588.3369	499225.6045	1005.5486	差
JL10	2838668.0395	499123.3284	1004.1766	差

因为本施工控制网基墩从作用角度主要分为两类，第一类包括 JC0、JC1、JL1、JL2 和 JL3，主要为圈梁基础、地锚和基墩放样提供测量控制点；第二类包括 Z1、Z10、JL8 和 JL10，主要为馈源支撑塔施工提供测量控制点，所以对两类基墩分别进行分析。

第 5 期施工控制网测量后，受圈梁、支撑塔和地锚等基础施工影响，部分临时基墩被破坏。对前 5 期的数据进行比较分析，JC0、JL1、JL2、JL4、JL5 点位渐趋稳定；JL3 爆破后点位向北变化 23.6mm；Z1、Z4、Z6、Z8 稳定性欠佳；另外，JL8 与 JL1 方向上有一棵树，有风时影响距离测量。

2.3.5 设备安装网

2013 年 12 月，圈梁合拢，施工控制网基墩点间大部分被圈梁遮挡而不通视，施工控制网基本完成任务。设备安装网由精密控制网部分基墩组成，为索网、面板等安装提供精度保障，施工控制网对设备安装网起到坐标框架传递作用，并不构成精度约束。为实现高精度测量，设备安装网的高程坐标采用几何水准测量，平面坐标采用边角测量。2014 年 3 月下旬和 5 月下旬共进行了两期测量，通过测量得到 FAST 基墩坐标和基墩的稳定性情况。测量 JD4 到 JD9 天文观测边的天文方位角后建立了 FAST 测控坐标系并计算得到各基墩的测控坐标。

1. 设备安装网选点

建造精密控制网基墩之前选取部分基墩组成设备安装网，要求基墩建造方对组成设备安装网的基墩优先施工，设备安装网基墩建造完成后对设备安装网进行测量。设备安装网包括外圈基墩 JD20、JD21、JD22，中圈基墩 JD9、JD10 和反射面中心基墩 JD1～JD5，10 个基墩点位分布如图 2-4 所示。

根据通视和稳定性条件选择施工控制网两个点为设备安装网平面起算点，如表 2-9 所示。

表 2-9　设备安装网平面起算点坐标

基墩编号	东坐标 Y_1/m	北坐标 X_1/m
JL4	498775.249	2838654.966
JL5	498634.905	2838391.344

平面点最大点位误差为 2.03mm，最大点间误差为 1.57mm，最大边长比例误差为 1/263000。经过 2013 年的多次复测，点位稳定。

大比例测图控制网提供 I-30 高程为 963.927m。2013 年 4 月，以 I-30 为水准起算点，对建于 FAST 周围山顶上的设备安装网进行水准高程测量，测量结果显示 A40 地质条件更好，多次水准测量的结果均稳定。FAST 设备安装网高程坐标如表 2-10 所示。

表 2-10　设备安装网高程坐标

基墩编号	高程平差值 /m	中误差 /mm
I-30	963.92700	0（起算点）
A40	964.27351	0.11
JL5	965.71423	0.16
JL4	952.50219	0.23

2．设备安装网高程测量

基墩高程采用几何水准测量，两期都采用徕卡 DAN03 电子水准仪，如图 2-12 所示。水准测量严格按照《国家一、二等水准测量规范》（GB/T 12897—2006）设站限差中的一等要求实施。以 A40 为公共连接点进行路线水准测量。以 A40 为起点检测 I-30 导线点并联测各基墩组成闭合环。

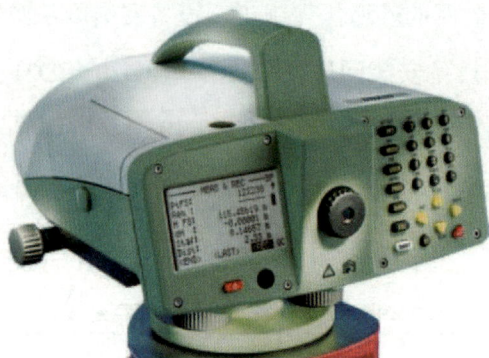

图 2-12　徕卡 DAN03 电子水准仪

水准测量采用单路线往返观测、各测段往返观测的施测方式，测量工作日以阴天为主，日间气温变化小、风力小、成像清晰，有利于水准作业。水准路线均为喀斯特地质和开挖地面，土质较软，使用尺台带来的沉降误差较大，为保证测量精度，测量中使用重 1.5kg、长 0.3m 的实心钢质尺桩。

测量基墩上有两个水准点，一个在基墩底部，离地面约 0.3m 高，取名为下水准点 JDX；另一个在基墩强制对中装置上，取名为上水准点 JDS。构成设备安装网的 10 个基墩中，中心和中圈基墩高度小于 7m，外圈 3 个基墩高度大于 12m，下水准点只测 3 个高墩。测量团队进行了 2 期测量，FAST 场地重力异常没有测量资料，水准计算中没引入重力异常改正。2 期基墩高程变化如表 2-11 所示。

表 2-11　2 期基墩高程变化

基墩编号	第一期高程 /m	第二期高程 /m	高差 /mm
A40（已知点）	964.2735	964.2735	0
JDS1	841.8633	841.8634	0.1
JDS2	841.8527	841.853	0.3
JDS3	841.8605	841.8605	0.0
JDS4	841.8442	841.8444	0.2
JDS5	841.8545	841.8549	0.4

续表

基墩编号	第一期高程 /m	第二期高程 /m	高差 /mm
JDS9	868.1842	868.1846	0.4
JDS10	866.7775	866.7779	0.4
JDS20	921.8547	921.8551	0.4
JDX20	905.9427	905.9422	−0.5
JDS21	924.4959	924.4966	0.7
JDX21	906.5756	906.5746	−1.0
JDS22	914.6621	914.6626	0.5
JDX22	901.0914	901.0912	−0.2

根据表 2-11 中的数据可以看出：基墩下水准点 JDX20、JDX21、JDX22 高差全为负，说明整个基墩在沉降；基墩上水准点高差都为正，且基墩越高变化越大。2014 年 5 月，FAST 现场温度高，两期测量温度相差约 9℃，因此基墩受热胀冷缩影响变长，混凝土热膨胀系数为 $0.7×10^{-5}/℃$，基墩实测伸长量与理论温差伸长量比较如表 2-12 所示，主要影响来源于环境温度变化，说明温度对基墩的影响不容忽略。

表 2-12　基墩伸长量比较

基墩编号	基墩高度 /m	实测伸长量 /mm	理论温变伸长量 /mm
JD20	16	0.9	1.01
JD21	18	1.7	1.13
JD22	13.6	0.7	0.86

3．基墩平面点位坐标测量

设备安装网平面坐标采用边角测量，2 期测量采用 TCA2003 全站仪，仪器内安装多测回测角软件，按照《国家三角测量规范》（GB/T 17942—2000）和《工程测量规范》（GB 50026—2007）中的三角形网二等技术指标要求设置度盘及限差。机载程序能自动检测是否超限与重测，并自动进行测站平差。

TCA2003 全站仪使用多测回测角软件测量水平角，数据记录到仪器的

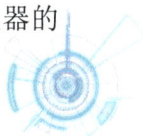

PC 卡（一种用于笔记本计算机和其他移动设备的扩展设备）中，通过徕卡自带数据处理软件输出，再经专用程序生成电子手簿，输出水平角方向值。

斜距测量采用测距精度高的 TS30 全站仪实现，边长经气象改正、常数改正后归算到基墩水准点上。

反射面内高差大，外圈与中圈、中圈与内圈间垂直角全部超过 ±3°，例如 JD2 到 JD9 的垂直角为 10°41′17″，JD2 到 JD22 的垂直角为 19°06′14″。垂直角测量误差给斜距改平距带来误差，采用几何水准测量基墩高程，全站仪往返测量斜距，利用基墩间的高差及斜距计算基墩间的平距。

设备安装网平面已知点为 JL4 和 JL5，已知点和未知点的相对位置关系如图 2-13 所示。

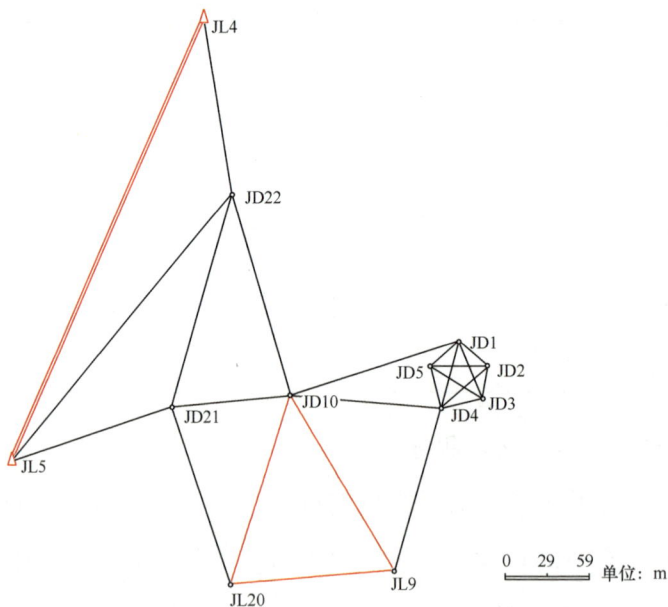

图 2-13　已知点和未知点的相对位置关系

FAST 坐标系下设备安装网基墩点 2 期平面坐标值如表 2-13 所示。

表 2-13 FAST 坐标系下设备安装网基墩点 2 期平面坐标值

基墩编号	北坐标 X/m	东坐标 Y/m	备注
JL4	2838654.9660	498775.2510	已知点
JL5	2838391.3430	498634.9050	已知点
JD1	2838462.8339	498956.8573	
JD2	2838447.5488	498977.9008	
JD3	2838428.4501	498973.3100	
JD4	2838422.8193	498943.8569	
JD5	2838447.5486	498935.8272	
JD9	2838325.6733	498910.0033	
JD10	2838429.9496	498836.2518	
JD20	2838317.7709	498794.2559	
JD21	2838423.4166	498750.9571	
JD22	2838550.6768	498794.7053	

设备安装网测量时进行了天文方位测量，并将数据转换到 FAST 测控坐标系下，FAST 测控坐标系转换方法见 2.3.1 节，采用 JD4 至 JD9 天文方位边的 FAST 测控坐标系下设备安装网基墩点 2 期平面坐标比较如表 2-14 所示。具体测量方法见 2.3.2 节。利用相同的起算坐标数据，从设备安装网基墩点 2 期平面坐标比较来看，JD22 变化较大，向东（天线中心方向）偏。从表 2-14 的数据比较来看，JD1 ～ JD5、JD9、JD10 是稳定的。

表 2-14 FAST 测控坐标系下设备安装网基墩点 2 期平面坐标比较

基墩编号	北坐标 X_2/m	东坐标 Y_2/m	北坐标 X_1/m	东坐标 Y_1/m	X_2-X_1/mm	Y_2-Y_1/mm
JD1	22.1202	−0.0094	22.1215	−0.00969	−1.27	0.33
JD2	6.8375	21.0346	6.8374	21.03467	0.12	−0.08
JD3	−12.2623	16.4453	−12.2617	16.4448	−0.66	0.48
JD4	−17.8941	−13.0082	−17.8941	−13.0082	0	0
JD5	6.8341	−21.0386	6.835	−21.0393	−0.85	0.63
JD9	−115.04	−46.856	−115.04	−46.856	0	0
JD10	−10.7708	−120.6117	−10.7689	−120.613	−1.94	1.33

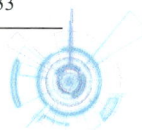

基墩编号	北坐标 X_2/m	东坐标 Y_2/m	北坐标 X_1/m	东坐标 Y_1/m	X_2-X_1/mm	Y_2-Y_1/mm
JD20	−122.9492	−162.6061	−122.9489	−162.603	−0.32	−3.61
JD21	−17.3018	−205.9071	−17.3061	−205.907	4.29	−0.53
JD22	109.9562	−162.1562	109.9550	−162.166	1.14	9.44

4. 设备安装网测量成果

FAST 设备安装网共 10 个测量基墩，2014 年 3 月下旬和 5 月下旬进行了两次测量。FAST 坐标系下设备安装网坐标值如表 2-15 所示。

表 2-15　FAST 坐标系下设备安装网坐标值

基墩编号	X/m	Y/m	H/m
JD1	2838462.8339	498956.8573	841.8633
JD2	2838447.5488	498977.9008	841.8527
JD3	2838428.4501	498973.3100	841.8605
JD4	2838422.8193	498943.8569	841.8442
JD5	2838447.5486	498935.8272	841.8545
JD9	2838325.6733	498910.0033	868.1842
JD10	2838429.9496	498836.2518	866.7775
JD20	2838317.7709	498794.2559	921.8547
JD21	2838423.4166	498750.9571	924.4959
JD22	2838550.6768	498794.7053	914.6621

高程起算点 A40 为水准基点，每测站高差中误差为 0.15mm；最大高程中误差 [JD1] 为 0.11mm；最小高程中误差 [I-30] 为 0.03mm；平均高程中误差为 0.08mm；高程精度为国家一等水准精度。

平面起算点为 JL4、JL5，采用水准测量基墩高程结果，由斜距计算基墩间平距。

水平角测量按照二等三角测量要求进行，其网闭合差精度优于国家三等水准精度。最大点位误差 [JD2] 为 0.0039m；最小点位误差 [JD22] 为 0.0017m；平均点位误差为 0.0031m；最大点间误差为 0.0033m；最大边长比例误差为 1/48838；平面坐标验后单位权中误差为 2.31m；往返测距单位权中误差为 0.002m；总边长为 2092.338m，平均边长为 87.181m，最小边长为 19.643m，最大边长为 225.661m。三角形最短边边长相对中误差精度大部分高于国家三等水准测量，少数在国家三等水准测量与国家四等水准测量之间。

采用 JD4 至 JD9 天文方位边的设备安装网坐标值如表 2-16 所示。

表 2-16　采用 JD4 至 JD9 天文方位边的设备安装网坐标值

基墩编号	X/m	Y/m	H/m	备注
JD1	22.12018	−0.00936	−296.8584	
JD2	6.83750	21.03459	−296.8690	
JD3	−12.26234	16.44528	−296.8612	
JD4	−17.89410	−13.00820	−296.8775	已知点
JD5	6.83412	−21.03862	−296.8672	
JD9	−115.04000	−46.85600	−270.5375	已知点
JD10	−10.77084	−120.61166	−271.9442	
JD20	−122.94918	−162.60611	−216.8670	
JD21	−17.30183	−205.90712	−214.2258	
JD22	109.95616	−162.15617	−224.0596	

最大点位误差 [JD22] 为 2.2mm；最小点位误差 [JD5] 为 0.4mm；平均点位误差为 1.1mm；最大点间误差为 2.6mm；最大边长比例误差为 1/64112；平面坐标验后单位权中误差为 1.73s；往返测距单位权中误差为 1mm。

5．设备安装网基墩稳定性分析

第一次测量是在基墩没有完工的情况下进行的，在测量 10 个基墩时发现 JD21 隔离层与核心墩隔离不好，隔离层的平台上有人走动，全站仪气泡跳动，测量超限。其他测量基墩没有出现不稳定的情况，后经检查，确认有一个小石块卡在基墩核心墩和隔离层之间，去除后扰动消失。

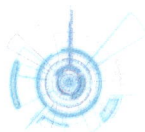

测量期间，洼地底部土地平整正在施工，挖掘机在 JD1 ～ JD5 基墩边挖掘、装运。大型运土卡车在 JD10 基墩下面的路上行进时，JD10 上全站仪基墩抖动，不能测角，尽管地面以下也有隔离层，但是细沙对振动还是有一定传导能力，基墩附近有大的扰动时不能进行测量。

测量团队分别在 2014 年 3 月下旬和 5 月下旬进行两次精密水准测量，经数据分析得知基墩在下沉，如表 2-11 所示。基墩下水准点 JDX20、JDX21、JDX22 高差全为负，说明整个基墩在沉降，基墩 JDX21 沉降得比较多；基墩上水准点高程差都为正，可能是因为 5 月下旬 FAST 现场温度比 3 月下旬时高，受到温变影响，基墩伸长量如表 2-12 所示。

综合数据来看，基墩 JD1 ～ JD5、JD9、JD10 是稳定的。

2.3.6   精密控制网

测量与控制的基准站即天线内精密控制网测量控制点，是 FAST 工程的重要组成部分。基准站的主要功能为在 FAST 建设、调试和运行过程中，为馈源及反射面的静态、动态位姿测量提供精密的点位位置基准。

1. 精密控制网控制点组成及技术指标要求

（1）精密控制网控制点组成

精密控制网控制点包括位于洼地中心的地面点 JD0；在圈梁内高出反射面并相互通视的 23 个基墩（JD1 ～ JD23），其中 JD21 基墩照片如图 2-14 所示；位于洼地周边山顶上的 JD24。每个基墩上可架设 3 台全站仪或棱镜。

精密控制网在圈梁内呈环状分布，共 3 圈，外圈距反射面中心约 200m；中圈距反射面中心约 100m；内圈 5 个基墩位于反射面中心馈源舱停靠平台正五边形 5 个顶点附近。

JD1 ～ JD23 基墩上有 3 个强制对中盘，每个盘可以架设 1 台全站仪或棱镜，中间点为主站点，编号与基墩名相同，如 JD21。两边点为副站点，副站点命名是面向天线中心的，右边为 JD21-1，左边为 JD21-2。每个基墩有两个水准点，以 JD21 为例，上水准点 JDS21 在基墩上点位如图 2-15 所示；下水准点 JDX21 在基墩保护层门内主基墩上。

图 2-14　JD21 基墩照片

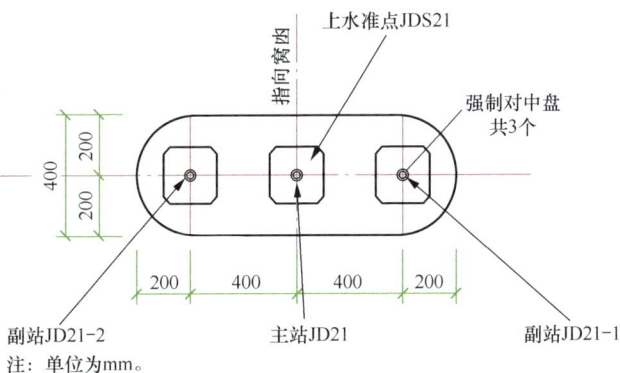

图 2-15　JD21 基墩主、副站及水准点编号

（2）技术指标要求

精密控制网共有 72 个控制点（不含上、下水准点），根据这些点的不同作用和不同测量难度提出不同的坐标技术指标要求，如表 2-17 所示。

表 2-17　精密控制网控制点坐标技术指标要求

基墩编号	精度 /mm	控制点说明
JD1 ～ JD11	1	内圈和中圈主站
JD12 ～ JD23	1.5	外圈主站
JD1-1 ～ JD11-1，JD1-2 ～ JD11-2	1.5	内圈、中圈副站
JD12-1 ～ JD23-1，JD12-2 ～ JD23-2	2	外圈副站
JD24，JD24-1，JD24-2	5	山顶上的 JD24 主、副站

2．JD1 ～ JD23 主站高程测量方案

精密控制网主站高程测量精度要求是 JD1 ～ JD11 为 1mm；JD12 ～ JD23 为 1.5mm。为了达到上述精度，需要选用合适的测量方法。基墩所处位置是凹底，所有基墩面的水平视线到地面的距离为 15 ～ 40m，同时 FAST 现场大部分为开挖地面，土质松软、倾斜坡大，水准测量环境较差，给水

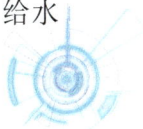

准测量带来了一定的难度。在首级控制网和设备安装网阶段都进行了大量的实验比对，结果表明，经过相应处理和水准路线设计，水准测量仍然是高程测量中保障精度最有效的测量方法。基墩中间强制对中螺丝为主站点平面坐标点位，螺丝顶部为高程点，同时基墩上有（JD11 没有）上水准点，为了便于全站仪测量仪器高，主站点坐标中的高程为上水准点高程，JD11 为中间螺丝顶点。

（1）已知点

高程系统为 1985 国家高程基准，已知 I-30 高程为 963.927m。到 2015 年 10 月，现场只有 I-30 稳定，可以作为起算高程点。

（2）选点埋石

鉴于精密控制网水准测量的特殊性，一等水准测量路线上的水准点采用基岩标志和基墩上、下水准点。

2014 年 5 月埋设了基岩标志，A100、A200 水准点（见图 2-16）是在原始地形上，选取一大片裸露岩层，先清除表层风化物，然后在整体、大块坚硬的岩石平面中心位置使用风钻开凿深度为 0.35m、直径为 0.05m 的孔洞，清洗干净后打入钢钎，安放时端正、平直，待混凝土初凝（常温下约 1h），再用水泥浇筑好外部，基墩上、下水准点如图 2-17 所示。

图 2-16　A100（左）和 A200（右）水准点

JD1 ～ JD10、JD12 ～ JD23 的水准点在基墩平面上，JD11 上没有水准点，水准点采用强制对中螺丝固定。JDX21、JDX16 为基墩下水准点。

图 2-17 基墩上、下水准点

底圈和中圈基墩之间建立 A100 和 A200 水准点，其中 A200 水准点在 JD1 正东方向 40m 处的原始地面基岩上，A100 水准点在 JD7 东北方向 10m 处的原始地面基岩上。

（3）一等水准测量施测路线

以 I-30 为 1985 国家高程基准起算点，一等水准网由 I-30、JDX21、JDS13、JDX16、JDS10、JDS8、A100、A200、JD1S、JDS2、JDS3、JDS4、JDS5 水准点组成。

水准测量路线根据现场地形和通行状况择优实施，路线构成 4 个闭合环路线，分别为 I-30—JDX21—JDS10—JDS8—JDX16—JDS13、JDS10—JDS8—A100、A200—A100—JDS8、JDS1—JDS2—JDS3—JDS4—JDS5。

（4）二等水准测量施测路线

在一等水准点的控制下，就近路线按二等水准测量要求向基墩水准点传递高程，其他施工困难的点（如 JDS15、JDS18、JDS19）用支线水准测量传递高程，进行往返观测。第二圈部分基墩（如 JDS6、JDS7、JDS9、JD11）由于面板施工影响，在面板施工前连续进行多期支线水准测量，确保基墩高程测量精度。一等水准网由基岩水准点和基墩上、下水准点组成；二等水准网由基墩上、下水准点组成。用地锚墩上的螺帽作为过渡点。

（5）水准测量成果记录与平差计算

DNA03 电子水准仪自动记录水准观测结构并保存在仪器里，水准观测

外业测量成果按照《国家一、二等水准测量规范》规定执行。水准测量完成后，外业测量成果质量按《国家一、二等水准测量规范》予以验收和评定。采用南方数码平差易软件进行平差计算。

3．JD1～JD23 主站平面测量方案

精密控制网共包含 25 个点，其中 JD1～JD23 为双层基墩，位于 FAST 反射面内，均伸出反射面面板。每个基墩上有 3 套测量设备安装转接盘，可供 3 台测量设备同时使用，中间强制对中盘称为主站，基墩编号为所在基墩名，如 JD10 上的中间强制对中盘基墩编号叫 JD10，两侧强制对中盘称为副站。下面介绍主站平面测量方案。

要求 JD1～JD11 平差结果中的平均点位中误差小于 1mm，JD12～JD23 平差结果中的平均点位中误差小于 1.5mm。按照点位精度要求，分成内圈边角网、中圈测角网，测量数据分期、分圈进行整体平差计算，外圈测边网加上中圈边角网数据一起进行整体平差计算。

（1）精密控制网测量起算坐标值

精密控制网的点位精度要求高，即要求内圈和中圈基墩的坐标误差 RMS 值小于 1mm，外圈基墩的坐标误差 RMS 值小于 1.5mm。如果直接采用表 2-16 中 FAST 测控坐标系下的坐标值（精度为 3.1mm）作为起算点，一定会影响基准网平差计算精度。

内圈起算点选择表 2-16 中 JD1、JD4、JD9 的设备安装网坐标值并精密测量 JD4 至 JD9、JD4 至 JD1 的距离，以 JD4 为起始数据，计算得到测控坐标系下的方位角和坐标增量，测量起算点坐标如表 2-18 所示。

表 2-18　精密控制网测量起算点坐标

基墩编号	X/m	Y/m
JD1	22.1188	-0.0094
JD4	-17.8947	-13.0074
JD9	-115.0381	-46.8551

（2）内圈控制（JD1 ～ JD5，JD9）边角网测量

内圈的水平角采用 TM5100A 电子经纬仪测量，斜距采用 TS30 全站仪测量。每个基墩高程由水准测量得到，精密测量仪器高和棱镜高，由基墩高程差和斜距计算两个基墩的平距。

内圈的 JD1 ～ JD5、JD9 组成内圈控制网，如图 2-18 所示，在每个基墩点上分别设测站，内圈控制网设站点及照准点如表 2-19 所示，采用二等三角的指标要求，每个方向测 9 个测回。在水平角测量中，尽量不要调节望远镜焦距，并选在阴天测量。测量内圈控制网各基墩间边长，增加多余观测量，测量边长时测量干温、湿温、气压，进行斜距的气象改正。3 期内圈基墩平面坐标如表 2-20 所示。

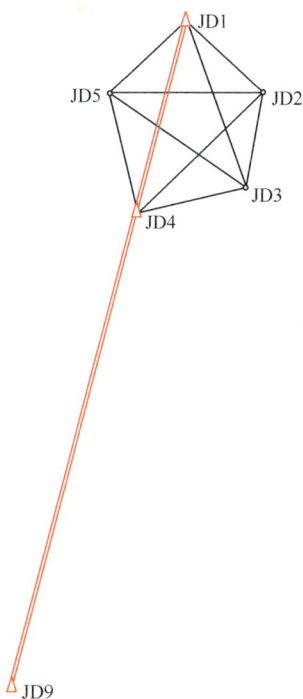

图 2-18　内圈控制网

表 2-19　内圈控制网设站点及照准点

基墩编号	照准点
JD1	JD2、JD3、JD4、JD5
JD2	JD1、JD3、JD4、JD5
JD3	JD1、JD2、JD4、JD5
JD4	JD1、JD2、JD3、JD5、JD9
JD5	JD1、JD2、JD3、JD4

表 2-20　3 期内圈基墩平面坐标

基墩编号	X/m	Y/m	备注
JD1	22.11880	-0.00940	已知点
JD2	6.83715	21.03405	
JD3	-12.26206	16.44609	
JD4	-17.89410	-13.00820	已知点
JD5	6.83305	-21.03784	
JD9	-115.03810	-46.85510	已知点

（3）中圈（JD6 ～ JD11，JD4）控制网测量

中圈控制网包括 JD6 ～ JD11，JD4（见图 2-19）。采用 TCA2003 全站仪安装单站自动多测回测角软件进行自动测量，采用 TM5100A 电子经纬仪多测回测量水平角。JD4 需要与中圈 6 点测量边角，共计 6 个方向。中圈的 JD6 ～ JD11，每点上设一个测站，通过测站观测周围点时，采用全圆方向观测法或分组方向观测法，中圈控制网设站点及照准点如表 2-21 所示。

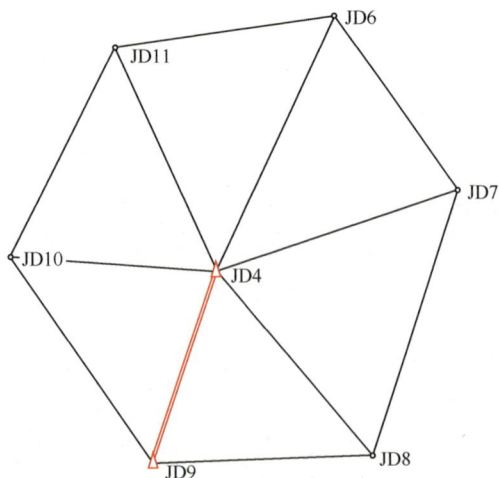

图 2-19　中圈控制网

观测时，每个方向测 9 个测回，除了在 JD4 设站，不允许调节其他各点望远镜焦距，并选在阴天测量。距离测量采用 TS30 全站仪。3 期中圈基墩平面坐标如表 2-22 所示。

表 2-21　中圈控制网设站点及照准点

基墩编号	照准点
JD4	JD6、JD7、JD8、JD9、JD10、JD11
JD6	JD4、JD11、JD7
JD7	JD4、JD6、JD8
JD8	JD4、JD7、JD9
JD9	JD4、JD8、JD10
JD10	JD4、JD9、JD11
JD11	JD4、JD10、JD6

表 2-22　3 期中圈基墩平面坐标

基墩编号	X/m	Y/m	备注
JD4	−17.89470	−13.00740	已知点
JD6	111.37850	47.50721	
JD7	23.33903	111.26454	
JD8	−111.54252	66.35571	
JD9	−115.03810	−46.85510	已知点
JD10	−10.76924	−120.60833	
JD11	95.51158	−65.68285	

（4）外圈（JD12 ～ JD23，JD4）基墩边长、角度测量

在使用 TS30 全站仪进行距离测量时，需在 JD4 与中、外圈的 JD6 ～ JD23 设站（见图 2-20），对 41 条边进行往返观测，距离观测网设站点及照准点如表 2-23 所示。

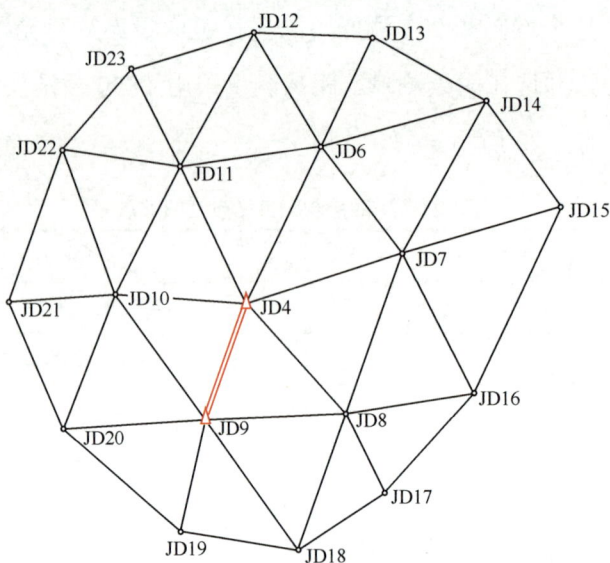

图 2-20　距离观测网

表 2-23　距离观测网设站点及照准点

基墩编号	照准点
JD4	JD6、JD7、JD8、JD10、JD11
JD6	JD4、JD11、JD12、JD13、JD14、JD7
JD7	JD4、JD6、JD14、JD15、JD16、JD8
JD8	JD4、JD7、JD16、JD17、JD18、JD9
JD9	JD8、JD18、JD19、JD20、JD10
JD10	JD4、JD9、JD20、JD21、JD11
JD11	JD4、JD10、JD22、JD23、JD12、JD6
JD12	JD13、JD6、JD11、JD23
JD13	JD14、JD6、JD12
JD14	JD15、JD7、JD6、JD13
JD15	JD16、JD7、JD14
JD16	JD17、JD8、JD7、JD15
JD17	JD18、JD8、JD16
JD18	JD19、JD9、JD8、JD17
JD19	JD20、JD9、JD18
JD20	JD21、JD10、JD9、JD19

续表

基墩编号	照准点
JD21	JD22、JD10、JD20
JD22	JD23、JD11、JD10、JD21
JD23	JD12、JD11、JD22

采用 TCA2003 全站仪安装单站自动多测回测角软件进行自动测量，采用 TM5100A 电子经纬仪多测回测量外圈水平角。外圈控制网如图 2-21 所示，外围控制网设站点及照准点如表 2-24 所示。

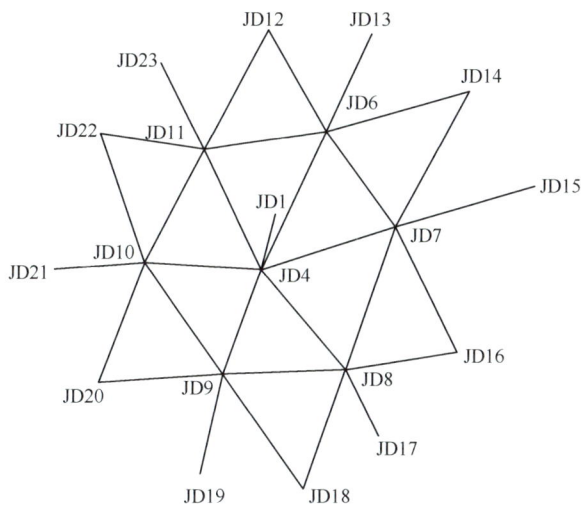

图 2-21　外圈控制网

表 2-24　外圈控制网设站点及照准点

基墩编号	照准点
JD4	JD1、JD6、JD7、JD8、JD9、JD10、JD11
JD6	JD4、JD11、JD12、JD13、JD14、JD7
JD7	JD4、JD6、JD14、JD15、JD16、JD8
JD8	JD4、JD7、JD16、JD17、JD18、JD9
JD9	JD4、JD8、JD18、JD19、JD20、JD10
JD10	JD4、JD9、JD20、JD21、JD22、JD11
JD11	JD4、JD10、JD22、JD23、JD12、JD6

3 期外圈基墩平面坐标如表 2-25 所示。

表 2-25　3 期外圈基墩平面坐标

基墩编号	X/m	Y/m
JD12	207.01526	−6.15685
JD13	202.84807	88.90533
JD14	150.00036	179.61903
JD15	61.23931	239.76079
JD16	−93.96584	168.53232
JD17	−174.98034	96.96195
JD18	−223.49323	27.37485
JD19	−208.14801	−66.96957
JD20	−122.94683	−162.60189
JD21	−17.30283	−205.90246
JD22	109.95470	−162.15568
JD23	175.67024	−106.14155

4．JD1 ～ JD23 副站测量方案

基墩面向天线中心，JD21 中右边的点为 JD21-1，左边的点为 JD21-2，水准点为 JDS21，中间强制对中螺丝为 JD21。

水准仪架在离基墩最近的地面上，水准尺分别测量 JDS21、JD21-1、JD21-2、JD21、JDS21，组成闭合环。每个基墩按照一、二等水准测量限差实施，测量两次。

主站平面测量和主、副站高程几何水准测量结束后进行平差计算，得到基墩主站坐标值。利用相邻基墩的已知数据进行副站平面测量，在两个相邻的基墩中，TS30 全站仪架在主站点上，"立点站"定向采用坐标测量方法测量副站平面坐标，采用 TS30 全站仪进行大气折射实验结果差分测量，减小气象代表性误差。

采用上述方法测量后得到副站坐标，用主、副站坐标计算斜距并将其与游标卡尺测量（见图 2-22）的距离进行比较，检验副站坐标测量精度。

图 2-22　游标卡尺测量

JD5 设站、JD4 定向，全站仪通过测量这两点计算斜距，与游标卡尺测量距离的最大误差为 0.6mm。JD10 设站、JD20 定向，全站仪通过测量这两点坐标计算斜距，与游标卡尺测量距离的最大误差为 1mm。测量结果表明副站测量精度小于 1mm，说明副站测量方案可行。

5．JD24 坐标测量方案

JD24 在天线外的山顶上，采用对向边角三角形测量方案。TDA5005 电子经纬仪测量垂直角、水平角，TS30 全站仪测量斜距。已知点选择基墩 JD10 和 JD9，并选择有风的阴天进行测量，测量仪器高和 JD24 棱镜高。

6．JD0 坐标测量方案

JD0 在天线底部中心地下，等待点位连接工装安好后，高程采用几何水准测量，从 A200 开始至 JD0，进行一等水准指标往返观测。

平面采用坐标测量方法或自由设站测量。

7．精密控制网坐标成果及精度分析

精密控制网中圈梁内 23 个基墩（JD1 ～ JD23）和天线中心地面点（JD0），要求其主站坐标精度为 1 ～ 1.5mm；要求天线外山顶上的 JD24 坐标精度为 5mm。

2015 年 11 月—2016 年 3 月，对精密控制网进行了 3 期测量，精密控制网 JD0 ～ JD24 主、副站点 3 期测量坐标取数学平均值如表 2-26 所示。

表 2-26　JD0 ～ JD24 主、副站点 3 期测量坐标取数学平均值

基墩编号	X/m	Y/m	上水准点高程 /m	螺丝顶高程 Z/m
JD0	-0.0065	0.0081	无水准点	-304.6988
JD1-1	22.1192	-0.4097		-296.8458
JD1-2	22.1184	0.3905		-296.8449
JD1	22.1188	-0.0094	-296.8587	-296.8455
JD2-1	7.2184	20.9123		-296.8562
JD2-2	6.4566	21.1557		-296.8562
JD2	6.8372	21.0341	-296.8693	-296.8559
JD3-1	-11.9398	16.6836		-296.8465
JD3-2	-12.5834	16.2093		-296.8470
JD3	-12.2620	16.4462	-296.8612	-296.8466
JD4-1	-18.1289	-12.6838		-296.8622
JD4-2	-17.6611	-13.3317		-296.8635
JD4	-17.8947	-13.0074	-296.8774	-296.8628
JD5-1	6.4522	-21.1616		-296.8567
JD5-2	7.2136	-20.9137		-296.8553
JD5	6.8330	-21.0379	-296.8669	-296.8556
JD6-1	111.5339	47.1410		-271.9283
JD6-2	111.2227	47.8771		-271.9286
JD6	111.3786	47.5081	-271.9405	-271.9286
JD7-1	23.7309	111.1815		-275.1343
JD7-2	22.9491	111.3467		-275.1332
JD7	23.3389	111.2648	-275.1466	-275.1339
JD8-1	-111.3402	66.6969		-267.8697
JD8-2	-111.7435	66.0089		-267.8697
JD8	-111.5429	66.3554	-267.8846	-267.8696
JD9-1	-115.1867	-46.4874		-270.5233
JD9-2	-114.8880	-47.2294		-270.5238
JD9	-115.0381	-46.8551	-270.5362	-270.5232

续表

基墩编号	X/m	Y/m	上水准点高程 /m	螺丝顶高程 Z/m
JD10-1	−11.1674	−120.5722		−271.9315
JD10-2	−10.3720	−120.6472		−271.9309
JD10	−10.7692	−120.6088	−271.9436	−271.9306
JD11-1	95.2836	−66.0121		−274.1931
JD11-2	95.7388	−65.3530		−274.1922
JD11	95.5123	−65.6834	无水准点	−274.1930
JD12-1	207.0029	−6.5555		−213.7527
JD12-2	207.0274	−5.7570		−213.7552
JD12	207.0153	−6.1568	−213.7658	−213.7532
JD13-1	203.0059	88.5386		−198.8542
JD13-2	202.6909	89.2743		−198.8539
JD13	202.8474	88.9065	−198.8666	−198.8530
JD14-1	150.3097	179.3641		−183.9603
JD14-2	149.6915	179.8723		−183.9622
JD14	149.9999	179.6188	−183.9747	−183.9589
JD15-1	61.6280	239.6633		−165.5076
JD15-2	60.8512	239.8545		−165.5070
JD15	61.2391	239.7605	−165.5178	−165.5071
JD16-1	−93.6143	168.7255		−226.6008
JD16-2	−94.3141	168.3387		−226.6012
JD16	−93.9657	168.5323	−226.6138	−226.5998
JD17-1	−174.7854	97.3111		−220.3696
JD17-2	−175.1756	96.6108		−220.3721
JD17	−174.9804	96.9622	−220.3836	−220.3705
JD18-1	−223.4464	27.7716		−194.6760
JD18-2	−223.5413	26.9775		−194.6784
JD18	−223.4931	27.3748	−194.6901	−194.6766
JD19-1	−208.2722	−66.5914		−201.9410
JD19-2	−208.0238	−67.3494		−201.9411
JD19	−208.1479	−66.9693	−201.9527	−201.9403

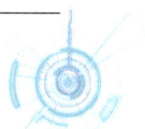

续表

基墩编号	X/m	Y/m	上水准点高程/m	螺丝顶高程 Z/m
JD20-1	-123.2694	-162.3581		-216.8518
JD20-2	-122.6331	-162.8387		-216.8527
JD20	-122.9469	-162.6015	-216.8668	-216.8521
JD21-1	-17.7021	-205.8676		-214.2145
JD21-2	-16.9077	-205.9364		-214.2115
JD21	-17.3030	-205.9024	-214.2257	-214.2127
JD22-1	109.6245	-162.3819		-224.0482
JD22-2	110.2851	-161.9307		-224.0463
JD22	109.9544	-162.1556	-224.0600	-224.0469
JD23-1	175.4654	-106.4844		-215.5398
JD23-2	175.8722	-105.7988		-215.5410
JD23	175.6698	-106.1415	-215.5535	-215.5402
JD24-1	309.3819	162.1264		-68.5231
JD24-2	309.0027	162.8357		-68.5196
JD24	309.1936	162.4800	-68.5349	-68.5207

（1）精密控制网主站高程值精度分析

在精密控制网 3 期测量的过程中，第三期测量基墩高程值与第一期、第二期测量高程值之差均小于 1mm，说明基墩在测量期间稳定，测量精度达到了技术设计指标要求。精密控制网高程变化趋势如图 2-23 所示。

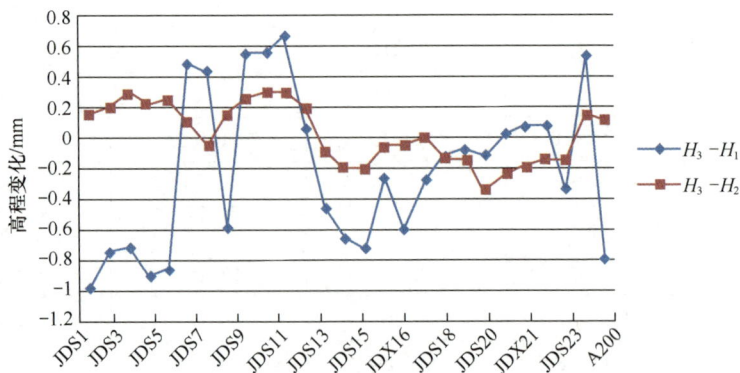

图 2-23　精密控制网高程变化趋势

　　用 2014 年 3 月、5 月 FAST 设备安装网水准测量数据与 2015 年测量数据进行稳定性分析，可知基墩高程没有变化或变化很小（均小于 1mm）。只有 JD9 可能有沉降，沉降 1.05mm 后稳定，其他基墩都很稳定。

　　（2）精密控制网主站平面测量平差计算结果统计分析

　　经过 3 期测量，平差计算得到的结果说明精密控制网平面坐标点位精度达到了设计要求（JD1 ～ JD11 为 1mm，JD12 ～ JD23 为 1.5mm）。

　　精密控制网第三期坐标值与第一期、第二期坐标值之差变化趋势：北坐标变化趋势如图 2-24 所示，东坐标变化趋势如图 2-25 所示。

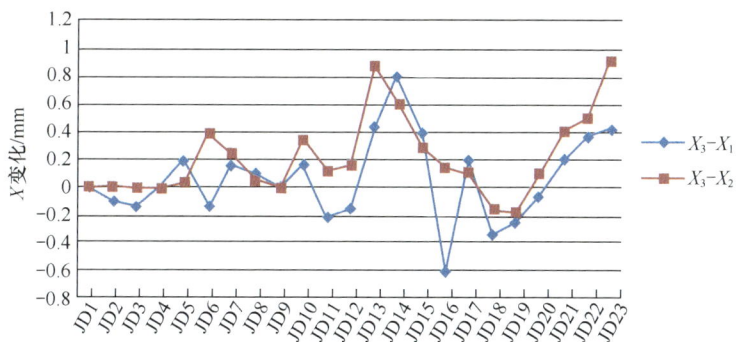

图 2-24　精密控制网北坐标变化趋势

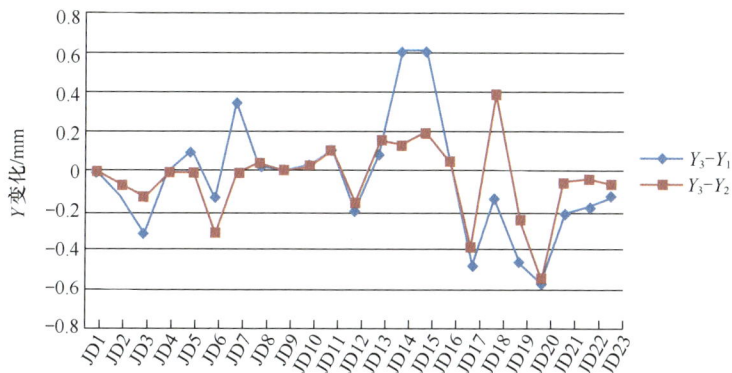

图 2-25　精密控制网东坐标变化趋势

（3）精密控制网副站高程坐标精度分析

副站高程采用几何水准测量完成。测量副站高程时水准仪架在离基墩最近的地面上或基墩（JD1～JD5）上，以 JD23 为例，水准尺分别置于 JDS23、JD23-1、JD23-2、JD23，组成闭合环。基墩副站高程按照一等或二等水准测量规范限差实施。

精密控制网副站高程变化趋势如图 2-26 所示。

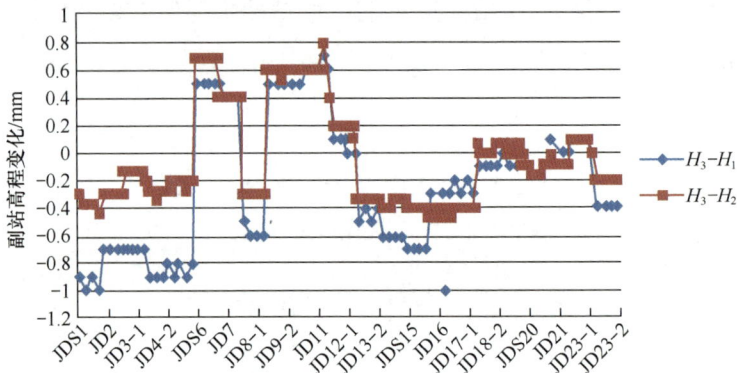

图 2-26　精密控制网副站高程变化趋势

（4）精密控制网副站平面坐标精度分析

副站平面坐标采用 TS30 全站仪测量得到，测量时只在同圈基墩、相邻（距离小于 200m）基墩主站设站和定向。测量时先定向，再测量定向点坐标、检查定向精度，内圈、中圈控制在 1mm 内，外圈控制在 1.5mm 内。首先测量主站坐标，再测量该基墩副站坐标。

测量副站坐标与主站坐标来求距离，如主站 JD5，副站 JD5-1、JD5-2，S_1 为计算主站 JD5 测量坐标到 JD5-1 测量坐标得到的距离，S_2 为计算主站 JD5 测量坐标到 JD5-2 测量坐标得到的距离。采用游标卡尺（量程≥600mm）量取主、副站间的距离 D_1 和 D_2。坐标测量计算得到的距离与人工测量的距离之差结果的最大互差为 2.04mm。

（5）JD24 坐标精度分析

山顶上的 JD24，采用几何水准测量法得到主、副站高程，SZ3、SZ4 的高程起算点和 FAST 基准网高程起算点相同，都是 I-30。SZ3、SZ4 的高程精度为 0.47mm。检查两点的高程差与两年前测量得到的高程差相差 0.3mm，说明点位稳定。SZ4 水准点与 JD24 的距离为 30m，使用 DNA03 电子水准仪测量得到 JD24 上水准点的高程差，按照一等水准要求实施，测量 3 次，误差 RMS 值在 0.3mm 内，JD24 高程主站点位误差 RMS 值小于 1mm。副站 3 期测量误差最大为 3.4mm，如表 2-27 所示，主、副站高程精度达到设计指标 5mm 的精度要求。平差计算误差 RMS 值小于 5mm。JD24 平差计算结果如表 2-28 所示。

表 2-27　JD24 高程精度分析

点号	第一期 H_1/m	第二期 H_2/m	第三期 H_3/m	H_3-H_1/mm	H_3-H_2/mm
JDS24 水准点	1070.1869	1070.1866	1070.1869	0	0.3
JD24 螺丝顶点	1070.2	1070.2016	1070.2015	1.5	−0.1
JD24-2 螺丝顶点	1070.1998	1070.2033	1070.2032	3.4	−0.1
JD24-1 螺丝顶点	1070.1992	1070.1983	1070.1982	−1	−0.1

表 2-28　JD24 平差计算结果

测量阶段	JD24 平均点位误差 /mm
第一期	3.3
第二期	4.0
第三期	3.7

（6）JD0 坐标精度分析

由于馈源舱施工，2016 年 4 月 14 日，JD0 才安装在天线面板中心下的地面上，没有基墩，只有一个强制对中螺丝，高程点为螺丝顶点，水准测量采用几何水准联测 A200，按照一等水准要求实施，并进行测量数据与基准网高程测量数据总体平差计算。

平面测量采用 TS30 全站仪单站测量系统自动测量，由于受馈源舱部件影响，JD0 只能与 JD1-1、JD2-1、JD5-1 通视。JD0 平面点坐标采用测边测角网，按照二等三角测量要求进行测量。

3 期 JD0 高程测量数据参与基准网总体平差计算，其平差报告结果如表 2-29 所示。平均高程差中误差小于 1mm，满足设计要求。

表 2-29　3 期 JD0 高程数据与基准网水准测量平差报告结果

测量阶段	测站高差中误差 /mm	最大高差中误差 /mm	最小高差中误差 /mm	平均高差中误差 /mm
第一期	0.84	0.67	0.43	0.56
第二期	0.80	0.64	0.41	0.54
第三期	0.82	0.66	0.43	0.55

　　3 期 JD0 平面坐标测量点位精度小于 1mm，满足设计精度要求。JD0
平面坐标测量平差计算报告主要技术指标如表 2-30 所示。

表 2-30　JD0 平面坐标测量平差计算报告主要技术指标

基准网点位	测量周期	平均点位误差 /mm	最大点位误差 /mm	最小点位误差 /mm	最大点间误差 /mm	最大边长比例误差 /mm
JD0	1	0.2	0.2	0.2	0.3	145853
	2	0.2	0.3	0.2	0.3	157632
	3	0.2	0.2	0.2	0.3	173719

| 2.4　关键技术 |

2.4.1　大气折射实验

　　大气折射所带来的误差是近地面室外精密工程测量遇到的共性难题。
FAST 需要在贵州大窝凼喀斯特地貌环境中 500m 范围内实现精密的静态测
量和动态测量，定位测量误差最高要求达到 1mm，其中主要误差来源为大
气折射误差，这也是降低误差的关键点和难点。如何有效地总结出大气折
射误差的特点及规律，对大气折射进行误差改正，进而合理设计及优化测
量方案，是 FAST 精密测量中需要解决的问题。

　　基于此，团队在不同室外环境的多个观测距离下进行了相关的大气折
射实验及研究，并在贵州 FAST 台址现场开展了相关的实验验证。

1. 大气折射影响机理

由于外界气象变化和地表植被覆盖等环境差异，全站仪在测量路径中

所对应的大气密度不完全一致，即大气折射率存在差异，从而影响测量精度。同时空气密度的变化引起垂直折射和水平折射，给全站仪的角度测量带来误差。

目前对大气折射的研究主要集中在大地测量等大尺度测量应用领域，相应地把大气处理成连续折射率变化的球壳分层模型，在高度角较大的天顶距方向可以实现较高精度的改正。而对于近地面的大气结构，由于受地区性局部因素影响，产生一定的不对称性和不均匀性。尽管可以及时测定外部环境气压、干温和湿温等大气参数，但仍然无法完全消除大气折射误差的影响，尤其是对近地面方向观测量的改正没有有效的改正模型。

式（2-1）为全站仪测距模型：

$$D = \frac{c}{4\pi f n}\left(N \cdot 2\pi + \varphi\right) + \Delta D \tag{2-1}$$

式中，D 为被测距离，f 为测距信号频率，ΔD 为设备测距常数误差，c 为真空中的光速，n 为测距信号在传播路径上的大气折射率，N 为观测过程整周数，φ 为观测相位。可以看出大气折射对测距的影响主要体现在大气折射率上，表现为折射率越大、误差越大。

全站仪的测距载波波段分别采用红外波段和可见激光波段。式（2-2）和式（2-3）分别为对应的大气折射率改正公式：

$$n_1 = 283.04 - \left[\frac{0.29195 \times p}{(1 + \alpha \times t)} - \frac{4.126 \times 10^{-4} \times h}{(1 + \alpha \times t)} 10^x\right] \tag{2-2}$$

$$n_2 = 285.92 - \left[\frac{0.29492 \times p}{(1 + \alpha \times t)} - \frac{4.126 \times 10^{-4} \times h}{(1 + \alpha \times t)} 10^x\right] \tag{2-3}$$

式中，$x = [7.5 \times t/(237.3 + t)] + 0.7857$；$\alpha = 1/273.15$；$p$ 为大气压强（单位为 mbar）；h 为相对湿度；t 为干温（单位为℃）；n_1、n_2 为改正后的大气折射率。

在干温为 20℃、大气压为 1010hPa、湿度（实际水汽压）为 10mmHg 时，大气折射率的公式如式（2-4）所示。

$$m_n = \sqrt{0.93^2 \times m_t^2 + 0.27^2 \times m_p^2 + 0.04^2 \times m_e^2 \times 10^{-6}} \tag{2-4}$$

式中，m_t 是温度测量误差，m_p 是气压测量误差，m_e 是水汽压测量误差，配合全站仪野外作业的气象设备主要为通风干湿球温度计和空盒气压计，观测过程中气象参数的测定误差一般为 m_t<0.5℃，m_p<0.5mbar，m_e<0.5mbar，对应的大气折射误差小于 0.4ppm。

观测过程中无法对测量信号传播途径的气象参数进行全路径的测量，一般采用测站或镜站的气象参数（或两处的中数）进行气象改正。这便带来了气象代表性误差，该误差与气象环境和地表环境直接相关。

对于近地面的大气折射造成的方向误差，目前还没有有效的改正模型。在测量领域中，一般选择良好的观测时段，通过多次测量，利用观测过程中的几何条件约束解算等方法来进行修正。该方法一般适用于静态测量和事后处理，不适合 FAST 的快速扫描和动态测量，但在馈源和反射面动态测量应用中有相应的处理方法。为了更准确地了解大气折射对全站仪测量精度的影响，FAST 团队做了大量的实验。

2．郑州基线白天大气折射实验

（1）实验概况

在郑州信息工程大学测绘学院南三环 GPS 检定基线和郑州信息工程大学理学院国家标准长度基线两个场地上，参照 FAST 设计的测量基准网、反射面测量及馈源支撑测量中的测量距离值进行实验，实验中基线长度选为 183.0823m、285.1647m、369.8525m、479.1924m、623.6396m。在每条基线上以 10min 进行 1 个测回，每个测回重复测量 5 次，气象参数也是每 10min 采样 1 次。持续测量 8h 以上，分析白天大气折射引起的误差的特性。

实验中，全站仪测量采用精密测量模式，同时测量大气参数（温度、湿度、气压）。采用的设备包括 TS30 全站仪、徕卡 GPH1P 精密棱镜。温度计和湿度计为 DHM2 通风干湿球温度计，气压计为 DYM3-1。其中，要求温度测量精度为 0.2℃，气压测量精度为 0.5mbar。实验中气象设备安置在测站，持续测量测站处的气象参数。测距大气折射改正模型计算表明：温度误差为 1.0℃，相对湿度为 20%，气压为 4mbar（此处均采用测量仪器所示的数据），均产生 1ppm 的测距误差。气象设备的测量精度均高于误差限值，对大气折射实验的影响可以忽略不计。2012 年 7 月共进行 5 次实验，郑州基线观测时段及基线长度如表 2-31 所示。

表 2-31　郑州基线观测时段及基线长度

日期	观测时段	基线名	基线长度标称值 /m
2012 年 7 月 12 日	9:30—18:30	南三环	623.6396
2012 年 7 月 16 日	8:00—19:00	理学院	285.1647
2012 年 7 月 18 日	8:30—17:30	理学院	183.0823
2012 年 7 月 19 日	8:10—18:20	理学院	369.8525
2012 年 7 月 21 日	9:10—17:00	南三环	479.1925

（2）实验结果分析

实验中气象设备安置在测站，持续测量测站处的气象参数。数据分析结果表明，大气折射改正和干温最为相关，与湿温和气压的相关性相对较弱。干温、湿温、气压变化曲线和大气折射改正分别如图 2-27 和图 2-28（以南三环 623.6396m 基线为例）所示。

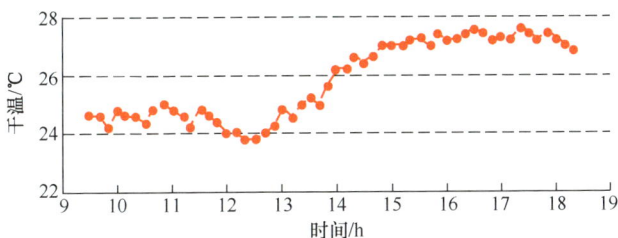

图 2-27　干温、湿温、气压变化曲线

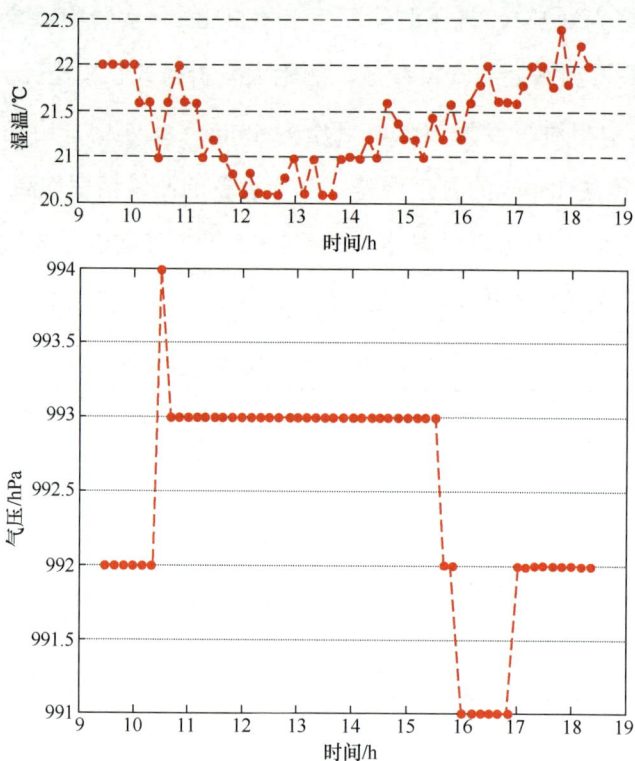

图 2-27　干温、湿温、气压变化曲线（续）

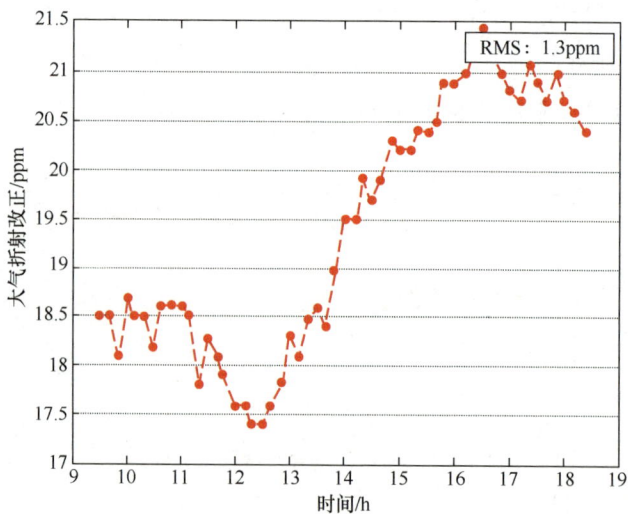

图 2-28　大气折射改正

对 5 次实验白天的测距结果进行分析和大气折射改正,如表 2-32 所示,基线观测长度与理论值相比,误差 RMS 值为 0.7mm,利用气象参数,进行大气折射改正后误差 RMS 值提高到 0.16mm,精度改正效果显著。

表 2-32　5 次白天测距结果和大气折射改正精度

日期	观测时段	基线名	基线长度标称值 /m	测距误差 /mm	改正后精度 /mm
2012 年 7 月 12 日	9:30—18:30	南三环	623.6396	0.9	0.2
2012 年 7 月 16 日	8:00—19:00	理学院	285.1647	0.3	0.1
2012 年 7 月 18 日	8:30—17:30	理学院	183.0823	0.6	0.1
2012 年 7 月 19 日	8:10—18:20	理学院	369.8525	0.9	0.2
2012 年 7 月 21 日	9:10—17:00	南三环	479.19245	0.8	0.2

注:测距误差 RMS 值为 0.7mm,改正后为 0.16mm。

大气折射会造成角度观测的误差。实验中发现,水平角的变化与干温存在明显的强相关性,垂直角变化与湿温最为相关(以南三环 623.6396m 基线为例),水平角和干温观测时间序列与垂直角和湿温观测时间序列分别如图 2-29 和图 2-30 所示。

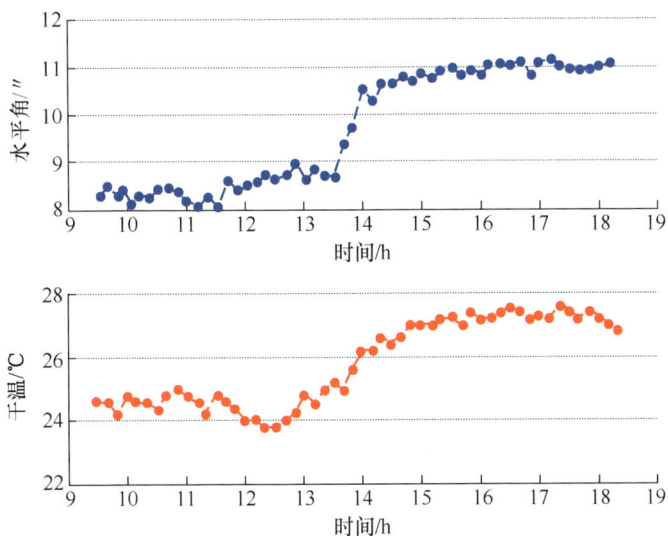

图 2-29　水平角和干温观测时间序列

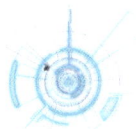

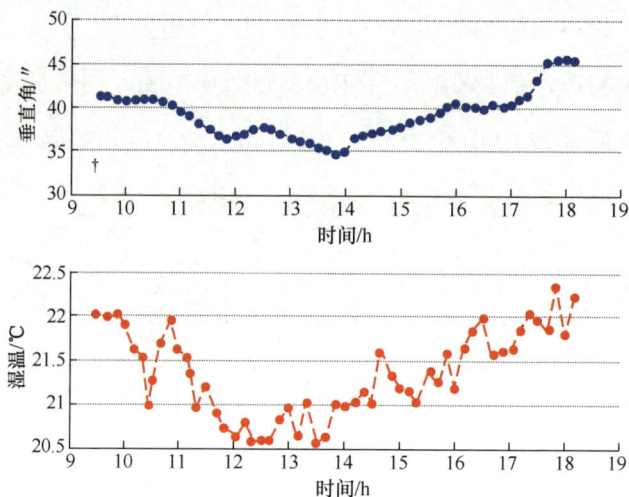

图 2-30　垂直角和湿温观测时间序列

利用干温对水平角、湿温对垂直角分别进行线性回归分析和误差修正后，水平角精度提高到 0.3″，垂直角精度提高到 1.5″。

测角精度的变化主要是大气折射造成的，系统自身的大气折射变化与测量路径上的环境和大气分布相关。尽管很难对近地面的各路径给出一般的回归修正模型，但利用线性回归分析方法，可以在相同环境（路径）或类似环境下，给出一定精度的修正经验模型。

3．新乡基线周日大气折射实验

（1）实验概况

2012 年 8 月 10 日—11 日，在河南省计量测试科学研究院基线场地进行了周日大气折射实验。基线场地位于河南新乡境内，距黄河 10～20km，基线地表有农作物玉米。

如图 2-31 所示，TS30 全站仪架设在基线 JD4 位置 a；镜站 1 采用徕卡精密棱镜，布设在计量实验场地表的基线 JD1 位置 b，基线距离为167.9945m；镜站 2 采用徕卡圆棱镜，布设在计量实验场办公楼顶的短基线 JD1 位置 c，基线距离为 165.3888m。测站和镜站 1 构成观测基线 1，测站和镜站 2 构成观测基线 2。

图 2-31　新乡基线场地

D_{ab}=167.9945m
D_{ac}=165.3888m

两基线的水平角夹角约 5°，垂直角夹角约 5°。实验中，考虑这两条观测基线具有较小的夹角，观测目标分别处于地表和楼顶，通过全日的观测，分析两基线的大气折射误差规律和气象代表性误差。

观测过程中实现全自动化测量，测量设备分别采用不同的测量模式（精密测量模式、标准测量模式、快速测量模式和动态测量模式），每 10min 对镜站 1 和镜站 2 进行重复观测（静态测量重复次数为 5 次，动态测量重复次数为 100 次）。

气象设备架设在测站周围，每 10min 对干温、湿温和气压进行人工观测。整个观测时段为 2012 年 8 月 10 日上午 11 点 30 分到 2012 年 8 月 11 日上午 12 点。其中，在凌晨 2 点到凌晨 4 点，由于地表下雾凝结在棱镜表面，镜站 1 无法进行观测。

（2）实验结果分析

图 2-32（a）、（b）、（c）所示分别为干温、湿温和气压定期观测的时间序列，气象参数呈现明显的周日变化。湿温周日变化相对干温存在明显滞后，气压随着温度的升高有所增大，但没有严格同步。图 2-32（d）所示为大气测距改正曲线，可以看出干温与大气测距模型改正最为相关。

根据基线 1 在精密测量模式、标准测量模式、快速测量模式和动态测量模式下的测距变化及大气折射改正结果，可以得出在不同的测量模式中，基线距离测量周日变化幅度为 1 ～ 2mm，标准差分别为 0.4mm、0.3mm、

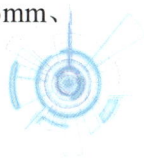

0.4mm 和 0.4mm。进行大气折射改正后，其测量精度均得以改善，相应的标准差减少为 0.1mm、0.1mm、0.1mm 和 0.2mm。表明 TS30 全站仪测量在进行大气折射改正后可以获得 0.1mm 静态测量精度。

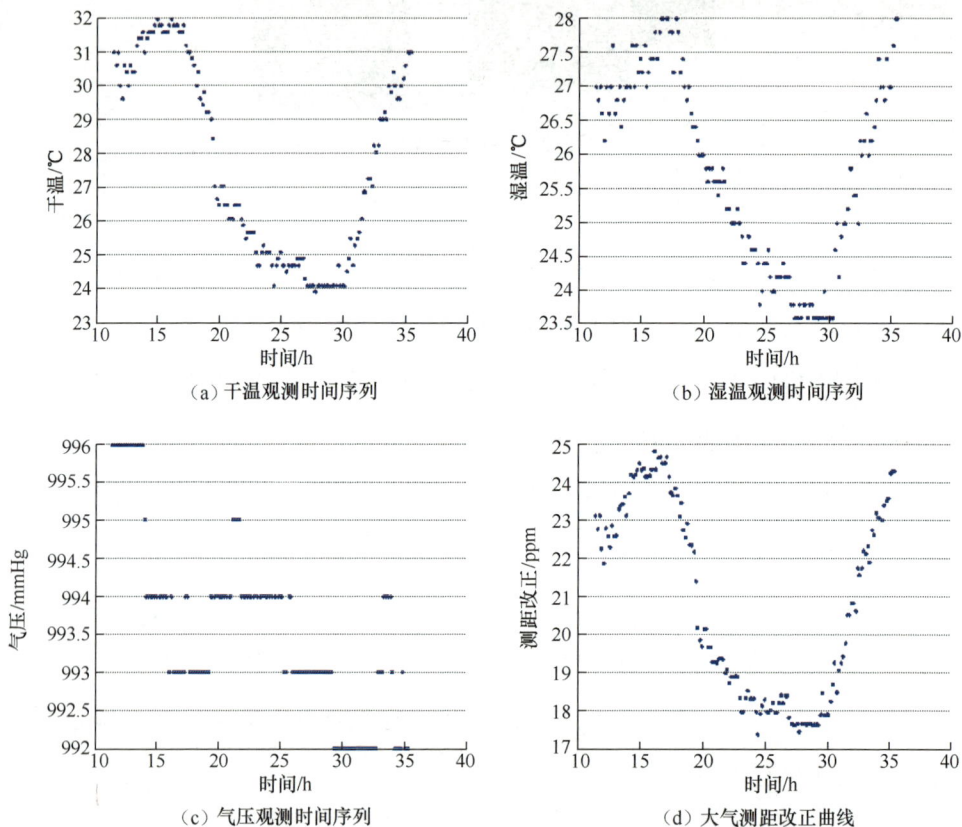

（a）干温观测时间序列

（b）湿温观测时间序列

（c）气压观测时间序列

（d）大气测距改正曲线

图 2-32　干温、湿温、气压和大气测距改正曲线

静态测量采用不同的测量模式，基线距离的周日变化存在 0.1 ～ 0.2mm 的系统误差；动态测量模式与精密测量模式存在 1.2mm 的系统误差。这表明尽管采用不同测量模式可以获得相近的内符合精度，但存在一定的系统误差，尤其是动态测量模式的系统误差相对较大。

基线 2 在精密测量模式、标准测量模式、快速测量模式和动态测量模式下基线距离测量周日变化范围为 0.5 ～ 1.0mm，标准差均为 0.2mm。大气折射模型改正后距离的标准差分别为 0.3mm、0.3mm、0.3mm 和 0.4mm，利用大气折射模型改正后，内符合精度反而变差了。这主要是因为基线 2 的镜站布设在楼顶，观测路径的气象状况与地面测站的气象状况并不一致，存在明显的气象代表性误差。相对基线 1，基线 2 观测值的变化曲线更为连续、光滑，尤其是在夜间，变化的幅度更小。这表明基线 2 相对基线 1 高于地表，大气变化更为均匀和稳定，尤其是在夜间。

基线 1 和基线 2 两者具有一致的周日变化特性，但变化幅度存在差异，具有一定的气象代表性误差，高出地面的基线 2 具有更小的变化幅度。

基线 1 和基线 2 在静态测量模式下，大气折射造成了水平角和垂直角的周日变化，尤其是水平折射周日变化明显。但在不同的测量模式下，其测角不存在系统误差。

对基线 1 和基线 2 的动态测量模式和精密测量模式比较，两种测量模式存在明显的系统误差。其中，基线 1 水平角偏差为 3.1″，基线 2 水平角偏差为 3.2″；基线 1 垂直角偏差为 1.0″，基线 2 垂直角偏差为 0.5″。

4．贵州现场周日大气折射实验

（1）实验概况

2012 年 10 月 23 日，在 FAST 圈梁外围选临时测量点 L1、L2、L3、L4、L5。为了建立统一坐标系，在圈梁内选中心点 C0，离中心点不远处选定向点 C1。所有临时测量点建成稳定的测量墩，测量墩分布如图 2-33 所示。

在 L5 处架设仪器，在 L1、L2、L3、L4、C1 处安置棱镜。全站仪和气象仪器在同一台计算机的控制下自动测量，在测量软件的控制下，TS30 全站仪每 10min 对 L1、L2、L3、L4、C1 上的棱镜进行静态测量，每镜站重复观测 5 次。JBB1 气象仪每 5min 自动测量实验现场大气温度和湿度并记录数据（气压为人工记录和采集）。仪器高和棱镜高采用千分尺测量。

11 月 17 日 15 点 42 分开始测量，雨后天晴，有阳光。11 月 18 日凌晨 2 点出现露水，不能测量。

11 月 18 日 8 点 20 分至 11 月 19 日 18 点 20 分连续测量，19 日晚上天气为阴天，有风，没出现露水，可连续测量。

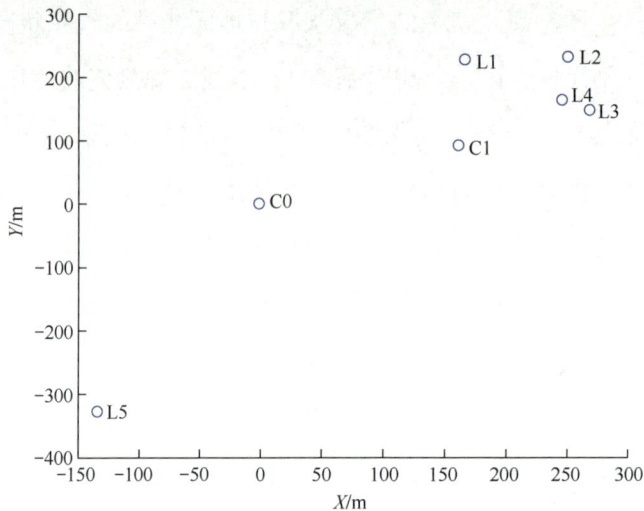

图 2-33　测量墩分布

11 月 20 日 13 点 46 分至 11 月 21 日 9 点 20 分，JBB1 气象仪自动记录数据，20 日晚上天气为阴天，有风，没出现露水，可连续测量。

由于 11 月 17 日下午数据丢失，观测数据过少，故后续处理中只对 11 月 18 日—19 日实验数据和 11 月 20 日—21 日实验数据进行了相关处理。后文分别称其为实验 1 和实验 2，实验现场照片如图 2-34 所示。

图 2-34　实验现场照片

（2）实验结果分析

图 2-35 所示为实验 1 测站 L5 到镜站 L1 距离的周日变化及经过大气折射改正后的结果。测量距离周日变化的标准差经大气折射改正后，由 1.0mm 下降到 0.4mm。实验 2 测量距离周日变化的标准差经大气折射改正后，由 1.4mm 下降到 0.3mm。

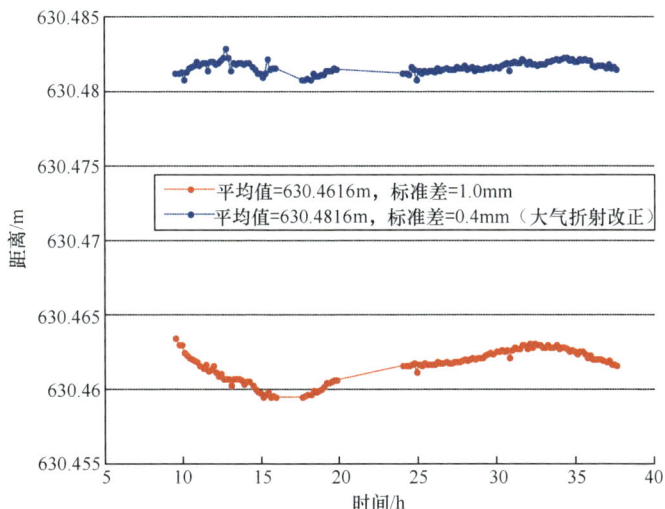

图 2-35　实验 1 测站 L5 到镜站 L1 距离的周日变化及经过大气折射改正后的结果

表 2-33 所示为测站 L5 到镜站 L1、L2、L3、L4、C1 的大气折射改正结果。可以看出在 600m 距离上，大气折射改正精度可以达到 0.3mm。实验 2 改正后的边长均值与实验 1 的结果相比存在 −0.9mm 的系统误差，该系统误差主要由实验 1 和实验 2 的观测时段存在较大差异导致，昼夜时间大致错开，气象代表性误差导致出现系统误差。

表 2-33　大气折射改正结果

实验组号	边	改正前距离 /m	改正前标准差 /mm	改正后距离 /m	改正后标准差 /mm	两组实验间系统误差 /mm	系统误差平均值 /mm
实验 1	L5 到 L1	630.4616	1.0	630.4816	0.4	−1.1	−0.9
实验 2	L5 到 L1	630.4573	1.4	630.4805	0.3		
实验 1	L5 到 L2	678.7710	1.2	678.7925	0.4	−0.7	
实验 2	L5 到 L2	678.7669	1.5	678.7918	0.3		

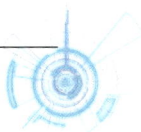

续表

实验组号	边	改正前距离 /m	改正前标准差 /mm	改正后距离 /m	改正后标准差 /mm	两组实验间系统误差 /mm	系统误差平均值 /mm
实验 1	L5 到 L3	622.4582	1.0	622.4780	0.4	−0.7	−0.9
实验 2	L5 到 L3	622.4544	1.4	622.4773	0.3		
实验 1	L5 到 L4	622.1696	1.0	622.1894	0.3	−1.1	−0.9
实验 2	L5 到 L4	622.1655	1.3	622.1883	0.3		
实验 1	L5 到 C1	527.6965	0.9	527.7132	0.3	−1.0	
实验 2	L5 到 C1	527.6928	1.1	527.7121	0.3		

　　测站相对 5 个镜站的角度观测具有很好的相关性，如图 2-36 所示，实验 1 的 5 个镜站的水平角、垂直角和距离变化互差的标准差分别为 0.7″、0.5″ 和 0.2mm。实验 2 的 5 个镜站的水平角、垂直角和距离变化互差的标准差分别为 0.5″、0.6″ 和 0.2mm。这表明对这些镜站采用差分改正可以达到精度要求。

　　在实验过程中，测站 L3 架设 TS30 全站仪，对 L1 进行多次重复精密测量，获得其平距为 129.6692m。根据 L1 和 L3 的观测数据，计算 L1 到 L3 的平距，与精密测量的平距相比，可分析周日测距改正的外符合精度。

　　考虑到 L5、L1、L3 之间的高程差很小，其观测的垂直角近乎为 0°，垂直角测量误差对平距测量的影响可以忽略不计。同时考虑测量进行模型改正后具有很高的精度，并且测量误差投影到 L1 到 L3 边上，是一个二阶小量，测量的误差可忽略不计。故可认为 L1 到 L3 平距测量的周日变化，主要是由水平角夹角的测量误差带入的。实验 1 和实验 2 的 L1 到 L3 平距离散度分别为 2.7mm 和 1.9mm，对应的 L1 到 L3 水平角夹角的离散度分别为 0.9″ 和 0.7″，这与相关误差风险统计值（0.7″ 和 0.5″）基本一致。

5. 大气折射实验及研究基本结论

　　① 大气的均匀性和稳定性是影响测量精度的主要原因。根据测量实验数据和气象数据，一般在破晓或黄昏时，气象参数发生逆变，气象参数变化较大，气象代表性误差较大，测量时应尽量避免这些时间；夜间的气象参

数相对稳定，更有利于观测。

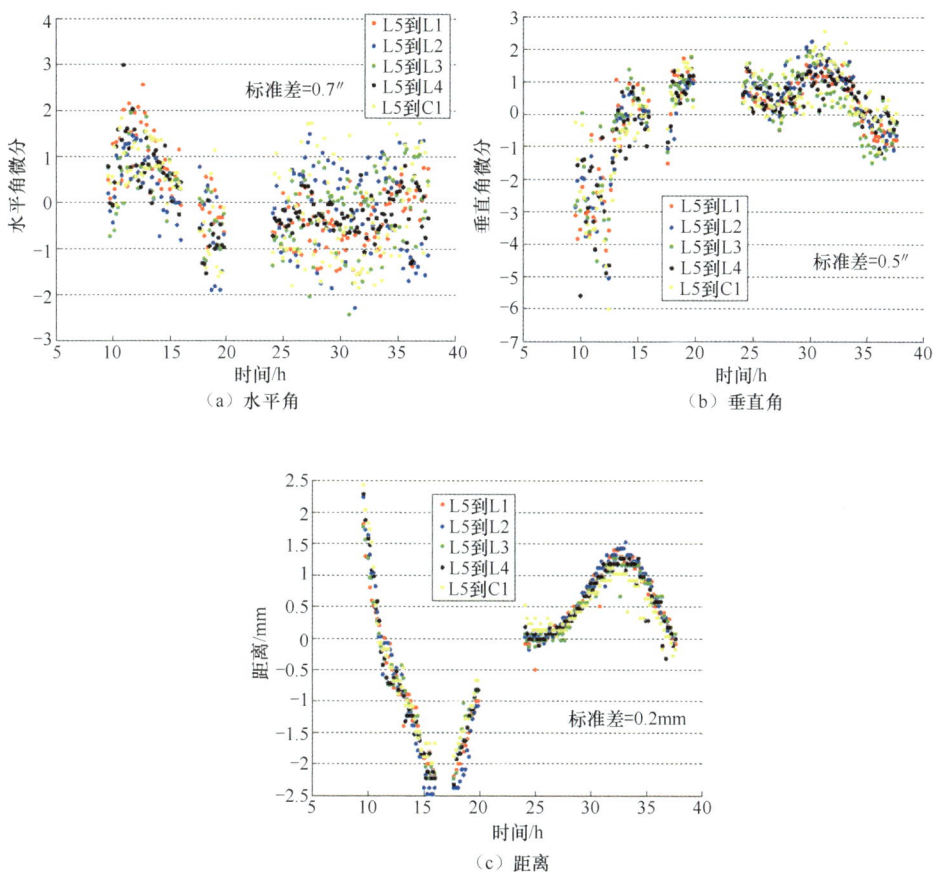

（a）水平角

（b）垂直角

（c）距离

图 2-36　实验 1 不同镜站观测量的周日变化

② 新乡基线周日大气折射实验表明，测量路径应尽量高于地表，这样可以减少大气变化的干扰，同时可以有效减弱夜间地面下雾的影响。

③ 大气折射测距模型具有较高的精度。郑州基线白天大气折射实验精度可以达到 0.2mm，新乡基线周日大气折射实验可以达到 0.1mm，贵州现场周日大气折射实验在 600m 距离上可以达到 0.3mm。

④ 近地面测角大气折射变化还没有通用、有效的修正模型。测角精度的变化主要是大气折射造成的，具体因素为干温、湿温和气压的变化，系统自身的大气折射变化与实际路径上的大气分布和环境相关。尽管很

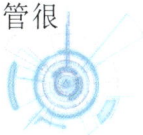

难对近地面的各路径给出一般的回归修正模型，但利用回归分析和多次测量方法，可以在相同环境（路径）或类似环境下，给出一定精度的修正经验模型。

⑤ 采用差分修正可有效消除大气折射影响。贵州现场周日大气折射实验表明，差分修正后的测角精度可达到 $0.5'' \sim 0.7''$。

⑥ 采用差分修正进行距离修正，可以获得与测量模式修正相当的精度，在相关性极好的情况下，甚至比大气折射改正模型的精度更高。贵州现场周日大气折射实验中多条基线的差分距离精度可以达到 0.2mm。

2.4.2　基准控制网图形结构优化设计

由于 FAST 特殊的台址环境和运行测量需求，基准控制网的设计需要满足更多的技术指标和约束条件，尤其是在优化过程中这些技术指标和约束条件互斥，需要综合各种因素进行折中，使整体达到最优效果。

1. 需求及条件制约分析

FAST 基准控制网的作用表现为坐标传递、精度控制和提供测站。设计及实现时需要考虑以下几个方面的需求。

（1）精度、图形分布及密度需求

要求基准控制网中控制点的坐标精度为 1mm。基准控制网控制点密度较大对于提高控制精度是有利的，但这会增加控制点数量，造成成本和测量工作量增加。因此需要在控制点数量和控制精度之间折中，一般以满足精度控制要求为准，以控制点少而均匀分布为佳。

基准控制网的坐标测角中误差按 $0.5''$ 计，对应的传递距离应小于200m。基于余量考虑，要求控制点平均边长小于 150m，控制点尽量均匀分布，保证反射面区域的坐标传递及精度控制。基准控制网需要为反射面测量和馈源支撑测量提供测站和差分参考点。需要在设计中充分考虑测站图形结构。

（2）通视需求

基准控制网布设要求控制点之间保持通视。

（3）稳定性需求

测量中的控制点作为被观测目标，一般被当作已知点使用，需要保证控制点具有很高的稳定性。控制点的坐标精度小于1mm，原则上要求控制点的位置变化对该坐标精度的影响是可忽略不计的。按二分之一原则计，控制点稳定性要求重复测量误差小于0.5mm。考虑到每个控制点的特殊状况，尤其是有些控制点在保持通视的限制下，控制点距离地面高度为10～20m，由于温度等外界因素的影响，需要在测量及进行建模补偿的前提下，保证控制点的坐标精度小于1mm。

在 FAST 台址进行钻孔勘测，包括 204 个控制性钻孔和一般性钻孔。图 2-37 所示为钻孔分布（控制性钻孔深度为有效受力层以下 10～15m，一般性钻孔深度为有效受力层以下 5～10m），在半径 40～250m 的环形区域内，钻孔深度均小于 40m，中心区域钻孔深度比较深（存在漏水洞），深度达到 101m。根据地质勘探资料，可以设计控制点位置，使其保持长期稳定性。台址具备良好的地质环境，除台址中心处需要考虑地质特殊情况外，其他区域均具备建造控制点的良好地质条件。

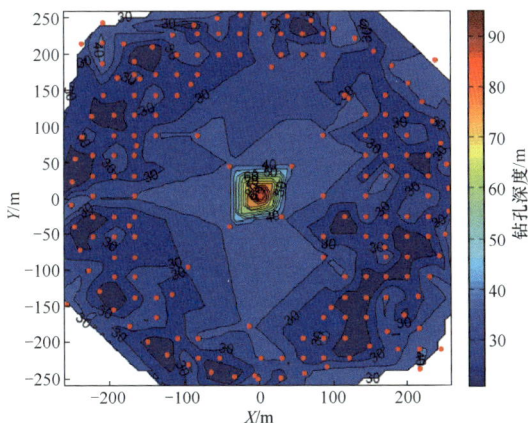

图 2-37　钻孔分布

（4）规避干涉限制需求

设计基准控制网时，需要避开反射面圈梁（半径 250～260m 的环形区域）。反射面索网由球冠上 4300 个三角形单元面板和边缘圈梁处的 150

块四边形单元面板构成，每个三角形的边长约 11m，需要对每个平面投影三角形内切圆半径进行统计，将每个平面投影三角形内切圆心作为测量控制点的待选点，可保证控制点与索网不发生空间干涉。需要对内切圆心到最近地锚点的距离进行统计，同时需要考虑地锚点地下部分覆盖范围，避免基墩基础与地锚基础发生干涉。还需要计算下拉索到内切圆心的平面投影的最短距离，防止基墩在地面上与下拉索发生干涉。反射面中心半径约 8m 区域内为馈源支撑系统的馈源舱停靠平台，用于停靠馈源系统，也是馈源系统的组装、标校和检修平台，测量控制点的布设需要回避该区域。

2．图形结构的优化设计

基准控制网的图形结构一般需要结合实际地形和测量需求来考虑。常规的基准控制网形状有三角形、大地四边形、矩形、中心多边形，以及由这些基本图形构成的三角形网、大地四边形网、矩形网和中心多边形网等。网型图形的几何强度一般优于基本图形，选择何种图形结构，需要视控制点数量和控制区域特点而定。

考虑到 FAST 控制区域面积大，需要较多数量的控制点，测区表面为典型的喀斯特地貌（接近球面），因此采用球面三角形网图形结构无疑是一种好的选择。该图形结构具有几何结构强度大、条件数多、图形划一和密度均匀等诸多优点。

在设计初期考虑了中心五边形划分，其分布更均匀。但考虑控制点需要作为馈源支撑测量系统的测站使用，而六边形图形结构对馈源支撑测量系统的布站更为有利，最终采用中心六边形划分方案。

中心六边形在反射面球冠面的三角形边长约 300m，反射面测量系统中需要一定密度的差分参考点，三角形网的密度过小。故采用在反射面球冠面短程线分割的方法对中心六边形进行二次加密。图 2-38 所示为最终设计采用的六边形加密三角形网（平面投影图）。该分割方法使控制点分布均匀，三角形网中的三角形均为近似等边三角形，三角形边长约 150m，保证了一定的分布密度，具有良好的图形结构。

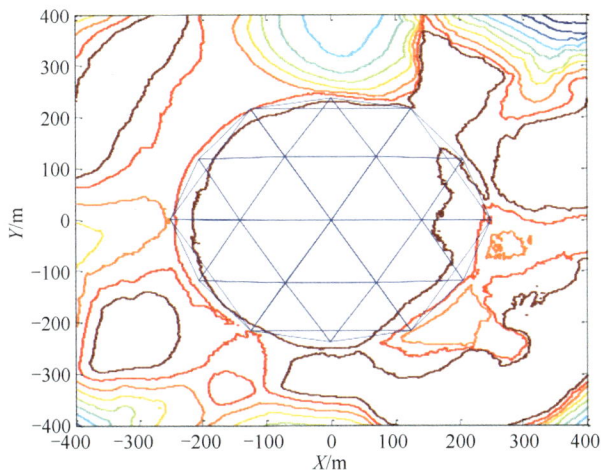

图 2-38　六边形加密三角形网（平面投影图）

由通视限制可以知道，在 2H 和 6H 方向、台址四周山顶和反射面口径 200m 范围内具有较好的通视条件。在东、东南和西北方向的缓坡上，通视条件最差，反射面边缘所需要的基墩高度一般要求达到 30 ～ 40m。因此还需要根据实际地形选择合适的控制点，降低基墩高度，保证基墩的稳定性，有效减少基墩的建造成本。在确定基准控制网的图形结构后，需要对基准控制网分布范围半径和定向进行优化设计。

图 2-39 所示为不同基准控制网半径对应的最高基墩高度。可以看出，在基准控制网半径为 200m 和 220m 处，基墩高度有着明显变化。故在后续优化设计过程中，选取 200m 和 220m 作为基准控制网的待选半径。

在完成基准控制网半径和定向优化后，考虑主动反射面机构空间干涉限制，半径为 200m 时，选取距离与基准控制网最近的待选控制点作为基准控制网最终的控制点，相应的基墩高度如图 2-40（a）所示。基墩高度均在 18m 以内，其中 5 个基墩高度为 10 ～ 18m，其他基墩高度均小于 10m。当半径为 220m 时，基准控制网优化结果具有更大的覆盖范围，相

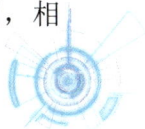

应的基墩高度与半径为 200m 时没有显著区别，如图 2-40（b）所示。

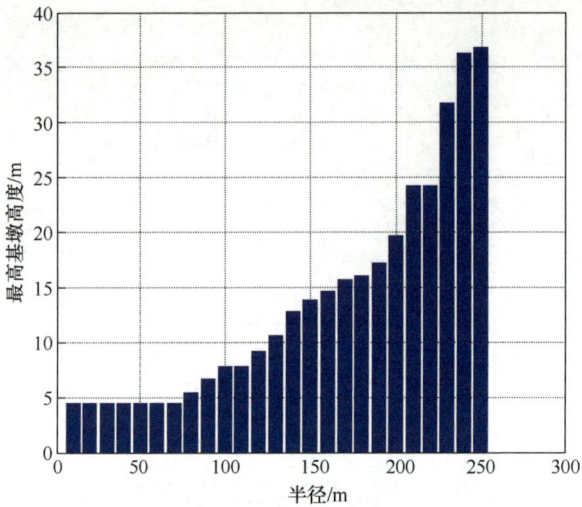

图 2-39　不同基准控制网半径对应的最高基墩高度

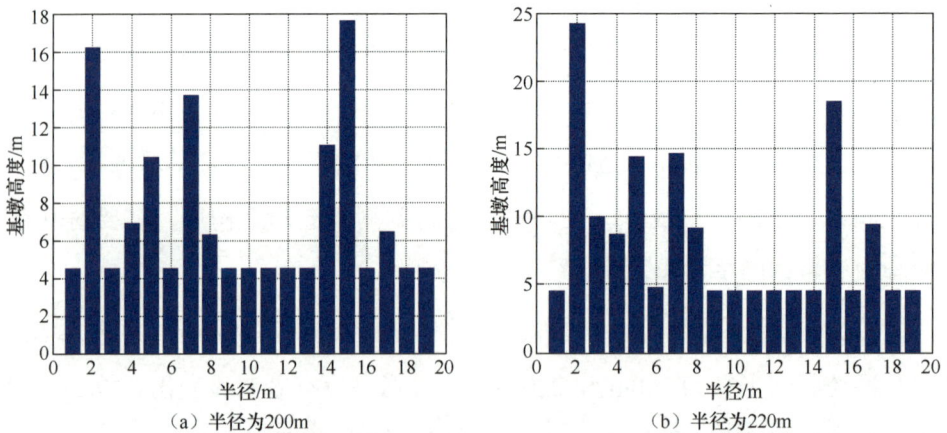

（a）半径为 200m　　　　　　　　　　（b）半径为 220m

图 2-40　基墩高度分布

基准控制网的优化结果最终选取半径为 220m。在此基础上，为避免个别高基墩影响工程建设，对 15m 以上高基墩的位置在更大范围内寻优调整，最终控制点分布及基墩高度如图 2-41 所示（基墩高度点起算点为中性索网面下 0.6m 处）。

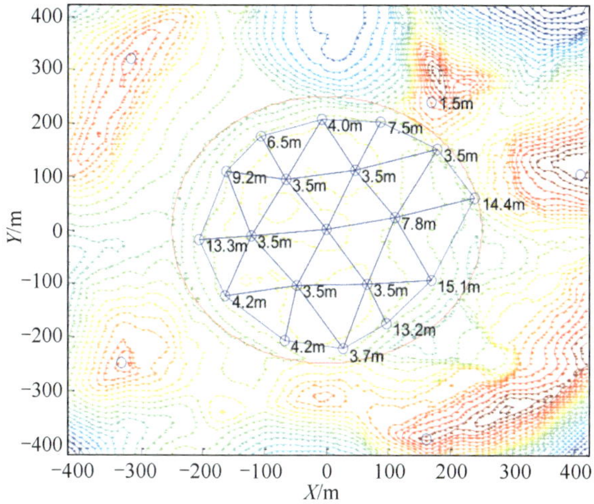

图 2-41　控制点分布及基墩高度

3．控制点的干涉规避及优化

基准控制网布设在反射面区域内，需要避开反射面的相关结构及机构，需要考虑圈梁、馈源舱停靠平台、反射面索网、下拉索、地锚及驱动器相关机构和地锚地下锚杆结构。同时在变位过程中不得与相关机构发生空间干涉。在优化设计中，采用的规避参数如下。

• 选取索网平面投影的三角形内切圆心，将满足以上约束条件的圆心作为控制点的待选点。

• 控制点需要避开圈梁和馈源舱停靠平台区域。

• 控制点距离索网平面投影的最短距离为 2.2m。

• 控制点距离地锚点及地锚地下锚杆平面投影的最短距离为 3m。

• 控制点距离下拉索平面投影的最短距离为 2.5m。

（1）圈梁和馈源舱停靠平台干涉限制

反射面圈梁由 50 个立柱支撑在半径 250 ～ 260m 的范围内，反射面中心半径约 8m 区域内为馈源支撑系统的馈源舱停靠平台，用于停靠馈源舱，也是馈源系统的组装、标校和检修平台。在基准控制网设计中，需要避开该区域。

（2）反射面索网干涉限制

反射面索网在球冠上由 4300 个三角形单元面板构成，每个三角形的边长约 11m。控制点基墩需要一定的建造空间，并对每个平面投影三角形内切圆半径进行统计。如图 2-42 所示，每个内切圆半径均大于 2.2m（假设基墩上端口半径为 1.5m），将每个三角形内切圆心作为测量

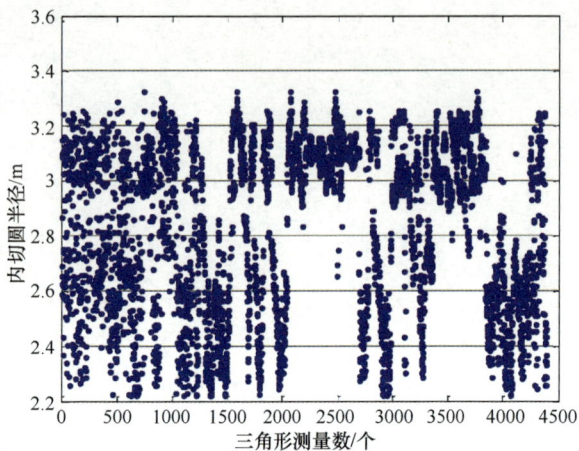

图 2-42　索网平面内切圆半径

控制点的待选点，可保证控制点与索网不发生空间干涉。

（3）地锚点及地锚地下锚杆干涉限制

对三角形内切圆心到最近地锚点和地锚地下锚杆的距离进行统计，结果如图 2-43 所示。

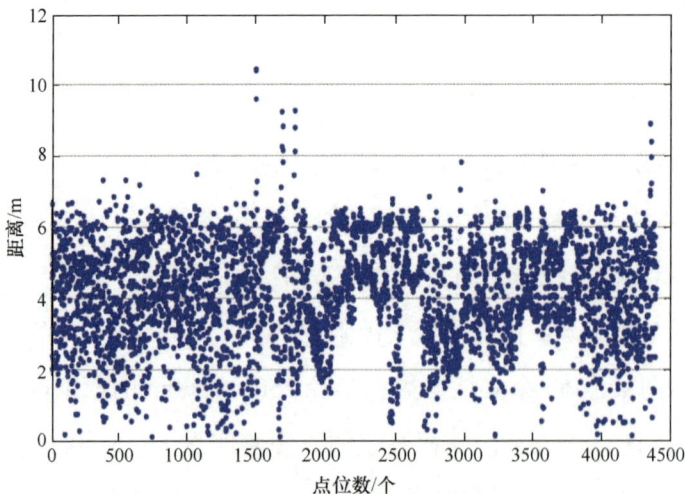

图 2-43　内切圆心到地锚点的最近平面距离

计算时，测量控制点地下基础取 2m，地锚地下基础取 2m，地面隔离距离取 1m，则要求三角形内切圆心与地锚点中心距离大于 3m。按照该 3m 的距离阈值对内切圆心进行筛选，获得的待选点如图 2-44 所示，减少的区域主要分布在靠外的反射面，尤其是地势变化陡峭的区域。

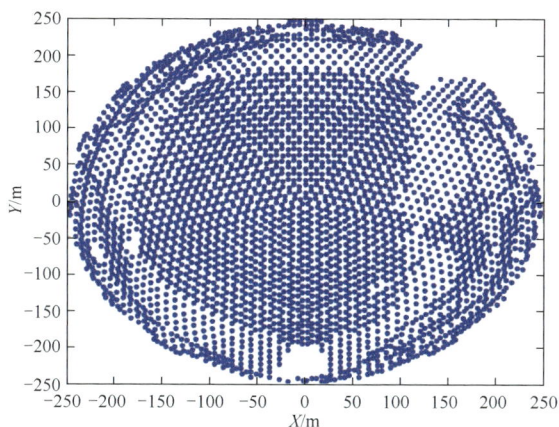

图 2-44　内切圆心待选点

（4）下拉索机构干涉限制

计算下拉索到内切圆心的平面投影距离的最短距离，基墩半径取 2.0m，基墩边缘与下拉索距离大于 0.5m。剔除距离小于 2.5m 的内切圆心，反射面内待选控制点如图 2-45 所示。

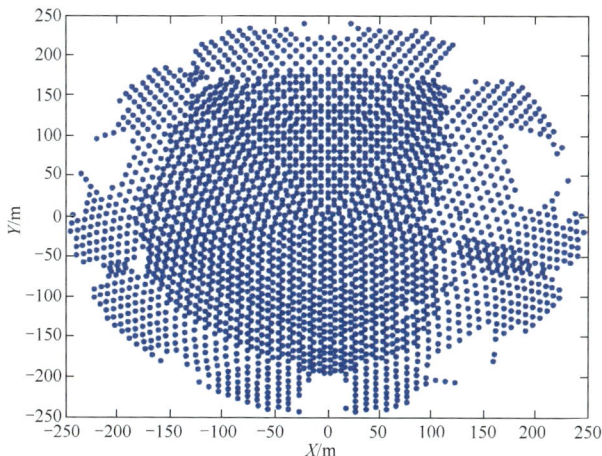

图 2-45　反射面内待选控制点

2.4.3 精密控制网自动化监测系统

FAST 控制网前期采用了传统的人工作业观测模式，实现平面和高程控制测量。后期仍需要持续观察现场地质的长期稳定性和基墩的变形情况，对精密控制网进行长期监测。考虑到现有机构及环境对观测的诸多限制，很难采用先前的观测方法实现控制网的控制测量；同时考虑到观测的成本和效率，需要研制一套 FAST 精密控制网自动化监测系统，来实现对控制网的长期监测。具体技术指标如下：① 坐标测量精度达到 1mm；② 整网单次测量时间小于 1h。

测量精度方面，要在平均高度角为 30° 的喀斯特洼地实现高精度的控制测量，保障 1mm 坐标测量精度（尤其是高程精度）是系统的关键及难点所在。主要表现为以下 3 个方面。第一，明显的大气折射差异。从前期实验得知，整个折射系数远大于经验参数 0.13 ～ 0.14；高度角和大气分布差异明显，不同测站之间（观测路径）的大气折射存在明显差异；除此之外，大气折射还和外界气象条件和观测环境相关。第二，观测目标大偏转角带来的误差。观测规范要求在观测过程中，观测视线与棱镜面近似正交，偏转角度小于 10° 才能有效保证棱镜的定位精度，而现场的观测条件存在大量棱镜大偏转角的情况，最大偏转角度接近 40°。第三，大高度角观测中的误差。不同于常规观测，大高度角观测中，垂直角误差会非常显著地代入目标平距测量，对平距的影响不再是二阶小量，保证大高度角的天顶距观测量精度和平距精度是需要解决的问题。

测量效率方面，如果采用传统的控制网测量模式，单次观测的外业工作量要 1 ～ 2 个月，这样的测量效率无法满足监测的需求。同时在望远镜建造完成之后，现场环境已经不具备水准测量的条件。应尽量提高控制网监测的效率，主要考虑到一方面系统测量可以充分反映短周期的变形，如可能存在的基墩温度变形、周日变形等；另一方面提高测量效率可以最大限度减少占用望远镜的观测时间。要求系统将来能够适应后续的短周期变形，如温度变形，整个控制网单次测量周期要达到 1h 以内。因此所有观测设备及合作目标能够高效和智能地调度、控制和管理，需要充分优化观测规划及配置，最大限度地利用观测设备，提高观测效率。

系统可靠性及容错方面，控制网现场的气象环境表现为大量的阴雨天气，湿度极大，下雾结露显著；同时由于望远镜反射面的强反射，在太阳光直射状态下，强光对测量设备也会造成较大的影响。这些都会较大程度地影响观测设备的正常工作，如何有效地提高观测系统的整体可靠性，是需要解决的问题。考虑成本和现场电磁环境要求，很难改善设备的观测环境或采用某些硬件防范措施。系统设计中，主要考虑采用观测规划的容错处理和多余观测，以最大限度地保证控制网整网监测的有效性。

FAST 团队为此研制了一套双靶标对向观测的自动化监测系统，其工作原理如图 2-46 所示。在每个测量基墩上放置全站仪及自研的对向观测靶标，采用互瞄的工作方式。利用气象模型对边长和边角观测数据进行大气折射改正、高程坐标平差、平面坐标平差等处理后，精密控制网有望获得小于 1mm 的坐标测量精度。

① 利用 FAST 现有的 23 台观测设备（TS30、TS50、TS60 全站仪），布设在控制网的 23 个基墩上，实现对设备的自动控制与采集。

② 利用 FAST 现有的 10 套气象观测设备，均匀布设在观测现场，实现对现场气象数据的自动控制与采集。

③ 合理设计专用的对向观测靶标，如图 2-47 所示，实现观测目标的自动识别和自动对向观测。靶标采用前后两面同型号棱镜的设计方式，主要考虑到在镜站观测过程中，可以通过设备完成镜站前后两面棱镜的观测，对两面棱镜的观测值取平均，可以将目标归算到设备旋转轴的位置，从而消除机械加工和安装的偏心误差（平面偏心）。同时，可以利用两棱镜的高差实现对观测数据质量的检核。

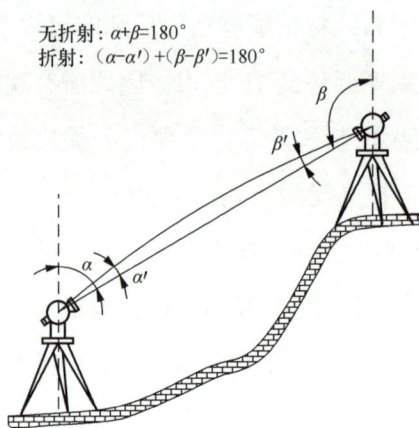

无折射：$\alpha + \beta = 180°$
折射：$(\alpha - \alpha') + (\beta - \beta') = 180°$

图2-46　双靶标对向观测的自动化监测系统工作原理示意

图2-47　对向观测靶标

④ 通过监测系统的优化配置和观测规划，显著提升观测系统的效率，满足控制网的周日变形监测的效率需求，整网单次测量时间小于 1h。

⑤ 针对 FAST 现场显著大气折射和高落差观测的特点，通过气象改正和数据处理方法，显著消除相关误差的影响。

⑥ 采用自动、高效的互瞄观测，实现系统的平面坐标和高程自动解算，坐标精度要求达到 1mm。

1. 控制网自动化监测系统实现

控制网自动化监测系统的工作场景和主界面如图 2-48 和图 2-49 所示。图 2-49 主界面左侧为运行控制操作的工具条按钮，主显示区分为在线监测采集、实时解算和数据库数据导出 3 个主页面，对应实现系统 3 个主要功能模块的界面显示和交互。系统实现观测规划自动配置、观测数据实时自动采集、观测数据在线实时解算、数据导出等功能。

图2-48　控制网自动化监测系统工作场景

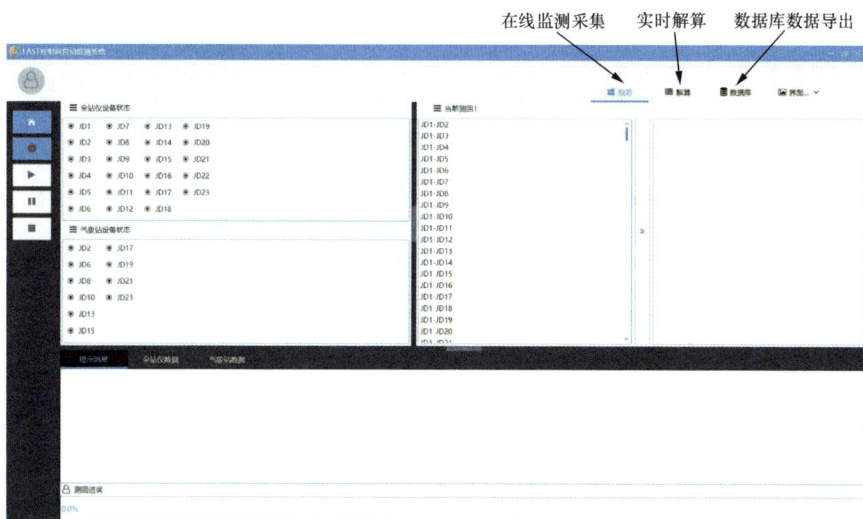

图 2-49　控制网自动化监测系统主界面

2．控制网监测解算过程及结果

控制网观测中，控制点及观测图形分布如图 2-50 所示，观测中控制点两两之间并行自动组网，进行对向观测。

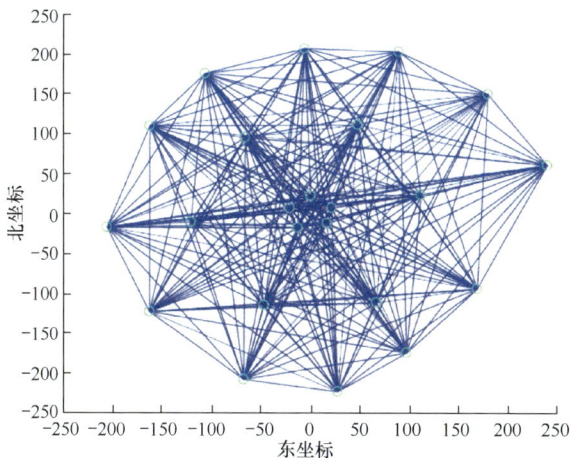

图 2-50　控制网自动化监测系统控制点及观测图形分布

（1）控制网自动化监测过程中的气象改正与大气折射改正

自动化监测系统测距的气象改正通过气象设备实时采集气象数据，并通过内插模式获得测站及镜站的气象参数，取测站和镜站气象参数的平均

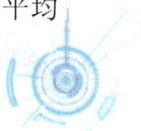

值作为输入参数设置全站仪的气象参数配置，采用每测回观测前更新全站仪的气象参数，实现对测距观测量的实时改正。全站仪内部采用测距的大气折射模型进行校正，精度可以小于 0.2mm。

对角度的大气折射改正还没有有效的改正模型，工程中一般采用夹角观测来减小水平角的大气折射误差。在三维定位平差解算中，每个测站会引入一个定向角待估参数，将系统的折射误差包含在该变量中。

垂直角大气折射是监测处理中需要重点考虑的误差，由于没有有效的改正模型，系统采用对向观测组差，减弱同路径的大气折射影响。同时在每个测站引入大气折射系统误差待估参数和竖轴纵向误差待估参数，在三维定位解算平差中整体进行解算。

（2）控制网自动化监测过程中的数据处理与变形分析

自动化监测系统的数据处理与变形分析主要包含两个方面：一是实现控制网三维坐标的精密解算；二是基于解算的坐标序列实现控制网的变形分析。根据数据处理流程的先后顺序，需要实现的功能包括以下 11 项。

① 棱镜常数改正

对测站和镜站之间的平距观测值进行棱镜常数改正。每个镜站的棱镜常数事先标定好，存储于数据库。在对观测值进行棱镜常数标定时，从数据库中读出棱镜常数，并将其修正至平距观测值。

② 偏心改正

对测站和镜站之间的高差导致测站和镜站铅垂线不平行而引起的斜距观测误差和天顶距观测误差进行修正。测站和镜站的高程初始值分别存储于数据库中，在偏心改正时，从数据库中读出测站和镜站高程，计算高差，进行误差修正。

③ 棱镜偏心改正

观测中采用双棱镜观测的方法，通过对双棱镜的两个观测值取平均，可以抵消部分观测误差。该处理过程也就是将镜站的两个棱镜的观测值计算平均值，作为镜站的观测值。

④ 粗差剔除

观测中采用多测回重复观测的方法。如果某次观测的对向观测差别较大，则认为该次观测包含粗差。将对向观测误差量差别过大的观测数据点剔除。

⑤ 气象改正

根据气象观测数据对全站仪观测的距离数据进行误差修正。在一次观测中同时观测了测站和镜站的气象数据，将测站和镜站气象数据的平均值作为修正用的气象数据，对观测距离进行修正。测站和镜站的气象数据存储于数据库中，进行气象改正时，从数据库中读取测站和镜站的气象数据。

⑥ 多测回取平均

在全站仪的观测规划中，设计了对同一测站进行多测回观测的方案，通过多次观测来降低误差。对多测回数据求平均，作为最终解算的观测数据，进而降低最终结果的误差。

⑦ 棱镜偏转距离改正

观测过程中，由于棱镜不能进行俯仰控制，致使观测视线与棱镜面不垂直，在俯仰方向上有较大的偏差角度。在 FAST 基准网的实际观测中，棱镜偏差角度最大可达 40°。由于观测视线与棱镜面不垂直，会给全站仪观测距离和高度角带来误差。棱镜偏转距离改正是对观测距离的修正。通过实验室棱镜偏转对观测距离带来的误差进行标定，采用实验室标定值对该误差进行修正。

⑧ 棱镜偏转高度角改正

观测视线与棱镜面的不垂直除了对全站仪观测距离带来误差外，对全站仪的观测高度角也会带来误差。误差模型同样通过实验室标定来获得。根据事先标定的模型和参数，对观测高度角进行误差修正。

⑨ 三维网平差处理

针对 FAST 基准网观测，建立三维观测平差模型，对观测值进行平差处理，对各个测站的三维坐标进行联合解算。

⑩ 控制点变形分析

在三维平差结果的基础上，采用 S 迭代选权方法，计算控制点的坐标位移。

⑪ 解算结果存储和输出

在完成三维网平差处理后，将解算结果存入数据库表中，同时在系统的显示界面上以列表的形式展示出来。

（3）数据质量及误差来源分析

控制网观测系统中采用了同步组网并行对向观测，对每条观测边均有对向观测量，通过对向观测天顶距和斜距的不一致性，对原始观测数据的质量进行评估，并对观测误差来源进行分析。图 2-51 和图 2-52 所示为对向观测天顶距和对向观测斜距的不一致性误差。从对向观测中可以发现有少量观测量存在较大的误差，这是因为在观测过程中个别观测边视线过于贴近测站防护栏造成的；斜距对向观测的互差平均约为 0.45mm，具有很好的一致性；天顶距的观测值不一致性较大，偏差平均值达到 3.6mm。这表明在大高度角观测中，高度角的观测误差远大于标称精度，统计中还发现高度角误差和测站具有强相关性，有明显的常数误差，其中包含了轴系改正残余误差、自动目标识别（Automatic Target Recognition，ATR）系统偏差和大气折射误差。

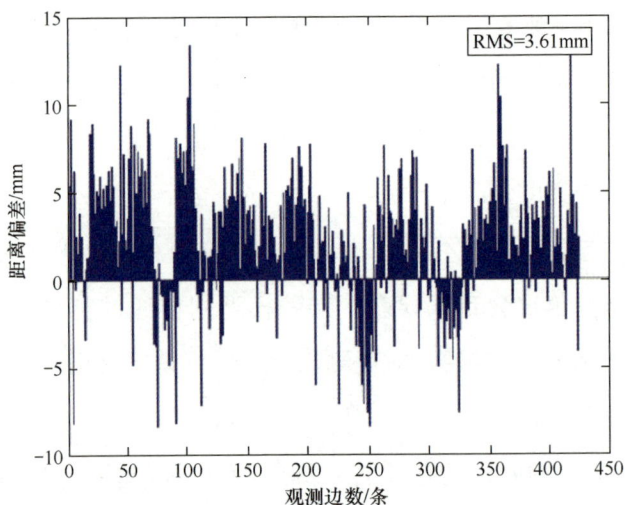

图 2-51　对向观测天顶距的不一致性误差

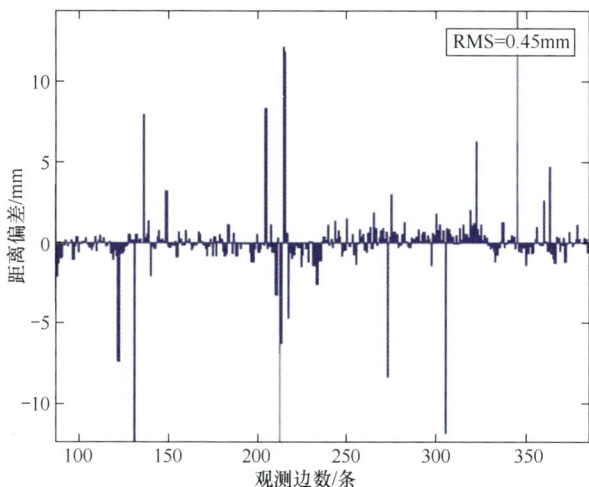

图 2-52　对向观测斜距的不一致性误差

（4）整体三维平差模型及解算

FAST 控制网高度角误差显著增大，控制网平均的高度角达到 30°～40°。在斜距归算平距时，高角度误差造成的误差为同阶小量，不能忽略。采用传统平面坐标和高程坐标分别独立平差时，平面坐标误差和高程坐标误差为同阶小量，不利于解算系统误差。因此，系统中采用了整体三维平差的模型对平面坐标和高程进行了整体平差解算。

平差模型参数除了控制点平面坐标和高程，还包括了水平角定向角参数，另外，模型中还采用了天顶距常数误差、大气折射系数和距离加常数等系统误差。考虑观测边一般为短边，故不考虑距离比例误差。解算过程中，对系统误差参数的有效性进行了不同方案的试算：① 采用传统边角网平差模型的参数，包括平面坐标（2 个参数）、高程和定向角；② 在传统边角网平差模型参数的基础上考虑天顶距常数误差；③ 平面坐标＋高程＋定向角＋天顶距常数参数＋大气折射参数；④ 平面坐标＋高程＋定向角＋天顶距常数参数＋大气折射参数＋测距常数参数。以下分别称为 4 参数模型、5 参数模型、6 参数模型和 7 参数模型。

利用监测数据，分别采用不同平差模型进行平差解算，观测量残差标

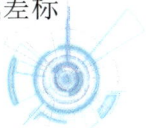

准差的统计结果如表 2-34 所示。水平角的常数误差（含 ATR 系统偏差和系统设站定向误差）可以被定向角包含，水平角观测残差比较稳定，引入测距常数参数，可以消除平距归算误差，改善水平角残差；天顶距残差随着模型参数的增加可以得到显著改善，其中天顶距常数误差尤为显著（ATR 系统偏差和大气折射平均效应）；斜距残差在引入测距常数误差参数后，残差得到显著改善。由试算结果可以看出，采用 7 参数模型可以获得最高的精度，残差值可以达到设备的标称精度。图 2-53 ～图 2-55 所示为采用 7 参数模型对 1 个测回组网观测数据解算获得的残差序列图。

表 2-34 不同平差模型的观测量残差

模型	水平角残差 /″	天顶距残差 /″	斜距残差 /mm
4 参数模型	0.52	0.99	0.46
5 参数模型	0.47	0.59	0.42
6 参数模型	0.47	0.53	0.42
7 参数模型	0.45	0.51	0.27

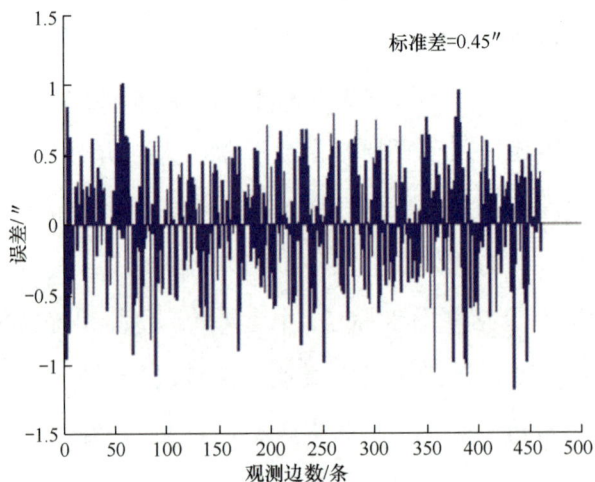

图 2-53 水平角残差图

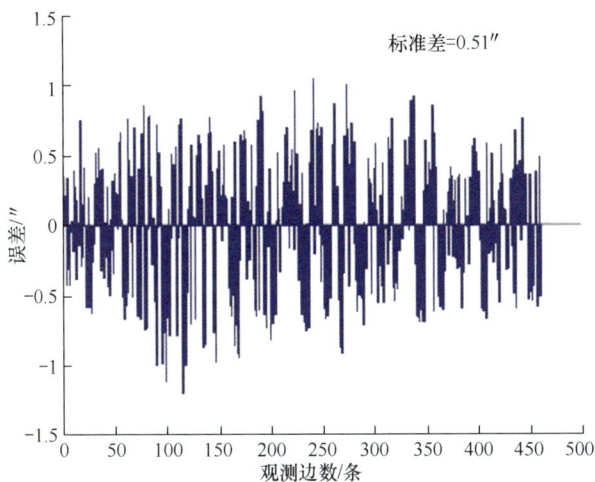

图 2-54 天顶距残差图

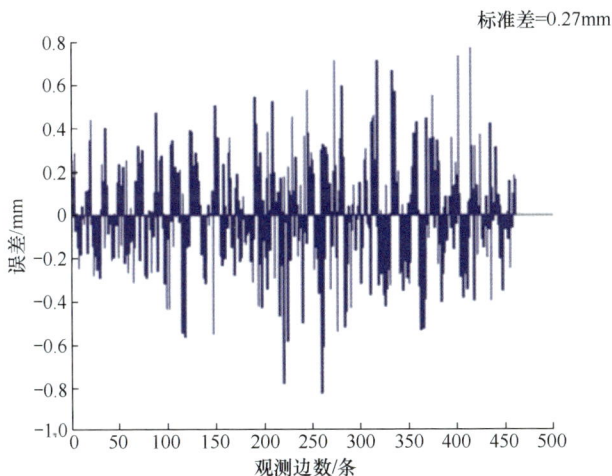

图 2-55 斜距残差图

（5）控制网监测数据坐标解算结果

表 2-35 所示为对监测数据（完成了整网 8 次测回观测）处理获得的控制点平面坐标和高程及对应的估计精度，坐标及高程内符合精度均小于 50μm。残差中可以看出角度残差约为 0.5″，测距残差约为 0.3mm，处理中观测量的先验权均取 1，平差处理后单位权中误差约为 0.4。由于边角观测中采用了大量的多余观测，观测点之间两两联测，图形强度条件非常好，

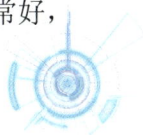

坐标及高程的协方差因子开方值均在 0.05 ～ 0.08。

表 2-35　控制点平面坐标、高程及对应的估计精度

点号	北坐标 /m	北坐标精度 / mm	东坐标 /m	东坐标精度 / mm	高程 /m	高程估计 精度 /mm
JD1	22.1159	0.0188	−0.0034	0.0172	−96.8449	0.0266
JD2	6.8367	0.0189	21.0367	0.0192	−96.8576	0.0212
JD3	−12.2597	0.0193	16.4458	0.0189	−96.8462	0.0208
JD4	−17.8938	0.0192	−13.0083	0.0172	−96.8629	0.0208
JD5	6.8305	0.0185	−21.0351	0.0186	−96.8568	0.0205
JD6	111.3734	0.0312	47.5123	0.0285	−71.9184	0.0407
JD7	23.3360	0.0220	111.2690	0.0273	−75.1290	0.0330
JD8	−11.5474	0.0301	66.3564	0.0268	−67.8671	0.0336
JD9	−15.0383	0.0343	−46.8552	0.0308	−70.5214	0.0441
JD10	−10.7680	0.0306	−20.6084	0.0344	−71.9354	0.0502
JD11	95.5075	0.0310	−65.6836	0.0298	−74.2031	0.0369
JD12	207.0193	0.0358	−6.1550	0.0322	−13.7590	0.0444
JD13	202.8512	0.0327	88.9111	0.0320	−98.8536	0.0429
JD14	150.0009	0.0323	179.6319	0.0348	−83.9598	0.0469
JD15	61.2327	0.0332	239.7742	0.0388	−65.5082	0.0495
JD16	−93.9717	0.0396	168.5389	0.0420	−26.5954	0.0541
JD17	−74.9909	0.0334	96.9639	0.0309	−20.3730	0.0468
JD18	−23.4944	0.0373	27.3670	0.0385	−94.6710	0.0515
JD19	−08.1545	0.0337	−66.9736	0.0318	−01.9406	0.0449
JD20	−22.9507	0.0401	−62.6082	0.0421	−16.8739	0.0590
JD21	−17.3013	0.0333	−5.9108	0.0380	−14.2498	0.0505
JD22	109.9597	0.0352	−62.1591	0.0381	−24.0398	0.0488
JD23	175.6717	0.0336	−6.1414	0.0336	−15.5404	0.0391

系统运行以来的自动观测结果表明：由于采用了并行对向观测模式，整网观测效率由测量控制点关联的最大对向边数量决定。单条对向观测边用时少于 1min，测量控制节点数量一般多于 6 个就可以保证足够的图形几何

强度。实际观测中，为了提高精度，观测控制网设计中最大节点数量为 12 个，单次整网观测用时 10 ～ 12min，远低于 1h 观测效率的设计指标。

高程测量精度小于 0.1mm，平面坐标测量精度小于 0.2mm，远小于 1mm 坐标测量精度的设计指标。

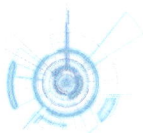

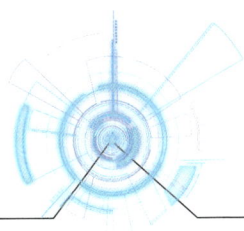

第 3 章　望远镜测量

精密测量是精确控制的基础，测量对望远镜的重要性不言而喻。在望远镜标定以及运行过程中，我们把 FAST 的测量系统分解为反射面测量和馈源支撑测量两个子系统。本章主要阐述在国内外无工程案例可以参考的情况下，这两大子系统的设计思路、解决方案和关键技术。

| 3.1　反射面测量系统 |

FAST 调整面形的方式为利用促动器对索网节点进行张拉，因此 2225 个节点的位置精度决定了整个反射面面形的精度。与其他望远镜反射面只需要定期进行面形检测不同，FAST 反射面在观测工作中是实时变形的，这使得反射面的实时精密测量与控制成为实现 FAST 观测良好性能的关键。上千个节点高精度、高效率定位测量要求，全天候野外环境，大气干扰等都是实现反射面测量的技术难点和瓶颈。

3.1.1　测量需求及指标分析

反射面的控制采用基于力学仿真技术的开环控制，可以满足实时要求，因此反射面的测量采用离线标定中性球面和大量不同顶点的抛物面形成力学仿真数据库，通过对索网 2225 个下拉索节点的控制实现对反面射面的控制。如果一次标定测量后发现面形不满足精度要求，还需要再进行一次消除误差的促动器调整，多次重复直至达到精度要求，最后记录促动器行程、拉力等数据，形成数据库。反射面测量系统有两种工作模式：精密测量和标准测量，其测量需求如表 3-1 所示。系统在面形标定时使用精密测量模式，同时提供实时测量、分区测量和选点测量的功能。除了离线标定，望远镜偶尔也会全天候实时测量抛物面，因此还设计了标准测量模式。给全站仪和气象站罩上屏蔽装置后（详见 3.2.7 小节），可在望远镜运行时使用标准测量模式快速获取当前面形数据。

表 3-1　反射面索网节点的测量需求

模式	测量点数 / 个	精度要求 /mm	效率要求 /min
精密测量	2225	1.5	90
标准测量	约 700（照明口径内）	2	10

3.1.2　摄影测量

目前国际上比较常见的望远镜反射面面形测量方法主要有两种：全息法测量与摄影测量。

全息法测量（Holographic Measurement）是目前世界上大型望远镜最常用的面形检测方法之一。它通过测量复数平面内天线辐射的振幅和相位得到天线口径场的振幅和相位分布等数据，从而了解天线表面面形偏离抛物面的程度。这种方法所依据的几何事实是，如果天线面形是理想抛物面，那么在焦点上的发射源发出的信号经过抛物面反射，在口径平面上的波前相位应该处处相等（因为从焦点到口径平面的光程距离相等）。然而在现实情况下，天线面不是完全理想的抛物面，所以发射信号在口径平面上的相位必然不相等，其变化情况就包含天线面与理想抛物面偏离的信息。在信号源波长已知的情况下，通过检测相位差的变化，从理论上就可以确定天线面与理想抛物面之间的微小差别。因 FAST 是可动的变形反射面，没有合适的理想抛物面作为参考，因此不适合使用全息法测量。

另一个在望远镜面形测量中经常使用的技术是摄影测量。在 20 世纪 60

年代初，近景摄影测量就开始被用于天线反射面校准和测试，现在它已广泛应用于各种尺寸的天线面形测量工作。

摄影测量是一门通过分析记录在胶片或电子载体上的影像，来确定被测物体大小、位置和形状的科学。它将相机拍摄到的多张靶标点的图像通过编码标志点进行拼接，之后使用拼接好的图片对目标点位置、相机位置等参数进行统一平差解算。美国的阿雷西博射电望远镜通过使用摄影测量将其面形精度从 15mm 成功提升到了 5mm 左右。

FAST 团队还研制了一套全自动超高精度数字摄影测量系统，该系统基于球形靶标，将立体视觉与旋转扫描技术相结合，实现大尺度、多目标、全视角的三维坐标测量。摄影测量采用若干台自研测量仪器均匀分布在反射面周边，将反射面待测区域分区。测量时多台仪器同时对准待测区域进行测量，完成后再同时测量下一区域。其中，每一区域有一复合靶标，能够使用测量仪器与激光跟踪仪同时测量，即激光跟踪仪为每一测量区域提供了一个控制点，这样可大大消除大气扰动对测量精度的影响。测量方案如图 3-1 所示，红色 × 为待测点，白色 × 为控制点，蓝色圆点为自研的测量仪器，红色方块为激光跟踪仪，控制点可由测量仪器和激光跟踪仪同时测量。绿色方形区域为单次测量区域，每个测量区域包含一个控制点。图 3-2 显示的是 3 台激光跟踪仪覆盖区域。

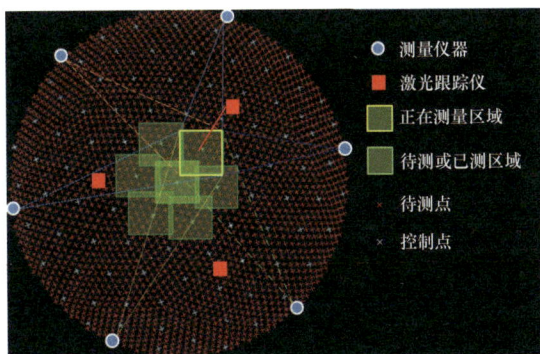

图 3-1　全自动超高精度数字摄影
　　　　 测量系统测量方案

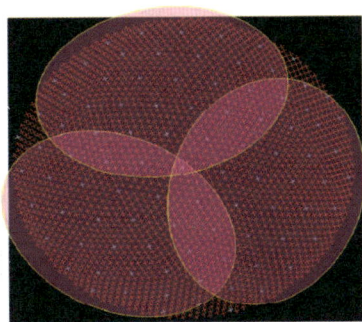

图 3-2　3 台激光跟踪仪覆盖区域

　　自研测量仪器团队为自研测量仪器起名为数码定位单元（Digital Positioning Unit，DPU）。每个 DPU 将激光跟踪仪中的激光测距部分用面阵电荷耦合检测器（Charge Coupled Detector，CCD）测试头代替，该设备由光学测量系统和二维跟踪系统组成。光学测量系统包含高密度数码摄像系统、精密可调变焦镜头等。高密度数码摄像系统安装在二维转台上。伺服电机驱动的二维机械转台旋转以变换测量区域，旋转时伴有镜头变焦，在拓宽测量区域的同时保证测量精度。测量时，目标点发出的光线在 CCD 上成像，转头在两台电机的驱动下可进行水平、俯仰的转动，并通过编码器读数得到转动角度，实现测量区域的转换，精确计算自身的指向与姿态。垂直电机可带动相机进行直线运动，由线性编码器读出精确位移读数，实现镜头的变焦测量。空间点坐标是三维的，投影到图片上只剩二维信息，即单个 DPU 只能测量目标点相对于自身的角度，不能得到距离信息，因此要实现双目视觉测量，原则上至少应有两个 DPU 才可以完成目标点的三维重构测量，提高测量精度及被测区域测量精度的均匀性。DPU 的结构及样机如图 3-3 所示。

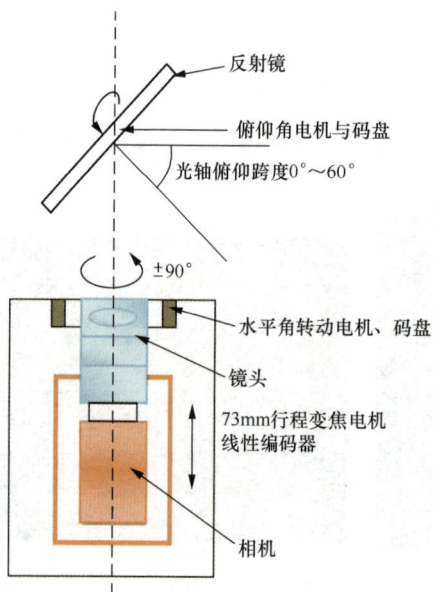 

（a）DPU的结构　　　　　　　　　　　　　（b）DPU样机

图 3-3　DPU 的结构及样机

在靶标选型方面，经过大量的实验，为保证靶标在每台测量设备中的成像结果都能够达到一定的像素数，对靶标的大小有一定的要求。选用 4K×4K 工业测量相机，每次测量的视场为 40m，则 CCD 中每个像素对应的物面距离为 10mm。选用直径为 6 英寸（152.4mm）的靶球，即可在 CCD 中形成直径约为 15 个像素的图像，保证识别精度。FAST 反射面测量要全天候工作，且最远的测量距离可达 500m。为了在白天阳光照射下使远距离靶标和背景明显区分，FAST 团队决定使用有源靶标。靶标定型为 6 英寸有源球形靶标，光源为窄带发光二极管（Light Emitting Diode，LED），接收光源处配合窄带带通滤光片。球形有源靶标在光照且有遮挡情况下的效果如图 3-4 所示。

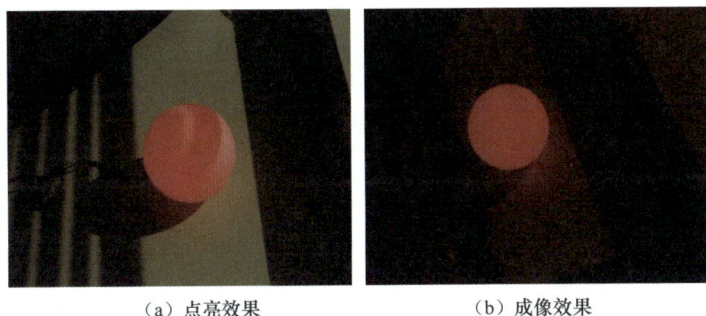

（a）点亮效果　　　　　　　　（b）成像效果
图 3-4　球形有源靶标在光照且有遮挡情况下的效果

DPU 样机在密云 50m 模型（FAST 在正式动工前于北京密云建造了一个整体 50m 的缩尺模型，见图 3-5，用来实验验证望远镜各项设计方案的可行性）上做了精度测试，将靶球安装在精密移动平台上，对 DPU 样机测量精度进行评价，当靶球分别在 X、Y、Z 这 3 个方向移动时，系统误差不大于 0.1mm。DPU 样机还做了 200m 精度测试（见图 3-6），测试结果表明，对距离为 2m 的两个靶球点与距离为 20m 的两个靶球点来说，测量的系统误差没有明显差别。当靶球在精密移动平台上分别向 X、Y、Z 这 3 个方向移动时，测量的系统误差标准差最大不超过 0.38mm。该样机功能和性能均满足 FAST 反射面测量的研发需求。

图 3-5 密云 50m 模型与精度测试

图 3-6 200m 精度测试

3.1.3 全站仪激光测量

考虑到从样机到真正落地还有很长的路要走，且有源靶标的电磁干扰问题无法解决，FAST 团队提出了一套与世界上其他望远镜都不同的全站仪激光测量的反射面测量方案。

1．系统组成

FAST 的反射面测量采用多台激光全站仪的逐点测量方法，具有可靠性高、技术较成熟、电磁干扰较小（因使用无源靶标）等优势。该测量系统既能进行整网标定测量，也能自由选点测量，是一套自由度很高的系统。

反射面测量系统主要由测站、靶标及基墩组成。靶标安装于反射面节点上（见图 3-7），即三角形面板的连接处。依靠安装在基墩上的测站对节点上的靶标进行位置测量。

（1）测站

FAST 使用瑞士徕卡公司的 TS60 全站仪（见图 3-8）作为反射面测量系统的测站，配合每个节点安装的靶标，实现反射面节点的测量。该仪器角度测量标称精度为 0.5″，精密测距精度为 0.6mm+1ppm，最远测程为 3500m，精密测距测量时间为 7s，具备 ATR 功能，可自动识别目标棱镜，搜索范围为 1°25′，ATR 定位精度为 1mm。具有 LOCK 功能，可进行靶标动态测量。

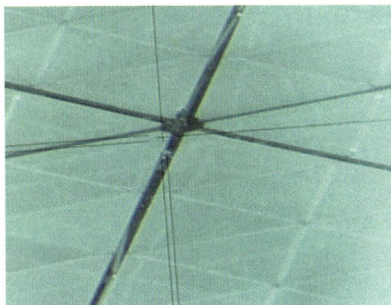

图 3-7　靶标安装于反射面节点上　　　图 3-8　高精度全站仪 TS60

TS60 全站仪是瑞士徕卡公司的大地测量型产品。作为 FAST 测量技术中主要的测量设备，FAST 团队已经对其在 500m 范围野外的测量性能进行了测试和评估。

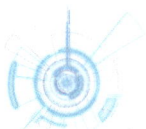

（2）靶标

和全站仪测量配合使用的激光反射棱镜靶标是 FAST 团队自研产品，采用螺纹与反射面节点相连接，安装时棱镜开口指向反射面轴线与内圈全站仪安装平面的交点。靶标结构和实物如图 3-9 所示。

图 3-9　靶标结构和实物

靶标的技术指标如下。

靶标的工作范围：棱镜法向方向偏角 ±15° 以内。

靶标的测量精度：在靶标指向偏角 15° 内（上、下、左、右）靶标的定位精度为 0.4mm。

（3）基墩

基墩为 FAST 测量工作提供基准，每个基墩上有 3 个强制对中盘，可同时安装 3 台设备。反射面测量系统使用的测站、气象站和差分控制点均布设在基墩上。

2．测站及目标优化布设

在测量实施时，需要先确定实际要测量的节点和测量规划，然后控制全站仪照准对应的靶标进行测量，获得距离和角度测量数据，并由数据传输线传给数据处理系统。因此测站如何分布、靶标如何安装都关系到反射面的测量精度和测量效率。

影响测量精度的因素主要有测量角度、测量距离和大气干扰等。对每个靶标来说，在靶标法线与测站测量角度为 15°之内时全站仪测量精度较高，为 30°时全站仪测量精度相对较低，但理论上仍能达到精度标准。测量距离和全站仪的测量精度成反比，同时测量距离越大，大气干扰越强，也会进一步造成测量精度降低。

影响测量效率的因素主要有测站数量、测量路径规划情况和靶标混淆等。全站仪是单点测量，作业的测站数量越多，则效率越高。单台测站的测量路径规划越短，全站仪镜头移动所花的时间就越短。如果发生靶标混淆，会对测量结果造成干扰，影响测量效率，因此要避免发生靶标混淆的情况。

同时，由于靶标安装在节点上，长期暴露在野外环境中，存在落灰和落雨的情况，如果镜面法线为仰角，则会对以后的维护和清洁非常不利。因此靶标镜面法线只能为俯角或平视，这就使得测站只能安装在内圈或中圈基墩上。

如图 3-10 所示，全站仪布设方案有两种：方案一是将 11 台全站仪安装在内圈基墩和中圈基墩共 11 个基准点上，每个点上安装 1 台；方案二是将 10 台全站仪安装在内圈基墩共 5 个基准点上，每个点上安装 2 台。

反射面共有 2225 个节点，即有 2225 个靶标，需要分析每个靶标的测量

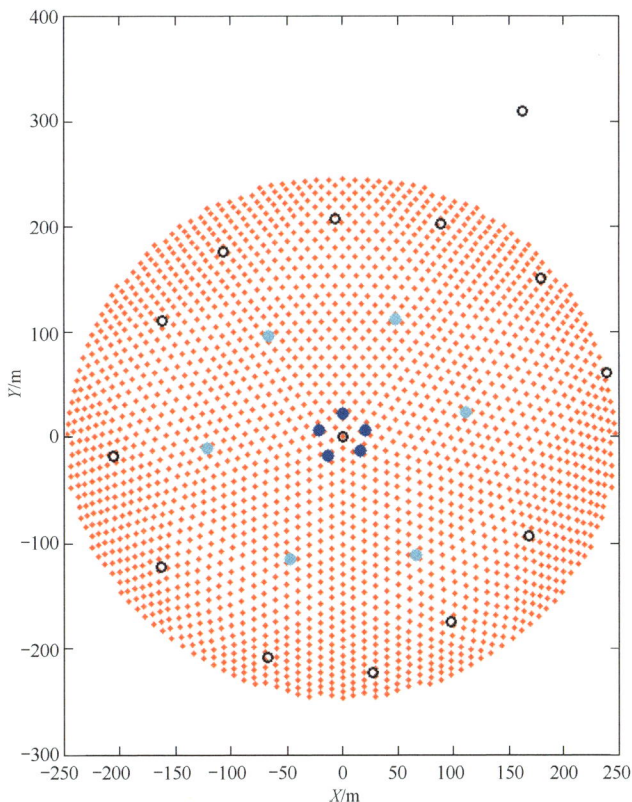

图 3-10　全站仪的布设方案

情况，确保其测量精度和效率最优。下面以 4 个分布于反射面不同位置的靶标（第 40、250、800、2000 号靶标）为例进行分析。

反射面为中性球面时，假设所有靶标指向球面中心轴 Z 轴，指向高度为安装在内圈基墩上的全站仪镜头高度，在靶标法线与测站测量角度为 15° 及 30° 时分别能被观测到的测站如图 3-11 ～图 3-14 所示。

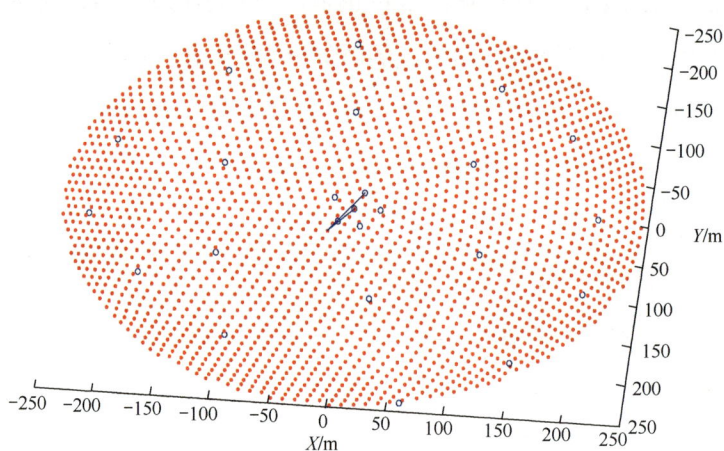

（a）靶标法线与测站测量角度为15°时能被观测到的测站

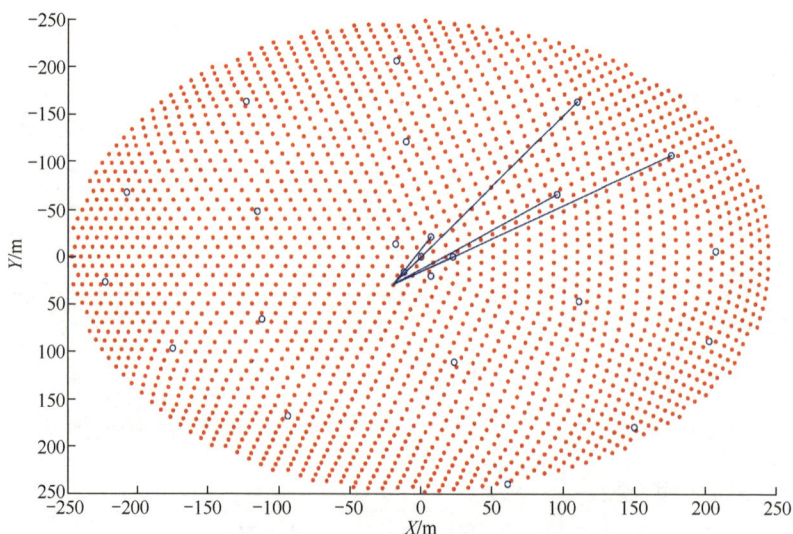

（b）靶标法线与测站测量角度为30°时能被观测到的测站

图 3-11　第 40 号靶标的被观测情况

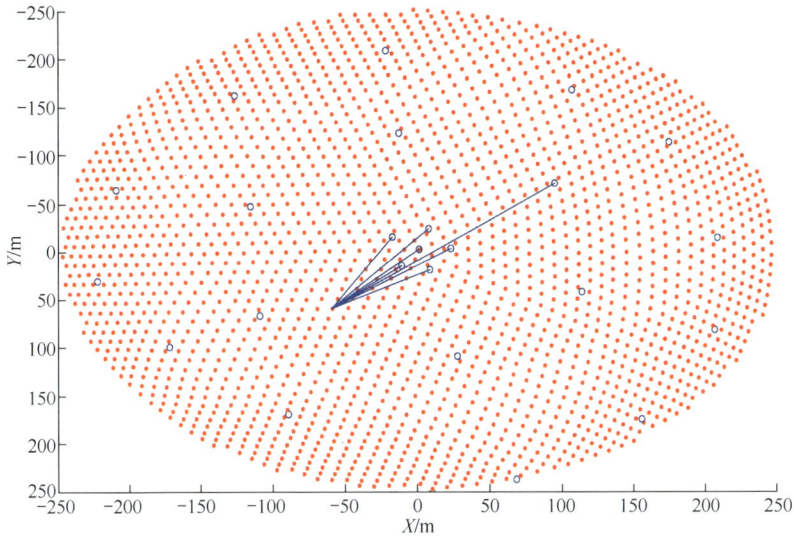

（a）靶标法线与测站测量角度为15°时能被观测到的测站

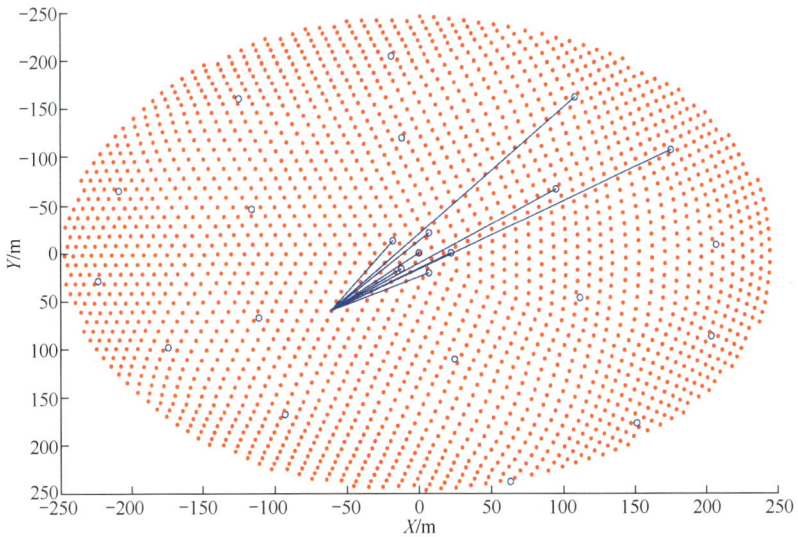

（b）靶标法线与测站测量角度为30°时能被观测到的测站

图 3-12　第 250 号靶标的被观测情况

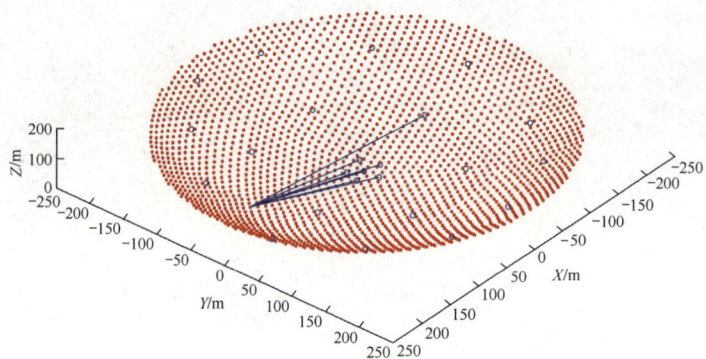

（a）靶标法线与测站测量角度为15°时能被观测到的测站

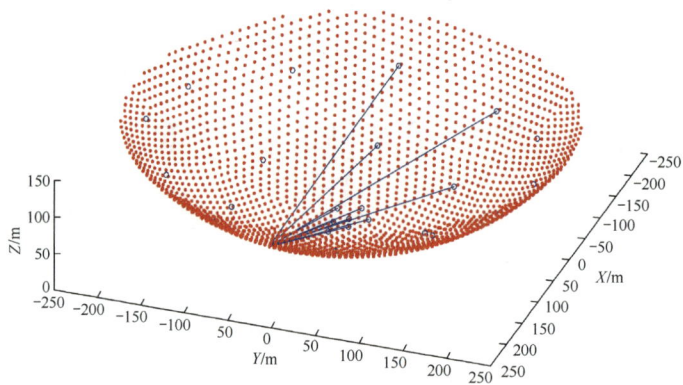

（b）靶标法线与测站测量角度为30°时能被观测到的测站

图 3-13　第 800 号靶标的被观测情况

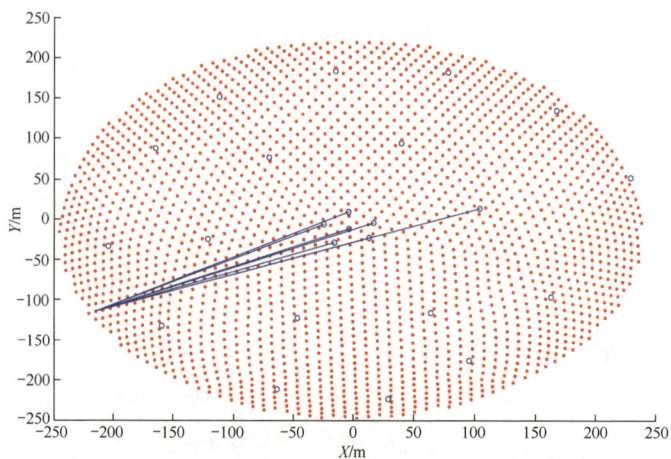

（a）靶标法线与测站测量角度为15°时能被观测到的测站

图 3-14　第 2000 号靶标的被观测情况

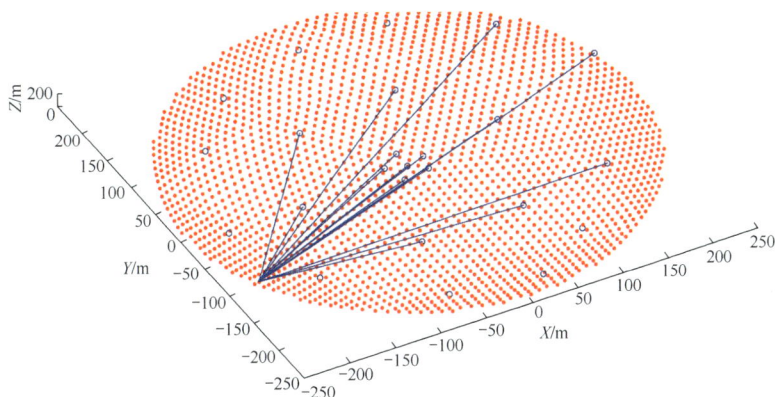

（b）靶标法线与测站测量角度为30°时能被观测到的测站

图 3-14　第 2000 号靶标的被观测情况（续）

可以看出，绝大多数靶标都能同时被内圈的 5 个基墩观测到，能被中圈基墩观测到的基本都是"面对面"的情况（靶标和基墩不在同一个半球面上），这时测距较长，会相应降低精度。而且在靶标法线与测站测量角度为 15°时，每个靶标基本只能被对面一个中圈基墩观测到，造成中圈基墩利用率很低。如果为了被更多中圈基墩看到，则应增大该角度，但这样会降低测角精度，同时测量距离比内圈基墩长，测距精度也会降低。

反射面在工作过程中不只存在中性球面的情况，下拉索最大会有47cm的收缩和伸长，反射面节点的最大径向运动范围达到94cm。分别用同样的方法计算靶标在下拉索最大收缩和最大伸长时能被观测到的基墩，得到另两组 25 个基墩和 2225 个靶标的关系矩阵。将 3 种情况综合起来，可知任何情况下基墩都能观测到的靶标矩阵。

反射面工作时，照明区域的抛物面直径为300m。若采用方案一，则当照明区域偏向中间位置时，中圈基墩能观测到的靶标很少，而反射面工作中的大部分时间都是照明区域偏向中心的。这将导致中圈基墩上的全站仪有很多处于空闲状态，而内圈基墩上的全站仪承担大部分测量任务。因此从精度和效率两方面来说都应选择方案二，即在每个内圈基墩上各放置两台全站仪。

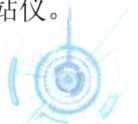

　　由于内圈基墩高于周围的反射面面板，如果这部分靶标安装时指向全站仪，则会出现"抬头"情况，因此这些靶标指向反射面垂直中心轴且水平安装。

　　在内圈基墩内部有 12 个靶标节点，这些靶标节点有两种安装方式，一种是面向反射面中心轴水平放置，另一种是反方向向外水平放置。经过对这 12 个节点进行单独计算，发现绝大多数靶标只能被对面半球上的全站仪观测到，只有个别靶标才能被本半球的全站仪回头看到。因此这 12 个靶标也面对中心轴放置。

　　综上所述，FAST 反射面测量布站方案是在 5 个内圈基墩上分别放置 2 台全站仪，所有靶标都指向反射面垂直中心轴方向，高于全站仪镜头高度的靶标指向中心轴上相当于全站仪镜头高度的点，低于镜头高度的水平指向中心轴。图 3-15 展示了夜晚站在测站处用手机拍摄的靶标。

图 3-15　夜晚站在测站处用手机拍摄的靶标

3．测量性能及条件分析

　　由于靶标数量众多且相对密集，因此需要分析全站仪测量靶标时是否会出现靶标混淆的情况。

　　（1）反射面为中性球面

　　全站仪放置在内圈 5 个基墩上，共 2225 个靶标，计算每两个靶标与基墩形成的观测角夹角（每个靶标点都遍历计算自己与其他所有 2224 个靶标点和每个基墩的观测角夹角），得到 2224×2225×5=24742000 个角度值，其中最小夹角为 1.007°。中性球面 5 个基墩对应的 5 组具有最小观测角夹角的靶标如图 3-16 所示。

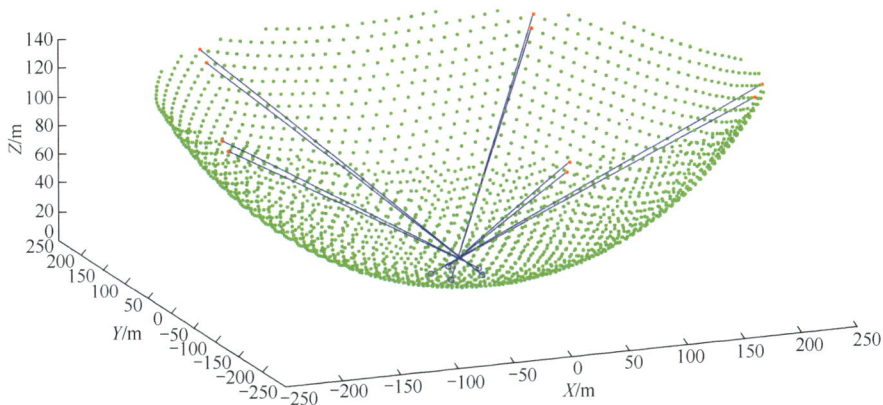

图 3-16　中性球面 5 个基墩对应的 5 组具有最小观测角夹角的靶标

（2）反射面变形为抛物面

中心 300m 口径抛物面变形时，考虑到边缘效应，按照 320m 口径抛物面变形进行计算。靶标与基墩的最小观测角夹角为 0.9404°。5 组最小观测角夹角的靶标如图 3-17 所示，其中外环半径为 160m，内环半径为 150m。

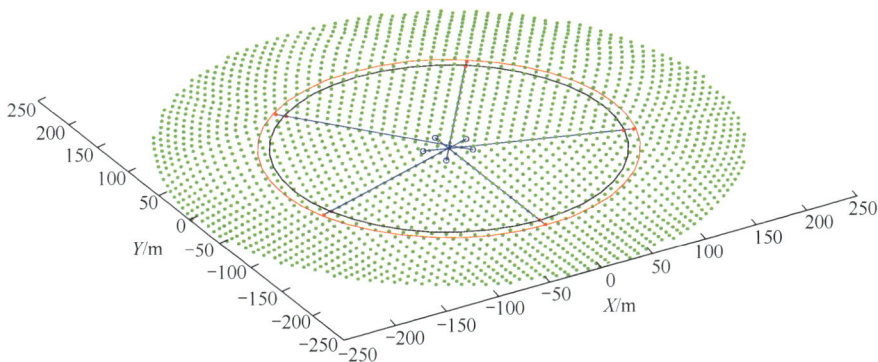

图 3-17　中心抛物面变形时的 5 组最小观测角夹角的靶标

边缘 300m 口径抛物面变形时，靶标与基墩的最小观测角夹角为 0.9538°。此时 5 组最小观测角夹角的靶标如图 3-18 所示，其中外环口径为 320m，内环口径为 300m。

综上，在望远镜工作过程中，靶标之间与测站形成的最小观测角夹角约为 0.9404°。

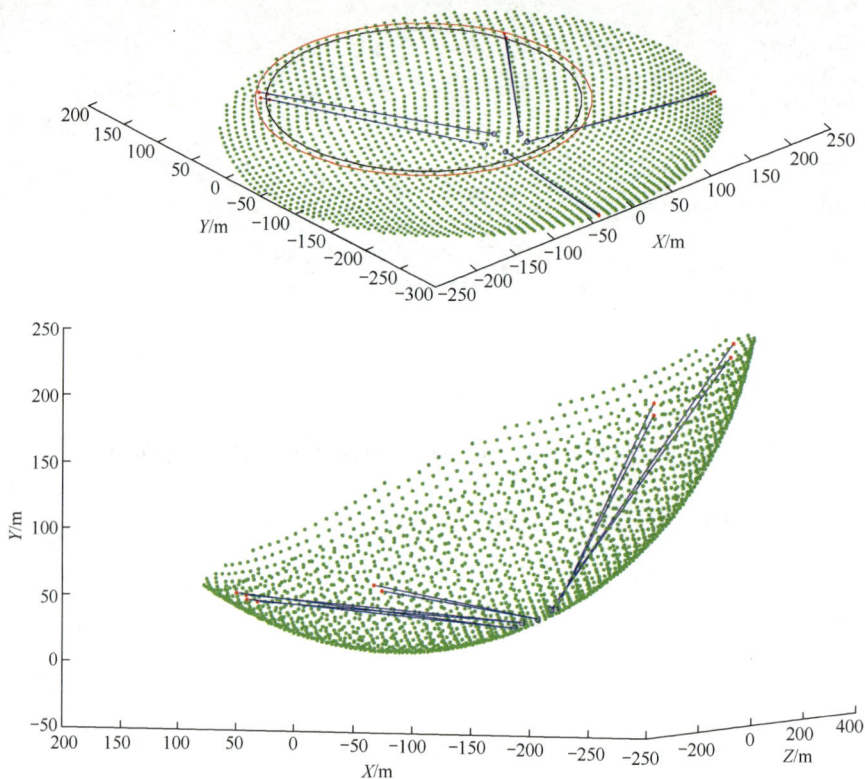

图 3-18　边缘抛物面变形时的 5 组最小观测角夹角的靶标

为了确定 0.9404° 会不会在测量时造成靶标混淆，我们在 FAST 现场做了全站仪自动寻靶可靠性实验。

测站布设在南垭口无人值守站。

1、2 号被观测点在 34# 格构柱（1 号测距为 212.84m，2 号测距为 213.32m，两个被观测点的观测角夹角 1.0560°）。

3、4 号被观测点在 32# 格构柱（3 号测距为 154.56m，4 号测距为 155.92m，两个被观测点的观测角夹角 1.1126°）。

5、6 号被观测点在 JL1 与地勘时修建的测量基墩（5 号测距为 89.54m，6 号测距为 94.70m，两个被观测点的观测角夹角 0.6686°）。

实验一共进行了 19h，没有发生靶标混淆情况。结果表明，1°左右的观测角夹角不会出现靶标混淆的情况。

4．测量路径规划

反射面测量系统主要有两个工作模式：精密测量模式和标准测量模式。

（1）精密测量模式

精密测量模式是在反射面节点静止不动的情况下，对整个反射面上 2225 个节点位置进行精密测量。该模式具有全网测量与分区测量功能，可对全部节点或指定测量区域进行测量。

该模式的设计目标是对反射面上全部 2225 个靶标点进行测量时，测量精度在 1.5mm 以内，测量时间在 90min 以内。

反射面索网节点是根据五边形短程线划分而来的，因此索网节点由 5 个相同的分区组成，如图 3-19 所示。

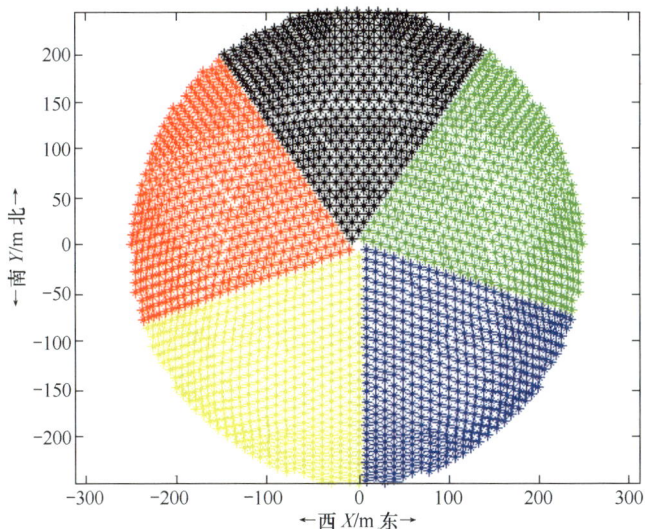

图 3-19　反射面索网的节点的 5 个分区

由此可见，反射面由相同的 5 个分区组成，分别由 A、B、C、D、E 表示，每个分区包含 445 个节点。为方便起见，使用两台全站仪完成一个分区的测量工作，这样 5 个分区可使用相同的规划策略。

针对 A 区，节点分布如图 3-20 所示。

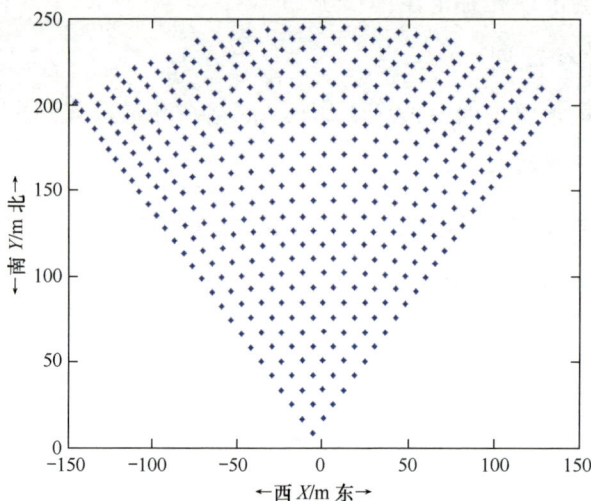

图 3-20　A 区节点分布

需要将分区内的 445 个节点分为两部分，分别由两台全站仪进行测量。可使用的方法主要有上、下部分区和左、右部分区，如图 3-21 所示。

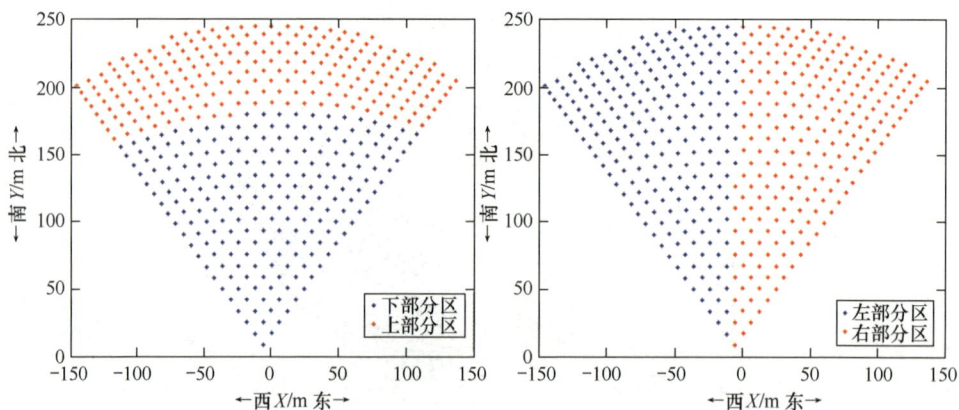

图 3-21　A 区节点上、下部分区和左、右部分区

上述两种方法理论上都能够完成测量，但是为了提高测量效率，希望全站仪转动角度越小越好。总的转动角度越小，所需要的测量时间就越短。

以全站仪指向正北水平方向为零点方向，计算 A 区所有靶标点相对于零点方向的水平转角 *AZ* 和垂直转角 *EL*，其转角分布如图 3-22 所示。

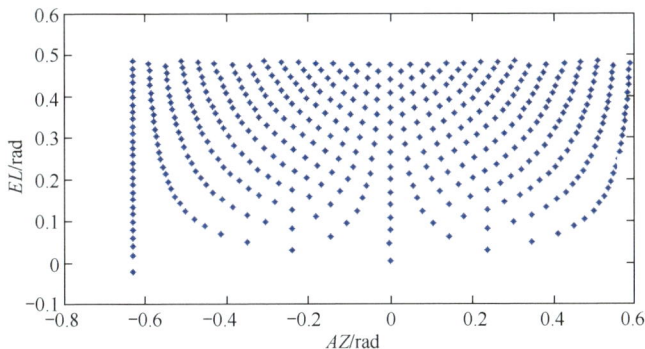

图 3-22　A 区靶标点相对于零点方向的 *AZ*、*EL* 转角分布

A 区靶标点的水平转角 *AZ* 分布范围为 –0.63 ～ 0.6rad，垂直转角 *EL* 分布范围为 –0.02 ～ 0.5rad。使用上、下部分区方法，每台全站仪都要覆盖 1.23rad 的 *AZ* 分布范围，不利于提高测量效率。而使用左、右部分区的方法，每台全站仪覆盖 0.6rad 的 *AZ* 分布范围和 0.5rad 的 *EL* 分布范围，有利于全站仪更加快速地完成测量。

在完成测量分区后，还需要对靶标点的测量路径进行规划，以达到最佳的测量效率。主要考虑两种测量路径规划原则，即 *AZ* 优先原则和 *EL* 优先原则，分别如图 3-23 和图 3-24 所示。

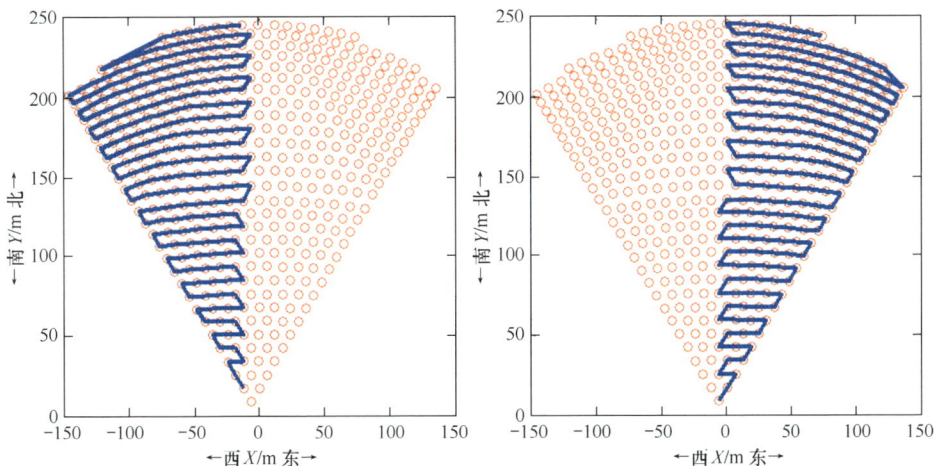

图 3-23　按照 *AZ* 优先原则的测量路径规划

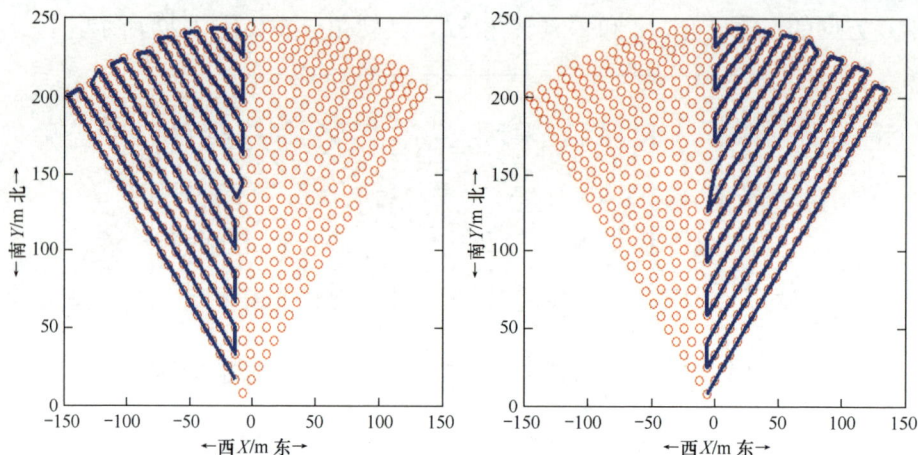

图 3-24　按照 *EL* 优先原则的测量路径规划

为了对比 *AZ* 优先原则和 *EL* 优先原则两种测量路径规划的优劣，分别计算这两种原则下测站的总转角，结果如表 3-2 所示。

表 3-2　*AZ* 优先原则和 *EL* 优先原则下测站的总转角

区域	路径优先逻辑	测站的 *AZ* 总转角 /rad	测站的 *EL* 总转角 /rad
左部分区	*AZ* 优先	13.9546	1.4049
	EL 优先	3.5617	3.9570
右部分区	*AZ* 优先	17.0721	1.6260
	EL 优先	6.3289	4.0335

从表 3-2 中可以看出，在 *AZ* 优先原则的测量顺序原则下，虽然 *EL* 总转角很小，但 *AZ* 总转角过大，这样会造成全站仪在逐点测量时花费在驱动 *AZ* 转动的时间更长，使效率较低。而在 *EL* 优先原则的测量顺序原则下，*AZ*、*EL* 总转角相差不大，总转角较小，因此在驱动全站仪转动过程中花费的时间更少，有利于测量效率的提高。因此精密测量模式下的反射面测量宜采用 *EL* 优先原则的测量路径规划。

（2）标准测量模式

标准测量模式是在望远镜观测过程中对反射面有效口径内的节点位置进行测量，要求在 10min 内完成有效口径内节点的测量。在该模式下，抛物面的位置随时间变化，有效口径内节点的数量、位置、编号也是实时变化的，因此节点分区与测量规划具有更大的难度与复杂性。

　　此时我们优化分区和测量顺序的主要目标仍然是尽量减小全站仪的转动角度，提高测量效率。

　　在使用望远镜进行天文观测时，瞬时抛物面在反射面中主要有两个极端情况：一是抛物面顶点位于反射面中心；二是抛物面边缘与反射面边缘相切。而大部分情况下抛物面的位置介于上述两个位置之间。因此主要针对这 3 种情况对测量分区进行优化。抛物面在反射面中的 3 个典型位置如图 3-25 所示。

　　当抛物面在反射面中心时，使用精密测量模式的分区方法即可，可实现高效率测量。但是随着抛物面向反射面边缘区域运动，如果仍然以抛物面顶点为中心，以平均角度分割区域（见图 3-26），若要完成对第⑤区域的测量，全站仪至少要覆盖 3.1416rad（180°）的 AZ 转角范围；而要完成第④区域的测量需要覆盖接近 2.0944rad（120°）的 AZ 转角范围，不利于提高测量效率。

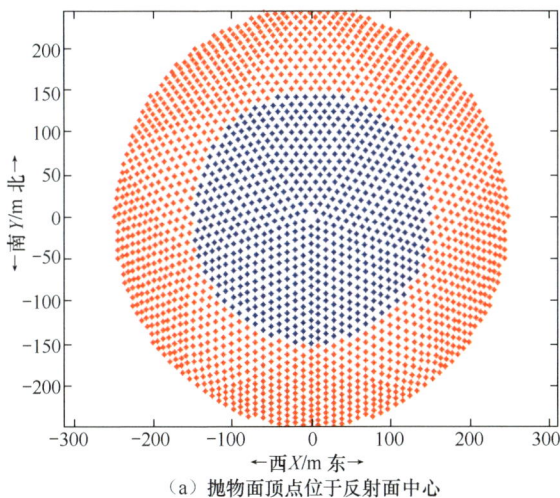

（a）抛物面顶点位于反射面中心

图 3-25　抛物面在反射面中的 3 个典型位置

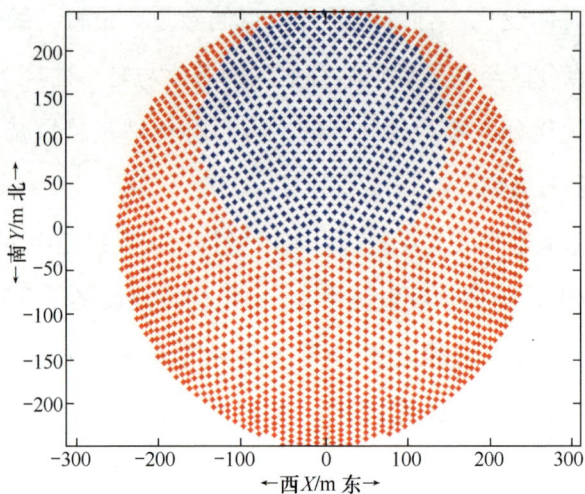

（b）抛物面边缘与反射面边缘相切

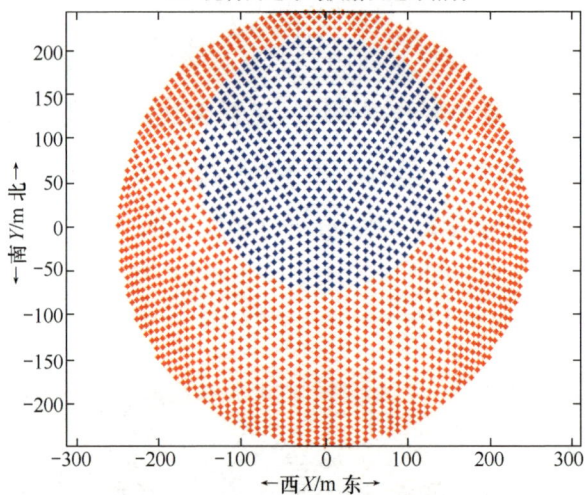

（c）抛物面位置介于上述位置之间

图 3-25　抛物面在反射面中的 3 个典型位置（续）

　　因此，本着最小化全站仪转角的原则，从反射面中心点对抛物面内节点进行等点数分割，如图 3-27 所示。

　　图 3-27 中，以反射面中心点为起点，使用不同 *AZ* 转角范围对抛物面内节点进行分区，保证每个区域内节点数基本相当。采用这种分区方法，虽然一个区域内目标点的空间分布范围较大，但是这些目标点相对于全站仪的 *AZ*、*EL* 转角分布范围较小，有利于提高测量效率。

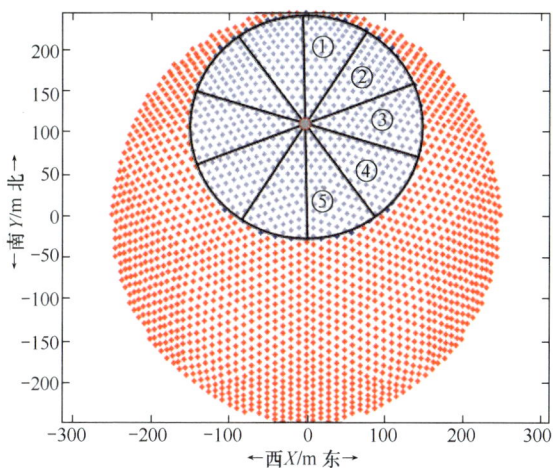

图 3-26　抛物面在反射面边缘时进行平均角度分割

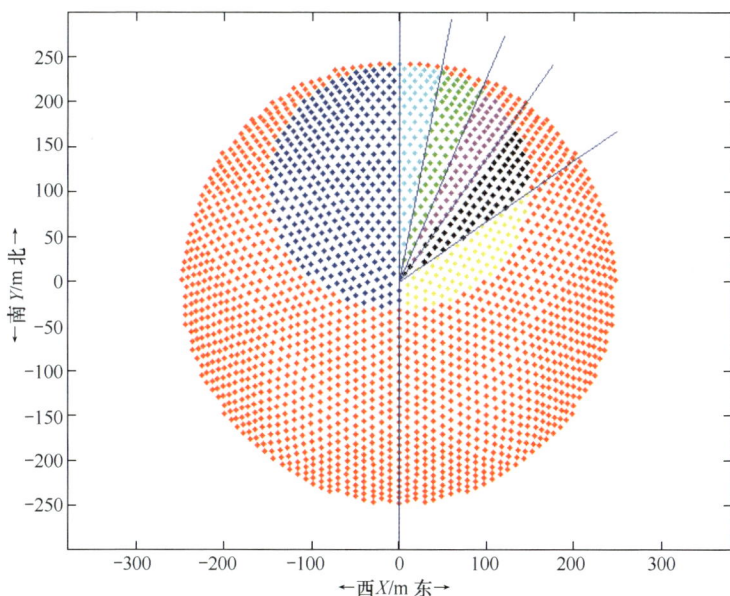

图 3-27　从反射面中心点对抛物面进行等点数分割

使用此种方法，在测量黄色区域内靶标时，全站仪需要覆盖的 AZ 转角范围最大，约为 2.1468rad（123°）。而对于其他区域，AZ 转角可以保持在一个较小的范围内。

在标准测量模式下，我们仍然希望每台全站仪能够尽快地完成其分配

区域内节点的测量，因此仍然使用 *EL* 优先原则的测量路径规划。

对图 3-27 中的分区划分按照 *EL* 优先原则的测量路径进行规划，如图 3-28 所示。这样可以保证全站仪在测量时需要转动的角度最小，测量效率最高。

当抛物面靠近反射面中心时，测量路径规划如图 3-29 所示。

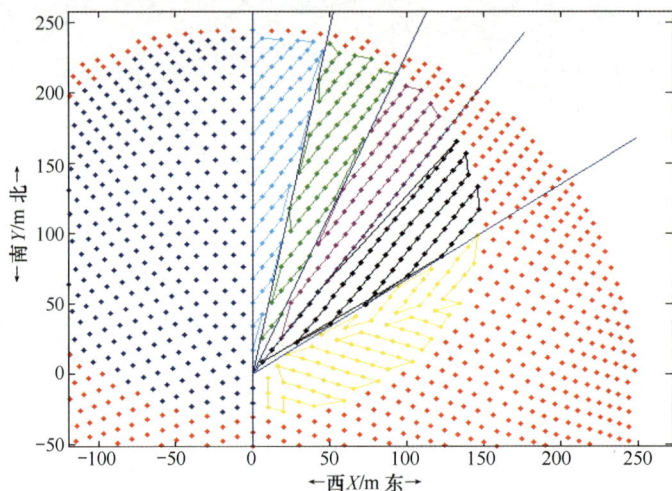

图 3-28　抛物面在反射面边缘时按照 *EL* 优先原则的节点测量路径规划

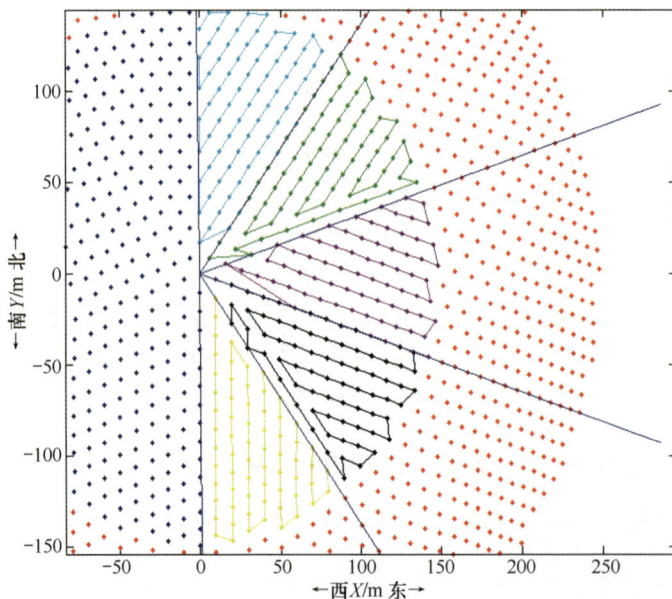

图 3-29　抛物面靠近反射面中心时按照 *EL* 优先原则的节点测量路径规划

有时希望在较短时间内得到抛物面的整体面形，因此反射面测量系统还具有快速扫描功能。

该功能就是对抛物面内的待测节点以一定规律进行采样，采样点虽然不能反映所有节点的运行位置，但可以反映抛物面的整体面形，从整体对望远镜运行情况进行评估。

从反射面节点的分布可以看出，节点可由众多菱形结构组成，如图3-30所示。

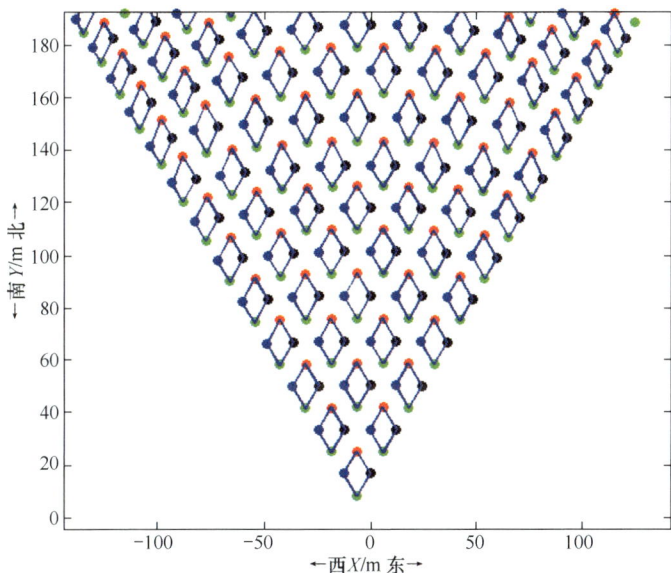

图 3-30　节点分布的菱形结构

每个菱形有 4 个顶点，分别使用绿色、蓝色、黑色和红色表示。如果一次仅选择一种颜色的节点测量，则测量点不仅均匀分布在抛物面内，而且点数也减少到了原来的约 1/4（由于分布结构的原因，不可能是严格的 1/4）。在标准测量模式下，可以使用快速扫描功能处理，仅需要花费正常测量时间的约 1/4 即可得到抛物面的大致面形。

经过设计、研发和建造，反射面测量系统完成后，在望远镜测量的实际运行中，性能测试结果如下：在系统的精密测量模式下，全站仪采用精密测距模式，系统测量精度小于 1.5mm，整网节点测量时间为 37min。在系

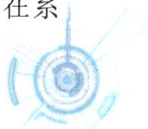

统的标准测量模式下,全站仪采用标准测距模式,系统测量精度小于 1.7mm,抛物面节点测量时间为 9min。使用快速扫描功能,不到 3 分钟就可得到抛物面的整体面形。

5. 软硬件实施

FAST 反射面测量系统总体架构如图 3-31 所示,主要由 3 层组成。

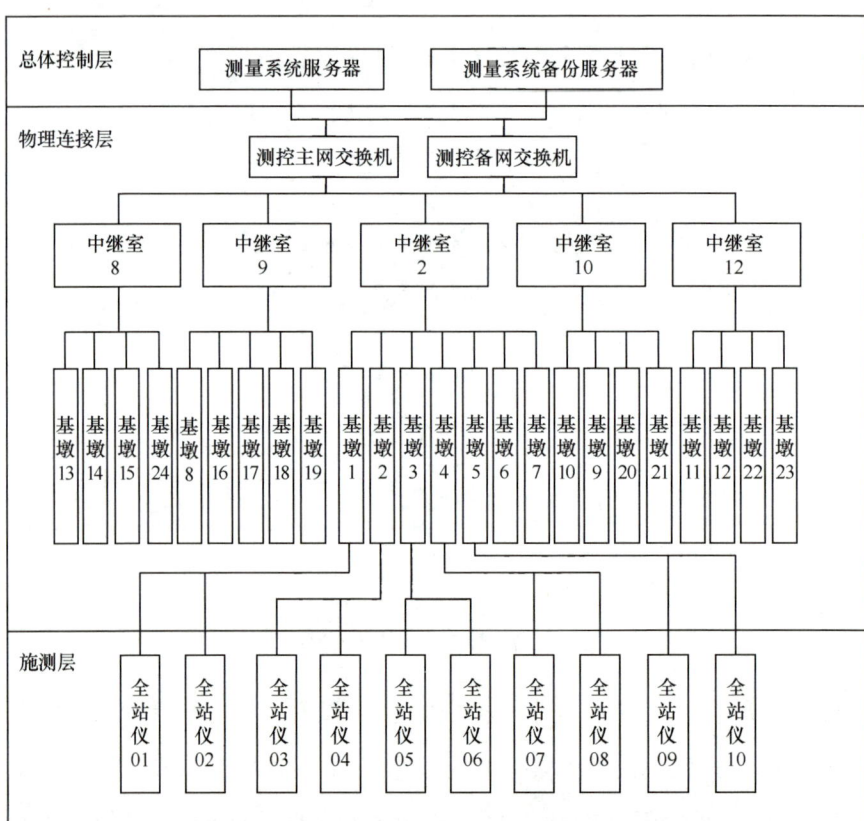

图 3-31 FAST 反射面测量系统总体架构

总体控制层:位于 FAST 望远镜中央控制室内,由测量系统服务器和相应的测量及控制软件组成,负责与总控系统和反射面控制系统的通信、时间基准的统一、观测计划的解析、总体数据的解算、测量任务的分配、测量仪器远程控制、系统故障诊断与处理、数据处理与上传等工作。

物理连接层：由以太网交换机（测控网）、中继室内的光电转换器、基墩屏蔽箱内的稳压电源以及相应电缆、光缆组成，负责总体控制层与施测层的通信连接、电路控制等工作。

施测层：由 10 台高精度全站仪组成，分别安装在反射面中心区域的 5 个测量基墩上，通过物理连接层与总体控制层相连，负责对反射面 2225 个节点上的棱镜靶标实施测量并上传数据。

总体控制层使用两台服务器，其中一台作为热备份。在主服务器发生故障时可以直接在线接替主服务器工作，避免服务器故障对整个望远镜观测过程产生影响。主、备服务器都和主、备交换机相连接，在一台交换机发生故障时不影响整体数据上传与下发。

反射面测量系统的工作状态分为等待、运行、故障、调试这 4 种。各个状态的进入和退出条件如下。

① 系统初始化完成、观测任务结束、故障处理完成后进入等待状态。

② 有观测任务 / 标定任务开始后进入运行状态，运行状态又细分为 2 种工作模式：精密测量和标准测量。

③ 系统初始化过程中出现全站仪联机失败、与总控系统 / 反射面控制系统通信接口检查失败、网络通信中断情况时进入故障状态；在运行状态下如果出现大量设备发生故障或大量节点测量失败，则自动进入故障状态；在运行状态下如果遇到紧急情况，可人工操作系统紧急停止观测或标定，然后进入故障状态。进入故障状态后，需要上报总控、收回控制权，进而进行系统调试。

④ 系统处于等待状态或故障状态后，可以人工切换到调试状态，对故障节点或待调试节点进行调试，查找和排除问题，在所有故障自动或人工处理完毕后，可以切换到等待状态。运行状态总控系统收取系统控制权，不能手动切换到调试状态，可人工操作系统紧急停止后进入故障状态，进而切换到调试状态。

FAST 反射面测量系统软件界面如图 3-32 所示。

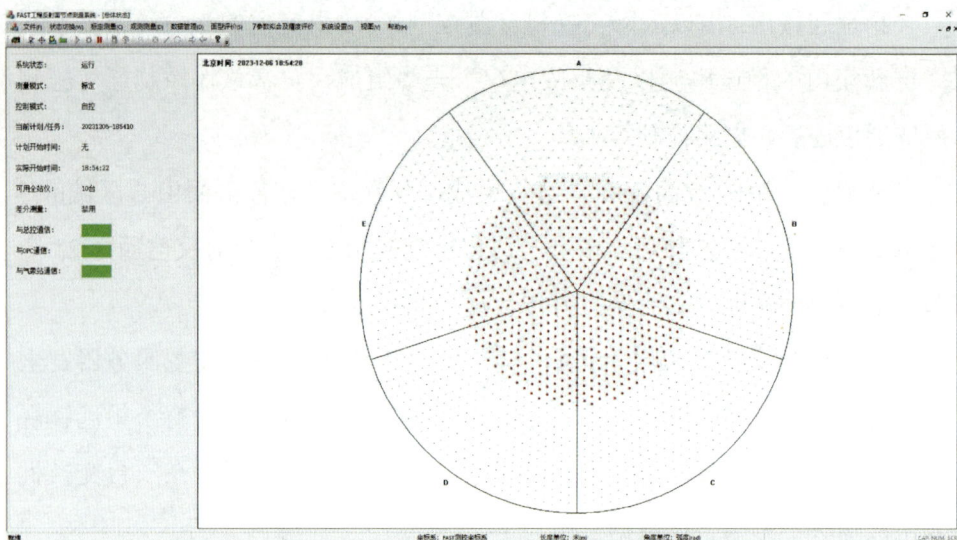

图 3-32　FAST 反射面测量系统软件界面

3.1.4　关键技术

　　测量的误差主要有几种：仪器误差、环境误差、测量方法误差、人员操作误差等。在贵州喀斯特地貌的野外环境下，气温、气压、空气湿度以及大气折射等因素的不断变化是 FAST 反射面测量误差的主要来源。因此，如何尽可能地修正误差是反射面测量系统准确与否的关键。

　　反射面测量系统有两大关键技术，分别是测量数据差分方法的研究和测站设站时 7 参数法坐标系的统一。一个用于修正单台测站所产生的测量误差，另一个用于修正多台测站所产生的系统误差。

1. 差分处理

　　目前，环境对远距离野外测量精度的影响仍是一个无法解决的问题。在全站仪远距离测量过程中，由于外界气象变化和地表植被覆盖等环境差异，全站仪的观测路径中的大气密度并不完全一致，即大气折射率存在差异，从而影响测距精度；同时空气密度的变化引起垂直折射和水平折射，给全站仪的角度测量带来误差。

　　FAST 团队曾在 FAST 现场做过一个月的断续监测实验来评估环境对测量精度的影响。被监测靶标的测量角度及测量距离随时间变化的曲线如图 3-33 所示。可以看出，监测期间测量数据有非常大的波动，测量距离的峰峰值达到 17mm，测量水平角和垂直角的峰峰值分别达到 17.1″和 24.1″。这表明环境对测量精度有相当大的影响。

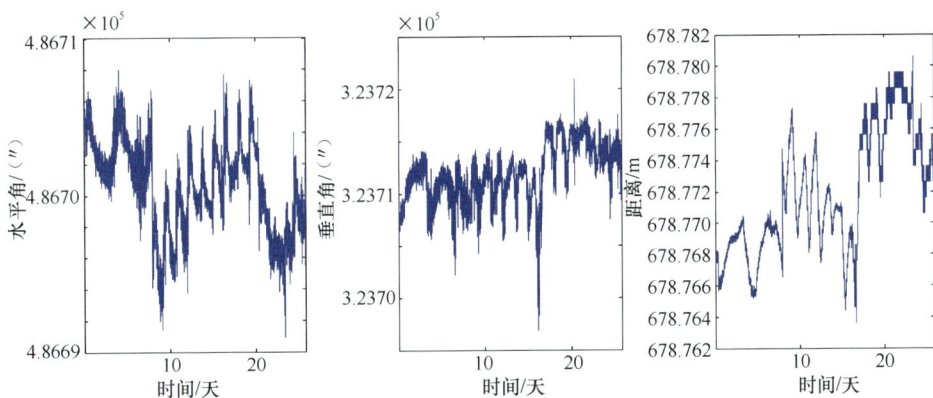

图 3-33　被监测靶标测量水平角、垂直角和测量距离随时间变化的曲线

　　距离误差主要来源于大气折射。目前对大气折射的研究主要集中在大地测量等大尺度测量应用领域中，相应地把大气处理成连续折射率变化的球壳分层模型，在高度角较大的天顶距方向可以实现较高精度的改正。学术界有几个公认的通用方法〔如 PIF（Pseudo-Invariant Features）、RCS（Radio-metric Control Set）、COST（Cosine of Solar Zenith Angle）和 6S（Second Simulation of the Satellite Signal in the Solar Spectrum）〕可以有效地消除大气折射误差带来的影响，这些方法也被广泛地应用在各类测量工程中。

　　除了距离误差，大气折射也会带来角度误差。在监测实验中，24.1″的角度误差将会在 200m 尺度上带来约 28.62mm 的偏移量。然而，目前国际上还没有一个合适的经验公式可以修正这个误差。

　　由于 FAST 反射面控制节点的可调方向都为反射面的径向方向，因此我们特别关注节点在径向方向上的位置误差，这需要非常高的测角精度。

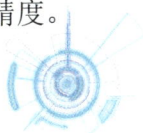

然而，FAST 反射面测量所使用的 TS60 全站仪的 ATR 测角精度随距离的增加而下降，但测距精度比较稳定。

因此，在 FAST 反射面测量系统中，修正测角精度是一个需要解决的关键问题。

在 GPS 测量中，常会用到一种差分修正方法来修正三维坐标。受此启发，我们提出了多基准联合差分算法应用在 FAST 测量项目上，以此解决测角精度受环境影响过大的问题。通过数次实验及计算，该方法被证明可以有效减少大气扰动造成的测角误差，处理后的测量数据精度比未使用该方法时的测量数据精度提高了 70% ～ 80%。

（1）差分修正方法

我们对 FAST 现场 24 个基墩做过一年的变形监测，一年中它们的变形小于 1mm。所以这些基墩被认为是非常稳定、可靠的。另外，基墩分散分布在反射面内部，每个靶标附近都能找到与之大气条件类似的基墩。因此，基于上述原因，我们认为基墩可以作为 FAST 反射面测量系统中的差分基准点。

① 差分通用算法

常见的差分通用算法如下：预先设置一个基准点的测量真值 B，在测量的任意时刻得到这个基准点的实时测量值 BR 和所有被测靶标点的实时测量值 TR。通过计算基准点的真值 B 和实时测量值 BR 的比例差分改正系数，我们可以得到被测点的差分改正值。

差分改正系数是

$$d_0 = \frac{BR - B}{BR} = 1 - \frac{B}{BR} \qquad (3\text{-}1)$$

因此被测点的修正值为

$$TB_0 = TR - TR \cdot d_0 = TR \cdot (1 - d_0) = \frac{TR \cdot B}{BR} \qquad (3\text{-}2)$$

从式（3-2）可看出，当 $TR/BR=1$ 时，被测点误差的 RMS 值将等于 0。这表明基准点和被测靶标点的动态测量曲线越相似，差分修正的效果越好。

因此选择基准点时应优先考虑大气环境与被测靶标点大气环境近似的基墩。

② 多基准联合差分算法

基于以上算法，我们提出了多基准联合差分算法。

考虑将多基准在差分中平均分配，差分改正系数是

$$d_{\mathrm{b}} = \frac{1}{N} \sum_{i=1}^{N} \frac{BR_i - B_i}{BR_i} \tag{3-3}$$

式中 B_i 是每个基准的测量真值，$i=1, 2, 3, \cdots, N$。BR_i 是每个基准的实时测量值，$i=1, 2, 3, \cdots, N$。

被测点的差分修正值是

$$TB_{\mathrm{b}} = TR - TR \cdot d_{\mathrm{b}} = TR \cdot (1 - d_{\mathrm{b}}) = TR \cdot \left(1 - \frac{1}{N} \sum_{i=1}^{N} \frac{BR_i - B_i}{BR_i}\right) \tag{3-4}$$

式中 TR 是被测靶标的实时测量值。

③ 有权重的多基准差分算法

考虑每个基准都分配有不同的权重，差分改正系数为

$$d_{\mathrm{w}} = \sum_{i=1}^{N} \left(\frac{BR_i - B_i}{BR_i} \cdot \rho_i\right) \tag{3-5}$$

式中 ρ_i 是每个基准点的权重系数，$i=1, 2, 3, \cdots, N$。权重系数的总和为 1。

相应地，被测靶标的差分修正值是

$$TB_{\mathrm{w}} = TR - TR \cdot d_{\mathrm{w}} = TR \cdot (1 - d_{\mathrm{w}}) = TR \cdot \left(1 - \sum_{i=1}^{N} \frac{BR_i - B_i}{BR_i} \cdot \rho_i\right) \tag{3-6}$$

在 FAST 反射面测量中，具体的基准数量和各自的权重系数将由实验确定。

④ 水平角的测量数据处理

全站仪上传的原始测量数据包含 3 个观察量：距离、水平角和垂直角。其中距离和垂直角的误差大小与大气扰动强弱都有强相关性，而水平角的误差大小与大气扰动强弱无强相关性，从已获得的实验结果来看，水平角误差变化与丅温的波动比较一致。因此距离和垂直角数据都能使用上述的比例差分处理方法，但是水平角并不适用。我们使用直接偏移修正的方法

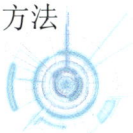

处理水平角的测量数据。

对单基准来说，预先设置一个基准的水平角测量真值 BH。在测量的任意时刻得到这个基准点的实时测量值 BRH 和所有被测靶标点的实时测量值 TRH。偏移修正系数为

$$c_0 = BRH - BH \tag{3-7}$$

被测靶标的水平角修正值为

$$TBH_0 = TRH - c_0 = TRH - BRH - BH \tag{3-8}$$

对分配权重的多基准来说，偏移修正系数是 ρ_i

$$c_{\mathrm{w}} = \sum_{i=1}^{N} (BRH_i - BH_i) \cdot \rho_i \tag{3-9}$$

式中 BH_i 是每个基准的水平角测量真值，i=1, 2, 3, …, N。BRH_i 是每个基准的实时水平角测量值，i=1, 2, 3, …, N。ρ_i 是每个基准的权重系数，i=1, 2, 3, …, N。权重系数的和为 1。

此时被测靶标的水平角修正值为

$$TBH_{\mathrm{w}} = TRH - c_{\mathrm{w}} = TRH - \sum_{i=1}^{N} (BRH_i - BH_i) \cdot \rho_i \tag{3-10}$$

（2）实验结果

在 FAST 工程现场，我们做过两次实验来验证上述算法。在实验计算中，使用测量平均值作为测量真值。基墩 1 ～基墩 24 使用 JD1 ～ JD24 表示。

① 基础实验

基础实验连续做了近两天，共持续 47h。在实验中，全站仪作为测站，放置在 JD4 上。7 个靶标分别放置在 JD6、JD7、JD9、JD10、JD18、JD20、JD21 上（见图 3-34）。全站仪使用 ATR 模式对靶标进行周期循环测量，对每个靶标每次重复测量 5 次。7 个靶标的测量周期约为 200s。

基础差分修正算法有效性分析如下。

将其中一个基墩设为差分基准，其余 6 个基墩上的靶标使用式（3-1）和式（3-2）对距离和垂直角进行差分修正计算，使用式（3-7）和式（3-8）对水平角进行偏移修正计算。

将每一个基墩都作为基准进行计算后，被测靶标的距离、垂直角和水平角 RMS 值的变化如图 3-35 所示，这 3 个观测量的测量精度都得到了显著提高，距离、垂直角和水平角的精度分别平均提高了 57%、38% 和 58%。从图 3-33 中能看出，基准对差分修正的效果不稳定，尤其是垂直角的离散程度很高。增加基准数量可以有效提高差分的稳定性。

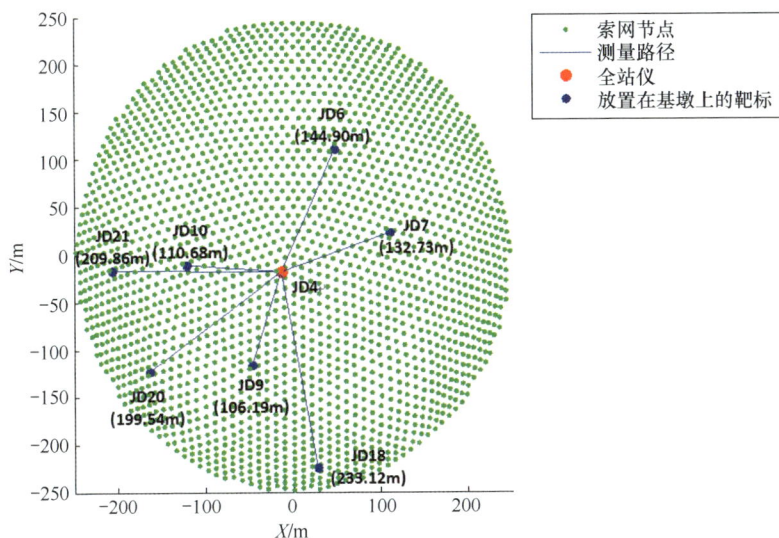

图 3-34　基础实验的布设

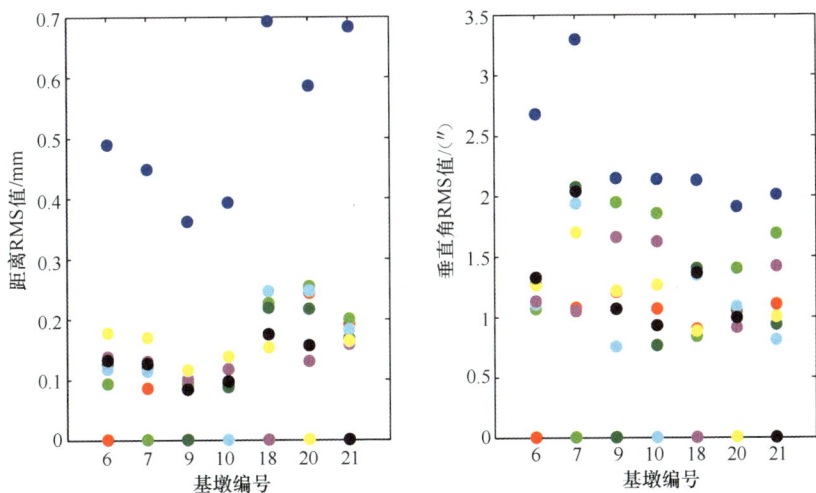

图 3-35　距离、垂直角和水平角 RMS 值的变化

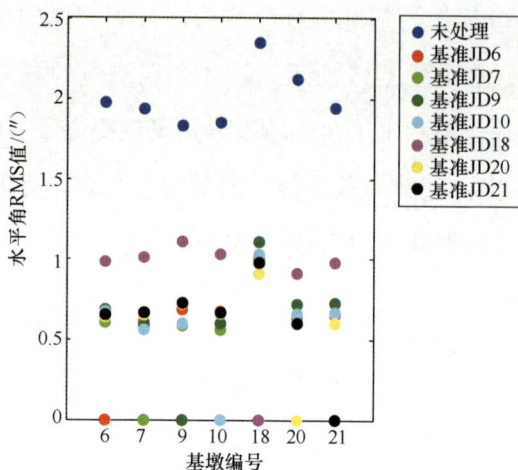

图 3-35　距离、垂直角和水平角 RMS 值的变化（续）

对其中一个靶标进行观察（如 JD10），将距离 r、垂直角 θ 和水平角 φ 数据代入直角坐标系下，得到

$$
\begin{cases}
x = r \cdot \sin\theta \cdot \cos\varphi \\
y = r \cdot \sin\theta \cdot \sin\varphi \\
z = r \cdot \cos\theta
\end{cases}
\tag{3-11}
$$

JD10 的坐标 X、Y、Z 在数据修正前后的时间曲线如图 3-36 所示。通过修正，三方位曲线都显著地趋于平稳。

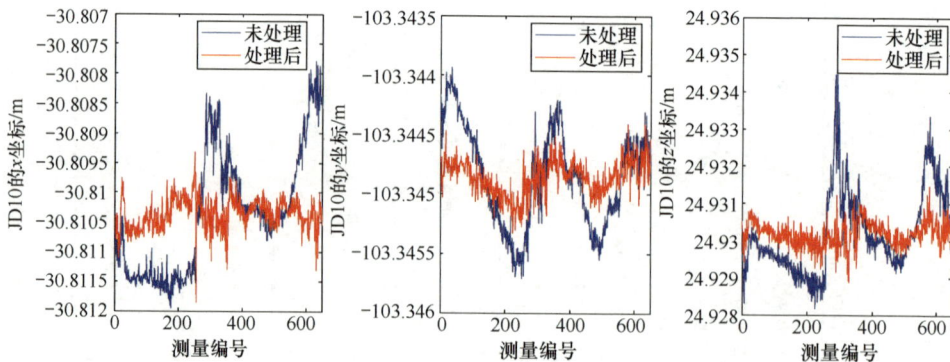

图 3-36　JD10 的坐标 X、Y、Z 在数据修正前后的时间曲线

多基准联合差分算法的有效性如下。

根据式（3-3）和式（3-4），计算每个靶标在不同基准组合下的测量数据修正值 RMS。表 3-3 所示是以 JD10 为例的差分修正值 RMS。

表 3-3　不同基准组合下 JD10 的差分修正值 RMS

初始值 /mm	JD6/mm	JD6、JD9/mm	JD6、JD9、JD21/mm
0.90	0.39	0.27	0.25

多基准联合差分明显对进一步提高差分精度是有效的。与单基准差分相比，多基准联合差分可将精度从 56% 提升至 73%。

② 多基准联合差分修正实验

为了进一步探索多基准联合差分算法和它在 FAST 工程中的应用，我们又进行了一个跨越 10 天、有效采集时间为 53h 的实验。实验的测量模式与基础实验相同。全站仪架设在 JD4 上，9 个靶标分别安装在 JD7、JD8、JD9、JD10、JD17、JD18、JD19、JD20 和 JD21 上（见图 3-37）。

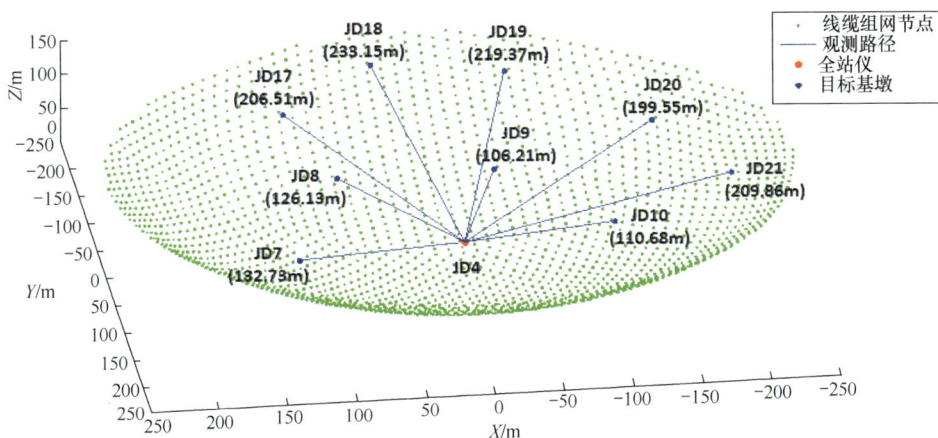

图 3-37　多基准差分实验的布设

多基准数量的选择如下。

因为边缘的靶标没有足够数量的与其大气条件相近的基墩，因此这里考察中圈 4 个靶标中的中间 2 个，以及外圈 5 个靶标中的中间 3 个的精度变化情况。使用式（3-5）、式（3-6）、式（3-9）和式（3-10）计算不同数量基准情况下这 5 个靶标的坐标值 RMS。基准数量对差分精度的影响如图 3-38 所示。

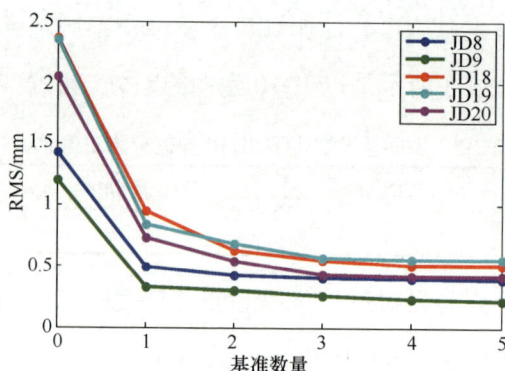

图 3-38　基准数量对差分精度的影响

从精度和效率两方面考虑，我们在 FAST 反射面测量系统设计中选择三基准差分方案。

差分基准的选择和它们的权重分配如下。

如差分通用算法中所提到的，与被测点有相同大气条件的基墩会被优先选择，对实验数据的分析、计算也证明了这个观点。在 FAST 反射面中，与靶标距离最近且高程相似的基墩最符合条件。所以我们在与被测靶标高程接近的基墩圈里选择与之最接近的两个基墩作为它的基准 P1 和基准 P2。

还有一个基准 P3 将在与 P1 和 P2 相邻的一个基墩圈中选择。通过大量实验数据计算，我们发现这个基准的差分效率与被测靶标间的距离和水平角均无明显相关性。因此，结合反射面测量系统的实际设计方案，我们选择与被测点水平角夹角最小的邻圈基墩作为基准 P3。

大量的计算表明，P1、P2 和 P3 的权重系数为 40% : 40% : 20% 时，差分修正效果最优。用此权重系数计算的差分修正结果如表 3-4 所示。在使用该基准及权重分配方法之后，测量数据精度提高率平均为 77.4%。

表 3-4　使用权重系数计算的差分修正结果

靶标	初始值 RMS/mm	修正值 RMS/mm	精度提高率	基准（40% : 40% : 20%）
JD8	1.43	0.39	73%	JD7、JD9、JD17
JD9	1.21	0.24	80%	JD8、JD10、JD19

续表

靶标	初始值 RMS/mm	修正值 RMS/mm	精度提高率	基准（40%：40%：20%）
JD18	2.37	0.52	78%	JD17、JD19、JD8
JD19	2.35	0.56	76%	JD18、JD20、JD9
JD20	2.05	0.41	80%	JD19、JD21、JD9

　　如基础差分修正分析中所提到的，多基准差分可以显著提高垂直角差分修正的稳定性。将本次实验中的垂直角数据分别用差分通用算法和前文所提出的多基准联合差分算法做差分修正处理，结果如图 3-39 所示。多基准差分方法可以系统地提高测量数据精度，不只是精度提高了，差分的稳定性也增强了。

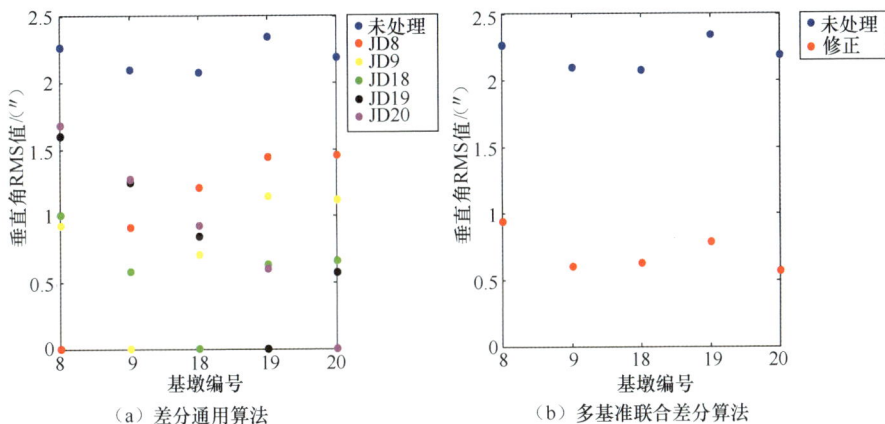

图 3-39　使用差分通用算法和多基准联合差分算法对垂直角做差分修正的比较

（3）差分方法在反射面测量系统中的应用

　　经过实验证实，多基准差分方法可以有效应用在 FAST 反射面测量中。我们在反射面测量系统中设计了一个差分应用方案。

　　将所有靶标在水平方向上划分成 3 个圆环：外环、中环和内环。根据基墩的位置，设定外环和中环的边界是以反射面中点为圆心、半径为 167m 的圆。中环和内环的边界是以反射面中点为圆心、半径为 80m 的圆。内环之中不再划分，实为一个半径为 80m 的圆。划分出的差分基准选择示意图如图 3-40 所示。

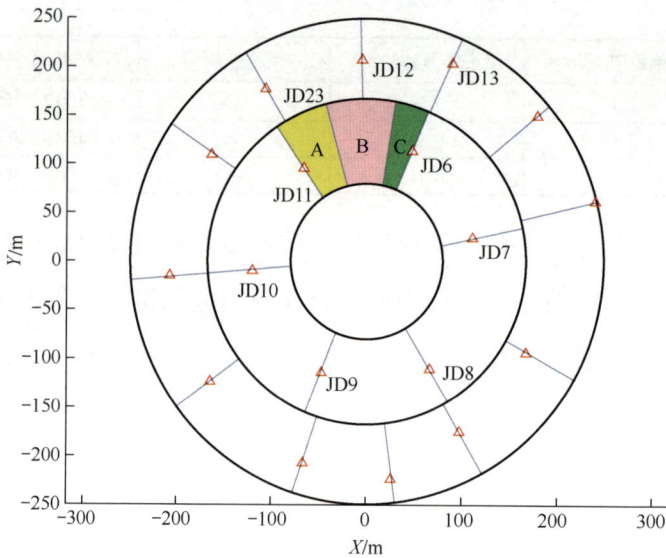

图 3-40 差分基准选择示意图

内环中的靶标由于距离 10 台全站仪很近，气象条件与测站非常相似，不需要进行差分数据处理。

对于中环内的靶标来说，选择中圈基墩上与之距离最近的两个基墩作为 40% 权重的差分基准；选择外圈基墩上与之水平角夹角最小的基墩作为 20% 权重的差分基准。

对于外环内的靶标来说，选择外圈基墩上与之距离最近的两个基墩作为 40% 权重的差分基准；选择中圈基墩上与之水平角夹角最小的基墩作为 20% 权重的差分基准。

例如，在图 3-40 中，A、B 和 C 区域中的靶标皆选择 JD11 和 JD6 作为 40% 权重的差分基准。与此同时，它们还分别选择 JD23、JD12 和 JD13 作为 20% 权重的差分基准。

经过实验验证，测量数据差分方法对提高测量数据精度是有效的。而且前文提出的多基准差分方法具有高稳定性和高可靠性，且相比差分通用算法能更进一步提高精度。

2．测站坐标系统一

反射面测量采用 10 台全站仪协作完成球面 2225 个节点和抛物面内约 700 个节点的测量。虽然对每台全站仪进行了精确设置，但是由于设备内部轴系误差和大气环境对测距及测角的误差影响，10 台全站仪的测量一致性较差，也就是坐标系未统一，测同一个目标时不一致性达到 2 ～ 3mm。为了补偿坐标系不统一带来的测量误差，我们建立了由平移、旋转和尺度因子组成的 7 参数模型。

具体实现时，在反射面测量前，以前期建设的点位精度小于 1mm 的 24 个测量基墩为控制点。所有全站仪对控制点进行测量，对获得的测量数据进行计算得出每台仪器的 7 参数补偿量，消除并且统一各设备误差，使多台测量设备获得统一的测量结果，如图 3-41 所示。

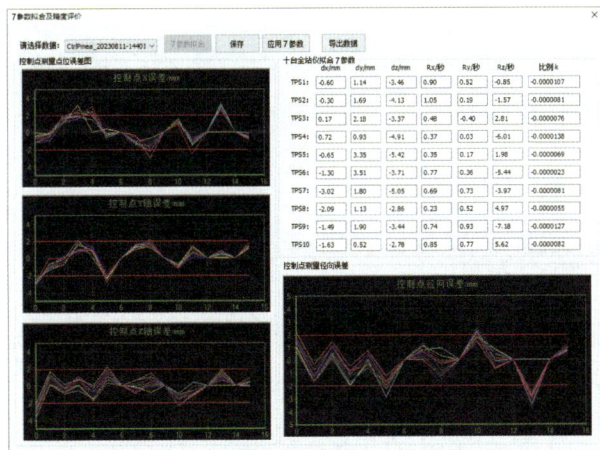

图 3-41　全站仪 7 参数补偿结果

经过 7 参数补偿后，10 台全站仪测量一致性达到 0.2mm，与控制点坐标对比，测量绝对精度达到 0.8mm。

| 3.2　馈源支撑测量系统 |

馈源支撑测量系统采集全站仪、GNSS 和惯性导航系统（Inertial

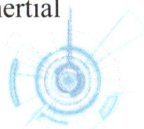

Navigation System，INS）信息，通过 GNSS 与 INS 融合测量和全站仪与 INS 融合测量分别解算馈源一次支撑索系和二次精调平台位姿，按照测量精度以一定优先级向馈源支撑控制系统反馈其状态和测量数据。馈源支撑测量系统输入输出结构如图 3-42 所示。

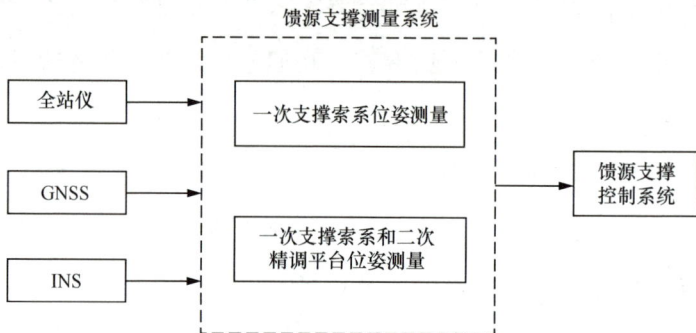

图 3-42　馈源支撑测量系统输入输出结构

与传统测量方式相比，多系统融合的馈源支撑测量系统具有以下先进性：① 高精度惯性位置基准；② 高精度时间同步体系；③ 全站仪全域气象实时改正；④ 多冗余智能切换；⑤ 多传感器完备性监测。

3.2.1　测量需求分析

在馈源支撑系统设计中，首先采用索支撑结构，在 206m 口径的焦面球冠上拖动馈源舱星形框架运动，实现馈源系统的粗定位，要求其控制误差≤ 48mm，分配给测量的误差≤ 20mm。同时采用 AB 转轴机构对馈源系统的指向进行粗调，保证馈源指向误差≤ 1°，分配给测量的误差为≤ 0.5°。

在粗调的基础上，馈源舱采用二次精调平台的设计方案：利用 AB 转轴机构和斯图尔特平台实现对馈源位置和姿态的精确补偿控制。要求馈源定位误差≤ 10mm；要求姿态控制误差≤ 0.5°。在此基础上，确定馈源支撑测量系统的精度指标如表 3-5 所示。

表 3-5　馈源支撑测量系统的精度指标

结构	测量设备	位置精度 /mm	姿态精度 /（°）	采样率 /Hz
一次支撑索系	GNSS+IMU	15	0.1	10 ～ 400
二次精调平台	全站仪 +IMU	3	0.1	10 ～ 400

3.2.2　误差来源

在馈源支撑测量系统中，误差来源主要有测量设备自身误差、观测目标相关误差和观测路径相关误差。

1．测量设备自身误差

设备自身的测量误差一般采用设备自身标称精度来度量，误差特性视具体测量设备而定。馈源支撑测量系统中采用 GNSS、全站仪动态测量技术和 IMU 测量技术。全站仪动态测量中采用激光测距技术和编码测角技术来实现跟踪目标距离和角度信息的测量，测量精度高，但测量效率有限，实时性不够强，不能精确确定测量时刻。IMU 测量技术采用自主的惯性测量方法实现，实时性强，动态性高，能够及时、敏感地观测载体的状态变化，但存在系统偏移误差和随机游走误差。各测量设备的标称误差如表 3-6 所示。

表 3-6　各测量设备的标称误差

测量设备	设备误差	技术指标
IMU	陀螺漂移	$0.01°/h$
	陀螺随机游走	$0.001°/h^{1/2}$
	加计零偏	$1\times10^{-4}g$
GNSS	位置误差（水平）	15mm（1σ）
	位置误差（速度）	20mm（1σ）
	速度误差（水平）	0.005m/s（1σ）
	速度误差（垂直）	0.1m/s
全站仪	位置误差	5mm（1σ）
	时延	100ms

2．观测目标相关误差

观测目标安装在馈源舱和二次精调平台上，安装的平台包含约 13m 尺度的星形框架，以及 5m 尺度的二次精调平台。这些框架和机构之间存在温度变形、自重变形和隙动误差等，这使得合作目标之间的相对位置关系发生变化。这些误差会被带入最终的反馈位置和姿态中。

3．观测路径相关误差

馈源支撑测量系统应用于野外测量环境，观测路径相关误差是主要误差来源之一。其中包括大气环境干扰带来的测量误差，尤其是雨雾等恶劣天气带来的影响，这些野外环境甚至会影响设备自身的测量性能。

3.2.3　馈源支撑测量总体方案

1．硬件连接

馈源支撑测量系统硬件连接如图 3-43 所示。

主控室：主要硬件设备有馈源支撑测量服务器（主、备测量服务器各 1 台），安装了馈源支撑测量客户端软件，负责与总控系统和馈源支撑控制系统的通信、时间基准统一、观测计划解析、测量设备通信与控制、系统故障诊断、全站仪时间同步与气象补偿、测量结果转发、测量结果汇总等工作。有 1 台组合信息处理单元（POS Computer System，PCS），负责对二次精调平台位姿的组合解算，转发一次支撑索系的 INS+GNSS 测量结果以及各传感器原始测量结果。NTP 服务器 1 台，负责时间同步。测控环网交换机 2 台。

中继室：安装以太网交换机（主、备测控环网交换机各 1 台）、串口服务器、光纤串口模块以及相应电缆、光缆等，负责总体控制层与基墩或者馈源舱的通信连接、电路控制等工作。

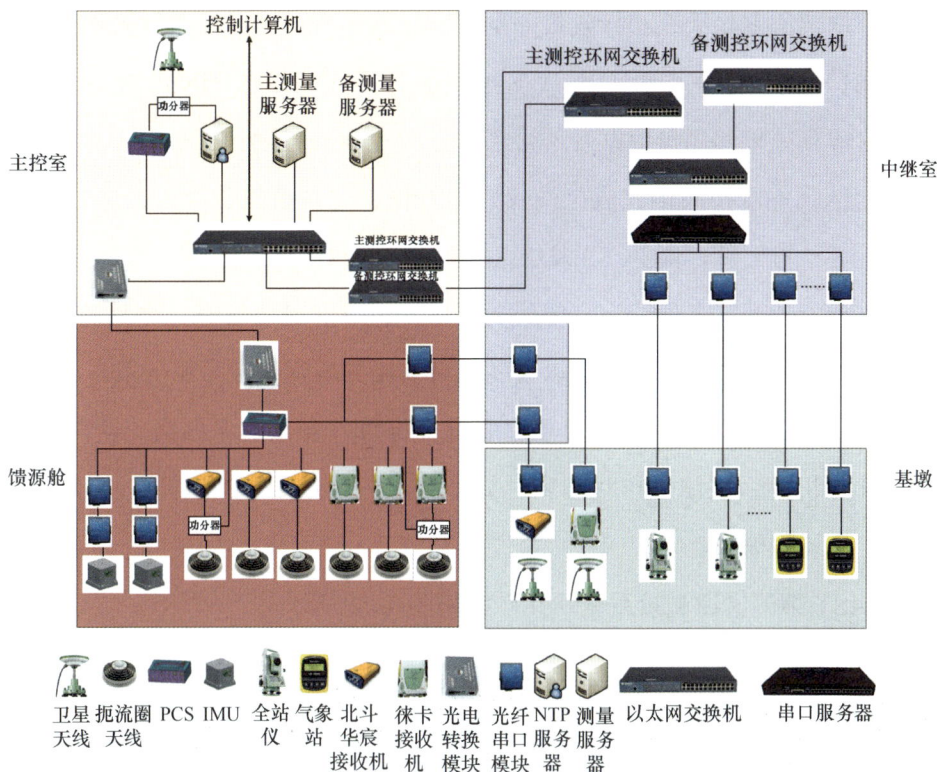

图 3-43 馈源支撑测量系统硬件连接

馈源舱：舱内安装 2 套 IMU（带有整流模块，220V AC 转 28V DC），分别测量一次支撑索系位姿和二次精调平台位姿的速度增量和角增量信息。一次支撑索系位姿测量平台外框架安装 6 个扼流圈天线，负责接收卫星信号。馈源舱屏蔽隔间内安装 1 台 PCS 和 6 台卫星接收机（北斗华宸接收机＋徕卡接收机），负责 INS+GNSS 组合解算。

基墩：安装 2 台全站仪，分别负责测量一次支撑索系和二次精调平台位姿。安装 2 台气象站，负责气象信息采集、用于全站仪测量数据的气象改正。安装 1 台徕卡接收机和 1 台北斗华宸接收机，负责提供载波相位功能。

2．测量流程

当系统进入测量状态后，安装在馈源舱上、下平台的 IMU 与安装在上

平台外框架的卫星天线和接收机分别将测量数据发送给馈源舱内的PCS（称为PCS1）。在PCS1中针对一次支撑索系位姿进行INS+GNSS组合解算，之后将解算结果和测量数据发送给总控室内的PCS（称为PCS2）。

测量服务器按周期完成全站仪时滞补偿、全站仪气象补偿、全站仪组网测量等计算任务，向PCS2发送全站仪测量结果。

PCS2对二次精调平台位姿进行INS+全站仪组合解算，之后将INS、卫星等传感器状态和测量数据以及各级解算结果发送给测量服务器。

测量服务器对一次支撑索系位姿进行推算，判别测量等级，并向整体控制计算机发送系统工作状态和解算结果，向用户显示馈源舱位姿信息和系统工作状态信息。

FAST馈源支撑测量系统软件界面如图3-44所示。

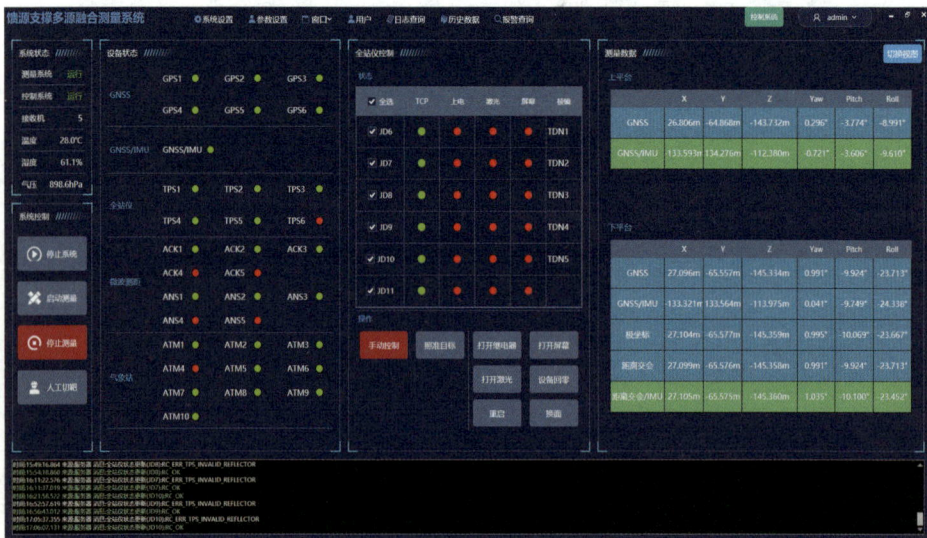

图3-44　FAST馈源支撑测量系统软件界面

3.2.4　一次支撑索系位姿测量系统

GNSS/IMU融合处理作为一次支撑索系和二次精调平台的应急测量方

案，主要完成对 FAST 馈源舱星形框架的位姿测量，在天气状况恶劣、全站仪不能正常工作的情况下，为馈源控制系统提供实时的位姿测量信息。

1．GNSS 测量系统

一次支撑索系的 GNSS 测量系统是由基准站和流动站组成的实时动态定位（Real-Time Kinematic，RTK）测量方案。为提高系统的可靠性，采用双基准站方案，基准站安装在视野开阔的洼地外围测量基准点上，6 台流动站安装在馈源舱内，具体如下。

2 台基准站安装在 JD24 的强制对中盘上，25 个基墩位置分布如图 3-45 所示。接收机进行专门的电磁屏蔽与 IP55 防护处理，屏蔽效能达到 90dB。供电系统使用基墩配电箱中的 15V 稳压电源，载波数据经光电转换设备转换为光信号后，由光缆传至馈源舱中的 PCS1。

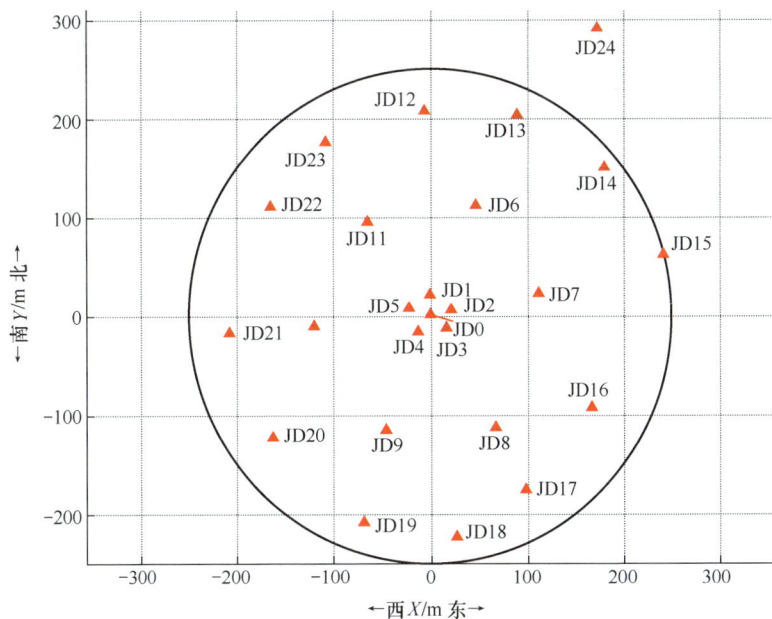

图 3-45　25 个基墩位置分布

GNSS 流动站天线通过强制对中盘安装在馈源舱星形框架顶端的 6 个支撑圆管内，用螺栓固定，接收机安装在馈源舱内部并做屏蔽处理。6 台接收

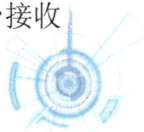

机同时工作，连续接收 GNSS 信号，并将获得的测量数据实时传输至 PCS1。

GNSS 接收机具有较高的可靠性，无惧恶劣天气的影响，可以保证望远镜基本正常运行。GNSS 接收机采用徕卡接收机（GS10）和北斗华宸接收机（HC-5）（见图 3-46），基准站与流动站接收机数量如表 3-7 所示。

图 3-46　徕卡接收机（左）和北斗华宸接收机（右）

表 3-7　基准站与流动站接收机数量

测站类型	徕卡 GS10 接收机 / 台	北斗华宸 HC-5 接收机 / 台
基准站	1	1
流动站	3	3

2．GNSS/IMU 融合测量系统

（1）IMU

FAST 选用的 IMU 含 3 个闭环光纤陀螺仪、3 个挠性加速度计和惯性传感器信号处理板，组成三轴光纤姿态测量设备。其中，陀螺仪选用中航捷锐（北京）光电技术有限公司自主设计的 F98 型单轴闭环光纤陀螺仪，加速度计选用中航工业西安飞行自动控制研究所自主设计的 5308A 单晶硅挠性加速度计，惯性传感器信号处理板以 400Hz 频率采集光纤陀螺仪及加速度计信号，保证信息的实时性。IMU 的外形如图 3-47 所示，一次支撑索系位姿测量的 IMU（称为 IMU1）安装在馈源舱屏蔽隔间内。

（2）融合处理

GNSS 及 IMU 的数据融合处理由组合信息处理单元来完成。FAST 选用的组合信息处理单元采用模块化设计，包含信号输入输出适配组件、二次电源组件（含滤波）、位姿解算计算机组件、RTK 计算机组件和卫星接收机组件（617D）等主要模块。PCS 模块化构成如图 3-48 所示。

图 3-47　IMU 的外形

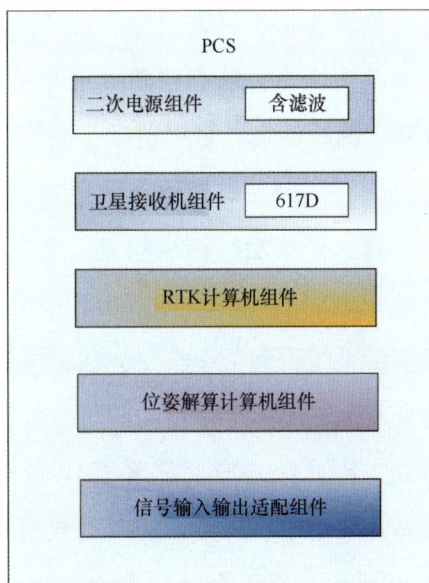

图 3-48　PCS 模块化构成

一次支撑索系测量融合所用的 PCS（称为 PCS1）安装在馈源舱屏蔽隔间里。PCS1 负责接收 GNSS 接收机卫星数据，并进行 RTK 解算、惯性解算和 GNSS 组合滤波，完成一次支撑索系测量计算输出，将 IMU2 发出的惯性数据与 GNSS 信号进行时间同步，然后将同步好的用于二次精调平台的惯性数据发给 PCS2（测量二次精调平台位姿使用的 PCS）。

3.2.5　二次精调平台位姿测量系统

全站仪测量精度高，但是具有存在测量时滞、采样率较低且易变化等缺点，因此测量二次精调平台位姿采用全站仪 /IMU 融合处理，处理后测量位置精度小于 3mm，姿态精度小于 0.1°，采样率大于 10Hz。

1.　全站仪测量系统

全站仪测量系统主要由 6 台高精度全站仪、6 个测量靶标以及测量系

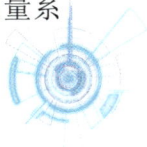

统软件组成。6 台高精度全站仪分别跟踪下平台上安装的 6 个靶标，使用定制开发的全站仪机载程序，接收测量系统软件的控制指令，获取实时动态测量的距离和角度数据。FAST 选用的全站仪为 6 台徕卡 TS60 全站仪。

全站仪测量定位可采用交会法（又分为角度交会法和边长交会法）和极坐标法。角度交会法利用角度观测量来定位，全站仪在几十米范围内测角精度高于测距精度，采用角度交会法可获得更高的测量精度；采用边长交会法，只需要测距信息，测量中至少需要 3 台全站仪的测距信息才可解算观测点坐标。采用极坐标法测量，测量快速，解算独立、简单，不易受测站和观测点之间的图形条件影响，小范围内测量精度可达亚毫米级。馈源舱支撑测量系统用到了边长交会法和极坐标法。

为获得高精度，全站仪的测量数据需要进行气象改正，因此在基墩上部署了 10 台气象数据采集设备，经过电磁屏蔽后的气象数据采集设备如图 3-49 所示，用于全站仪测量数据的气象改正。气象改正包括对气压、干温、相对湿度的修正，在高精度的距离测量中，气象改正必须精确到 1ppm，相对应的气象参数精度是气温为 1℃，气压为 3mmHg，相对湿度为 20%。

图 3-49　经过电磁屏蔽后的气象数据采集设备

测量系统软件安装在总控室内的测量服务器上，通过环网远程管理与操作全站仪，主要实现功能包括远程控制全站仪开关机；气象数据的自动采集以及参数更新、输入；实时在线控制全站仪跟踪测量；全站仪丢靶后自动瞄准并跟踪测量；对全站仪时滞补偿、全站仪气象改正进行计算后，向 PCS2 发送全站仪测量结果。

2. 全站仪 /IMU 融合测量系统

二次精调平台位姿测量所使用的高精度 IMU 型号与 3.2.4 小节中选用的 IMU 相同，安装在二次精调平台上，称为 IMU2。

全站仪/IMU 融合处理由组合信息处理单元（PCS2）来完成。PCS2 安装在主控室的服务器机柜里，PCS2 的模块与 PCS1 相同。

PCS2 接收 PCS1 对一次支撑索系位姿的 INS+GNSS 组合解算结果和测量数据，并对二次精调平台位姿进行 INS+ 全站仪组合解算，之后将 INS、GNSS 等传感器状态和测量数据，以及直接测量解算和位姿推算结果发送给测量服务器。

3.2.6　测量器件的统一标定

为保证馈源支撑测量系统的测量精度，需对使用的测量器件进行统一标定，包括对 GNSS 接收机、全站仪靶标以及 IMU1 和 IMU2 的安装位置进行统一标定。

统一标定的前提是在馈源舱标定时，已经得到 GNSS 接收机和靶标在舱体的计算机辅助设计（Computer Aided Design，CAD）坐标系的设计坐标。

在统一标定过程中采用基墩 JD2 和 JD4 两个测站（基墩分布见图 3-45）。标定观测中为了保证相对精度更高的要求，没有采用 FAST 测量坐标系，而采用以 JD2 为原点、JD2 到 JD4 的边为 X 轴的局部坐标系，称为标定坐标系。它采用精密的工业对向互瞄的方法实现定向，可以消除设备的轴系偏差和目标的偏心误差。观测目标为上、下平台精密棱镜和 GNSS 天线（在 GNSS 接收机的转接杆上安置精密棱镜，精密棱镜中心到 GNSS 天线安装底盘高度为 120mm，在计算中减去此高度），通过重复测量取平均值，获取观测目标的标定坐标。

公共点选取 GNSS 天线 #1 ～ #6 和上平台棱镜 uts1 ～ uts6。根据以上 12 个公共点在舱体 CAD 坐标系的设计坐标，将所有标定结果统一到舱体 CAD 坐标系的设计坐标。

3.2.7　关键技术

馈源支撑测量系统中有几项关键技术，下面逐一介绍。

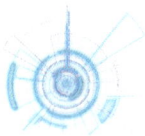

1．全站仪动态性能拓展及应用

全站仪是馈源支撑测量系统中主要的测量设备，由于其精密的测角和测距功能，在精密工程领域中得到广泛应用。该设备的主要应用领域是静态精密测量领域，设备的相关测试和检定也只限于静态测量性能。该设备的动态测量功能最初是为了满足设备的自动化和智能化应用而设计的，相关技术指标和实际性能并没有标称指标和测试结论。因此，针对馈源跟踪测量的需求，开展针对性动态性能测试研究。具体包括采样周期分析、动态测量精度评定和测量时延估计等测试研究内容。

测试中利用公共点联测的方法，统一全站仪和激光跟踪仪的坐标系，同时测量设备采用相同的时间标准。测试主要采用比对测试分析的方法，采用全站仪系统和 API 激光跟踪仪系统对合作目标同步跟踪。合作目标采用 API 球棱镜固定在导轨的运动端子上，随着运动端子一起运动。导轨相对于观测设备呈横向、纵向和垂向摆放。如图 3-50 所示，跟踪比对测试分别在室内 10m 范围、室外 40m 范围和室外 200m 范围内展开。

图 3-50　跟踪比对测试

通过对全站仪动态测量采样周期、动态测量时滞和精度进行测试，实验研究总结如下。

① 动态测量残差主要表现为时滞不确定性误差（10 ～ 20ms）和观测量本身的测量误差，二者耦合。当跟踪目标运动速度较快时，测量误差主要表现为时滞不确定性误差。

② 时滞不确定性误差主要表现为调整观测量跟踪速度时，由于时滞不确定性特点，测量残差体现为具有一定数量上下震荡的跳变点，从而让残差分布并不具有高斯正态分布特性。

③ 在动态观测中，观测量的采样存在分群现象，采样周期较长的群分布观测量精度相对更高。动态测量残差大小与跟踪目标运动速度相关，速度越快，残差随之增加。

④ 在 200m 尺度动态测量实验中，观测量本身跟踪速度较慢时，动态测距精度小于 2mm，动态测角精度小于 3arcsec。

2．全站仪距离交会跟踪测量精度检验

在 FAST 馈源支撑测量系统中，创新地采用了全站仪距离交会方法对馈源的位姿进行跟踪测量，这是一种全站仪边长交会方法，具体为采用 PCS1 姿态与 TPS 距离测量，解算出下平台相位中心的位置。

按照误差 3σ 统计关系，相位中心位置误差要求小于 9mm，折算到天文指向为 11.2arcsec，即在望远镜不同天区指向不高于 11.2arcsec。通过天文定标，经过现场测试，采用全站仪距离交会方法解算出的馈源相位中心位置最大误差为 10.5arcsec，小于 11.2arcsec，如图 3-51 和图 3-52 所示。

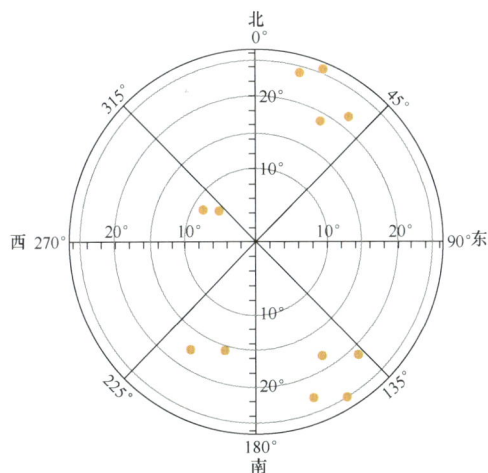

图 3-51　指向观测源天空分布

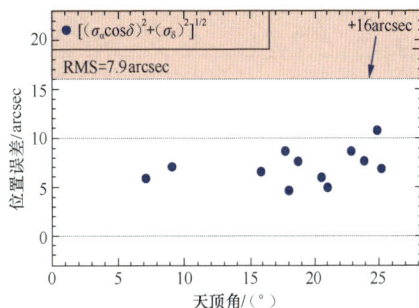

图 3-52　TPS 距离交会指向精度结果

3．全站仪的电磁屏蔽

FAST 观测的是宇宙中极为遥远、微弱的射电信号，它对射频干扰的影响极为敏感，因此对在 FAST 运行中使用的各种电子产品进行射频辐射控制十分重要。全站仪是馈源支撑测量及反射面测量中至关重要的仪器，而且暴露在反射面上方，采用常规的屏蔽方式会影响其测量精度，因此必须对全站仪进行特殊的电磁屏蔽设计，总体屏蔽要求为 90dB@70MHz ～ 3GHz。

前期我们进行过多种屏蔽方案设计，包括单回转、方形波导窗等，最终确定全站仪屏蔽设计采用波导窗电磁屏蔽罩及其附属装置。具体为采用球形波导窗＋斯派尔铍铜螺旋管屏蔽衬垫封闭屏蔽罩与底座端面接缝双重密封的方案。屏蔽罩使用 304 不锈钢作为主材，使用 3D 打印技术生产。

（1）球形波导窗屏蔽设计

在确定全站仪跟踪目标（馈源舱运行焦球面）的形状特征为异形椭圆的条件下，根据馈源舱运行焦球面坐标与中圈各基墩的原始数据，确定全站仪光学中心搜索馈源舱位姿靶标时，在垂直面和水平面上的极限位置。各基墩观测极限位置如表 3-8 所示。

表 3-8　各基墩观测极限位置

基墩	垂直角最大值 /（°）	垂直角最小值 /（°）	水平角最大值 /（°）
JD6	83.6108	33.1695	±59.5770
JD7	86.5119	34.7252	±66.7007
JD8	80.0630	31.3199	±56.5629
JD9	82.3533	32.5107	±57.2042
JD10	83.6105	33.1698	±59.5764
JD11	85.6484	34.2581	±64.2595

根据表 3-8 确定主视窗垂直角极限位置、主视场椭圆锥的旋转轴、主视场椭圆锥水平角极限位置以及副视窗各参数，得到波导窗视场三维示意图，如图 3-53 所示。

选择波导孔为六棱锥台形。标准波导孔的深度确定为 (320 − 250)mm/2=35mm，

则波导孔平均孔径 D=35mm/5=7mm。考虑 3D 打印设备的极限，打印壁厚不得小于 0.5mm 等因素，最后确定标准波导孔参数如表 3-9 所示。

表 3-9 标准波导孔参数

孔深 l	大孔端外接圆直径 D	小孔端外接圆直径 d_1	波导孔平均直径 d_2	孔间壁厚 t
35.00mm	7.86mm	6.00mm	6.93mm	0.50mm

据此设计出三维球面波导窗，其主视窗和副视窗如图 3-54 所示。

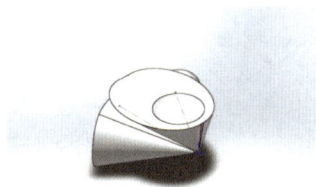

图 3-53 波导窗视场三维示意图 图 3-54 波导窗的主视窗和副视窗

（2）屏蔽罩直流电源滤波器屏蔽设计

屏蔽罩过壁式直流电源滤波器采用斯派尔铍铜螺旋管屏蔽衬垫。成品经检测，滤波器电磁屏蔽效能 >120dB。

（3）端面密封屏蔽设计

端面密封屏蔽设计两道密封：如图 3-55 所示，图中左侧为双层导电橡胶密封条，右侧为斯派尔铍铜螺旋管屏蔽衬垫。它的屏蔽效率在全频段上不低于 120dB。两种屏蔽材料均为符合美国军用标准 MIL-G-83528 的产品。

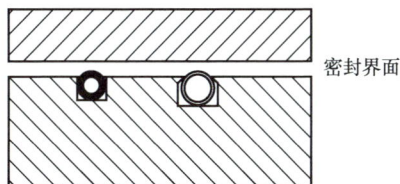

图 3-55 端面密封屏蔽方式

2018 年 12 月 21 日，在上基墩安装前对成品做总体电磁屏蔽效率检测，检测现场及检测曲线如图 3-56 ～图 3-58 所示。

检测结果显示两台全站仪波导窗电磁屏蔽装置均已达到屏蔽罩总屏蔽效能 ≥ 90dB@70MHz ～ 3GHz 的指标。

目前屏蔽罩已进行升级，将视窗扩大为半球状，波导窗屏蔽罩现场安装效果如图 3-59 所示。

图 3-56　检测现场

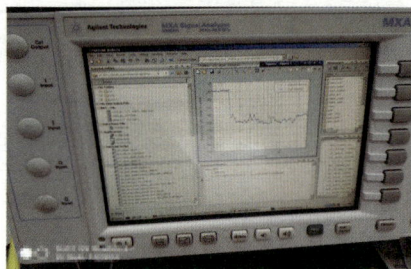

图 3-57　左侧屏蔽罩检测曲线

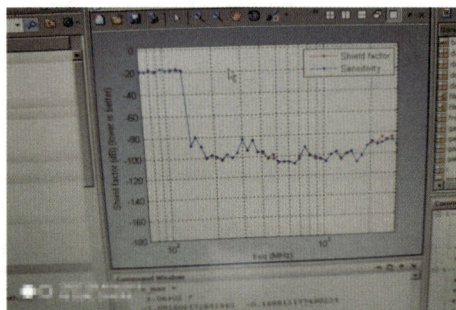

图 3-58　右侧屏蔽罩检测曲线

图 3-59　波导窗屏蔽罩现场安装效果

4．测量数据融合处理

（1）GNSS/INS 融合处理

馈源舱在天文观测工况下的最大速度为 24mm/s，换源工况下的最大速度为 400mm/s，馈源舱的一阶振动频率约为 0.18Hz。根据换源工况的低速、低振动频率特点设计 GNSS/INS 融合处理算法，使处理后的测量位置精度小于 15mm，姿态精度小于 0.1°，采样率大于 10Hz。

IMU 内部采样率设定为 400Hz，惯性解算为 100Hz，组合滤波为 1Hz。

组合卡尔曼滤波器为 15 阶，状态向量包括惯性导航误差和惯性传感器误差。惯性导航误差传递方程和惯性传感器误差模型组成卡尔曼滤波器的状态方程，以 RTK 定位结果和 GNSS 载波相位观测量组成观测方程。总体上，在 RTK 定位有效时采用 RTK/INS 组合，在 RTK 定位失效时采用载波差分 / INS 组合，确保高精度定位结果，满足 FAST 测量要求。

GNSS-RTK 测量主要由基准站和流动站组成，测量精度为 20mm，采样率为 1Hz。FAST 采用双基准站，位于洼地外围测量基准点上的两个 GNSS 接收机作为基准站，为测量系统提供差分基准；馈源舱上安装 6 台流动站，同时互为备份，提高系统的可靠性。6 台 GNSS 流动站天线组成六边形，利用 6 组 RTK 解获得天线六边形几何中心位置，6 条边长与已知值对比，检测 GNSS 数据质量，并排除超差 RTK 解。GNSS/INS 组合算法框架如图 3-60 所示。

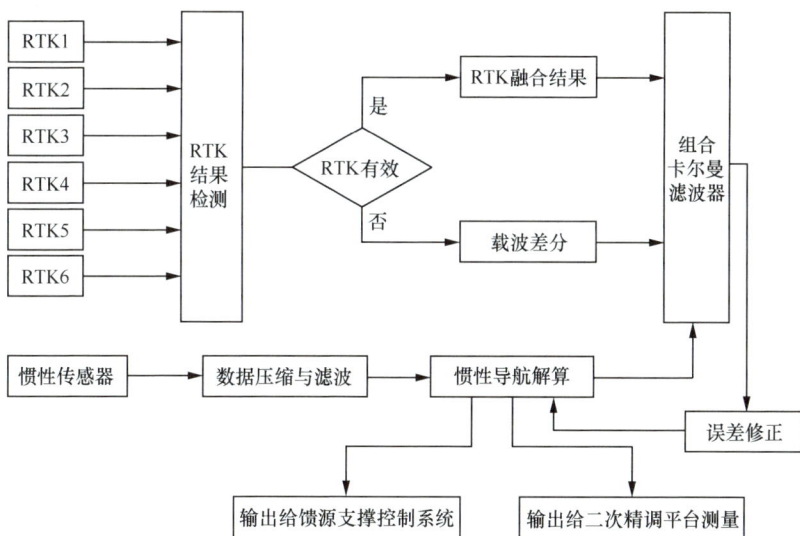

图 3-60　GNSS/INS 组合算法框架

6 台流动站提供 6 组 RTK 结果如下。

① 有 3 组或以上均为整周模糊度固定解（以下简称固定解）时，可以利用它们直接在 WGS-84 坐标系下解算出天线六边形的几何中心位置，该

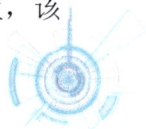

位置与惯性融合，得到组合位置和姿态。

② 有两组为固定解时，取两组解的平均值与惯性融合，得到组合位置和姿态。

③ 只有一组固定解时，用该组解与惯性融合，得到组合位置和姿态。

④ 没有固定解时，转用相位差分惯性融合模式，得到位置和姿态。

（2）TPS/INS 融合处理

TPS/INS 的组合在总体上与 GNSS/INS 组合类似，TPS 的定位结果代替 RTK 结果与惯性融合。为获得高精度，TPS 的定位结果在输入组合卡尔曼滤波器前，需要进行气象改正和时滞补偿，第一级 GNSS/INS 组合导航结果辅助计算出全站仪时滞补偿。TPS/INS 组合算法框架如图 3-61 所示。

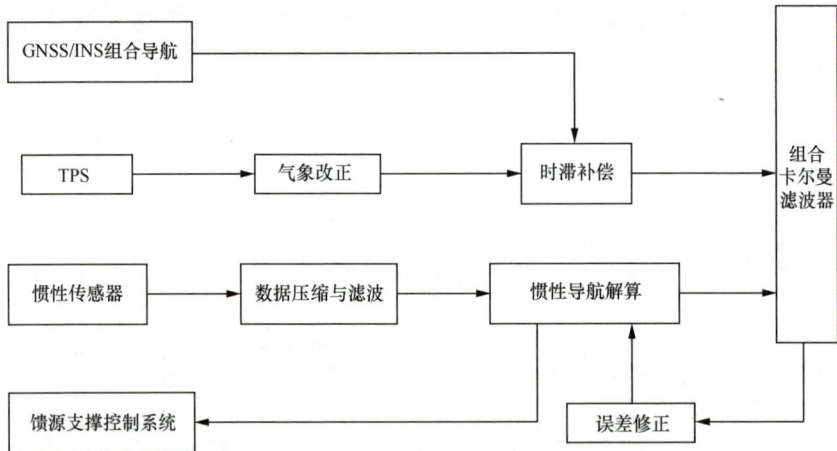

图 3-61　TPS/INS 组合算法框架

TPS/INS 融合测量用于馈源舱第二级精调控制，全站仪位置经气象改正后，与第一级组合结果一起做相关处理，修正时滞误差，然后与惯性融合。第一级（GNSS/INS）和第二级（TPS/INS）有各自的组合卡尔曼滤波器，馈源舱启动后，两级滤波器同时启动，完成初始化。GNSS/INS 组合结果传递给 TPS/INS，通过已知的第一级、第二级间杆臂矢量，获得第二级当前的测量位置，并与当前的 TPS 的定位结果比对，获得 TPS 相对惯性系统的时滞估计值，在 TPS/INS 组合滤波器中加以补偿。在索动调整阶段，保持

TPS/INS 滤波器工作状态，持续估计 TPS 时延。虽然第二级滤波器估算结果不参与第一级控制，但第二级估计结果要上传给第一级滤波器，用于第一级估算结果实时质量检测和确定整周模糊度。

5．微波测距

为了克服全站仪对气象条件的依赖，更好地适应环境，达到全天候测量的目的，FAST 团队利用微波气候适应性强的特点，研制了一套高精度微波测距雷达系统。

高精度微波测距雷达系统可实现安装询问机的基墩基准点到安装应答机的接收机平台基准点的距离测量，每次测量可以得到 4 组距离参数。具体功能包括以下 4 个方面。

① 在融合测量系统的指令下可以实现待机、工作与关机命令。

② 工作状态下，可以一次完成所有询问机和应答机对应的距离测定，并最终解算为询问机上可测标志点与应答机上可测标志点之间的距离。

③ 能够以 10Hz 的数据率将带时戳信息的测距值下传到总控室上位机。

④ 能够结合实时的 FAST 气象站提供气象数据给出测距修正值，测距修正算法在总控室上位机上实现。

具体技术指标要求如下。

① 实现在 50～400m 的测距范围内，馈源舱所有典型运动工况下，可以一次完成所有询问机和应答机对应的距离测定（不少于 4 组），并最终解算为询问机上可测标志点与应答机上可测标志点之间的距离，测距精度小于 5mm。

② 数据速率为 10Hz。

③ 可实现全天候测量。

④ 高精度微波测距雷达运行不能对 FAST 观测产生电磁干扰，在 70MHz～8GHz 频段满足 FAST 无线电保护干扰限值要求。

FAST 馈源舱高精度微波测距雷达系统的组成如图 3-62 所示。

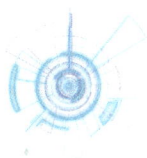

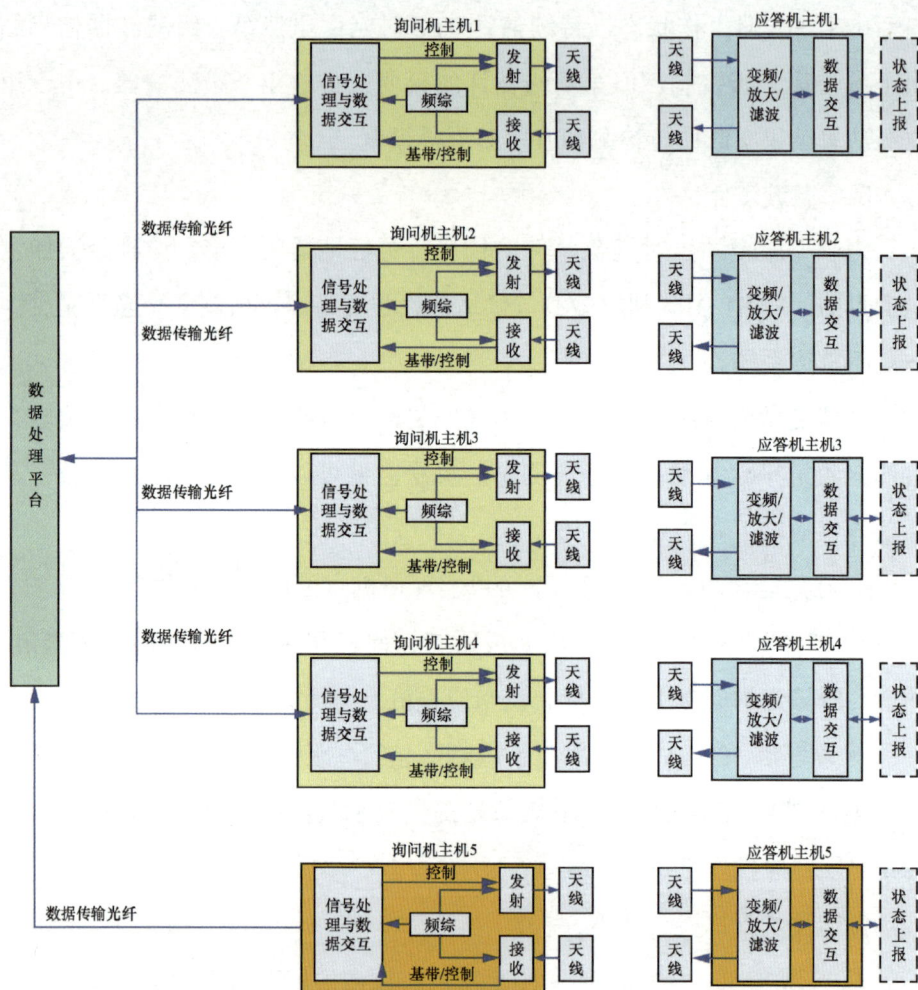

图 3-62　FAST 馈源舱高精度微波测距雷达系统的组成

系统主要包括询问机、应答机、天线、数据处理平台及相关数据传输光纤等。

询问机采用双频机制，由收发天线、射频馈线、询问机主机以及相关数据传输光纤组成。询问机产生和辐射 X 波段的上行信号、接收 K 波段的下行信号、采集与处理 A/D 数据，同时实现与远端数据处理平台的通信。响应远端控制信号实现对系统辐射控制、状态查询等，同时将数字回波信号通过光纤向上传输。

应答机由收发天线、射频馈线、应答机主机以及相关数据传输光纤组成。应答机接收询问机的发射信号，并进行上变频调制得到应答信号，然后将该应答信号经滤波放大后对外辐射，形成 K 波段下行信号。

数据处理平台是整个微波测距雷达的计算和控制核心，接收外部输入的测量引导数据，对询问机上传的基带信号进行信号处理和数据处理，计算得到距离测量值，实现人机交互功能，对询问机进行远程控制和监测等功能。

整个系统的基本工作流程为询问机发射双频电磁信号，发射到应答机；应答机对接收到的信号进行放大、上变频、滤波后对外辐射；询问机接到应答机发射出的信号后，进行放大、滤波、变频等处理后得到基带信号，A/D 数据采集与处理模块对基带信号进行 A/D 采集、滤波抽取等信号处理工作，并将信号处理结果信息通过光纤上传至位于控制中心的数据处理平台。数据处理平台根据输入的距离引导信息，对询问机上传的数字回波信号进行数据处理，提取高精度的距离信息。系统连续工作，可不断回传测量结果，满足最终数据流输出 10Hz 的要求。

（1）实验室测试测距稳定性

在实验环境中，使用电缆直接代替空间传播，测试系统内部相位漂移对测距的影响，如图 3-63 所示。

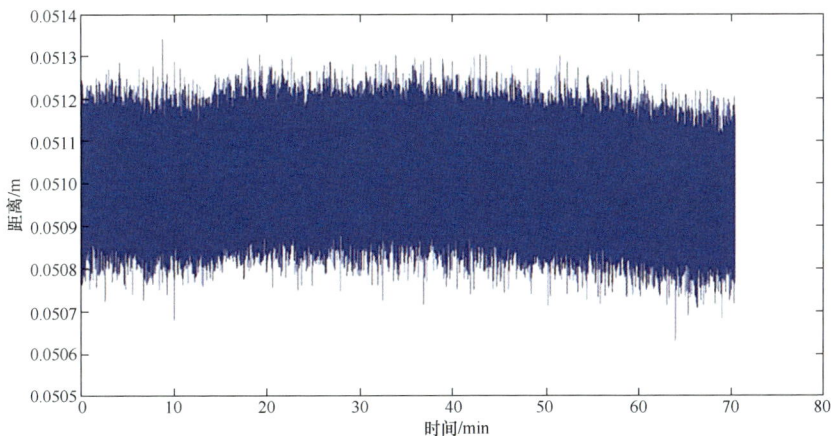

图 3-63　测量模糊距离值

从图 3-63 中可看出，在一个多小时的连续测量过程中，系统差起伏不超过 0.5mm，表明系统内部相位变化对测距影响很小，相对 5mm 的总误差指标可忽略。

（2）微波测距电磁兼容测试

FAST 的超级灵敏度对电磁兼容要求极高，微波测距设备本身发出的电磁信号不能影响望远镜观测，在设计阶段已经考虑微波测距电磁兼容性要求。经过对微波测距设备电磁兼容性测试，设备在 70MHz ～ 8GHz 频段满足 FAST 无线电保护干扰 80dB 的限值要求，如图 3-64 和图 3-65 所示。

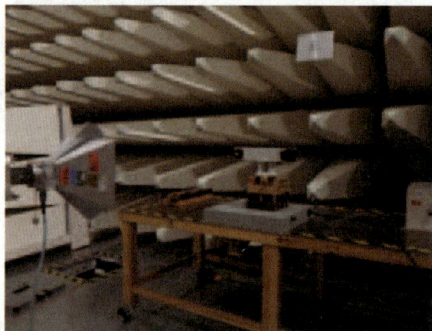

图 3-64　设备在 EMC 微波暗室进行电磁兼容性测试

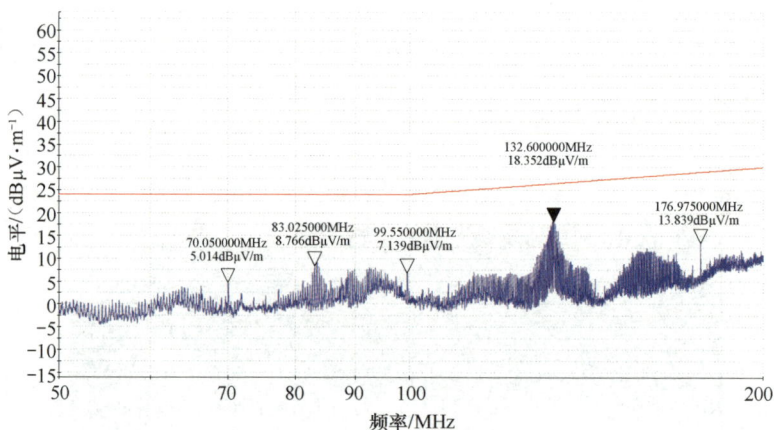

（a）50～200MHz 频段的测试结果

图 3-65　电磁兼容测试结果

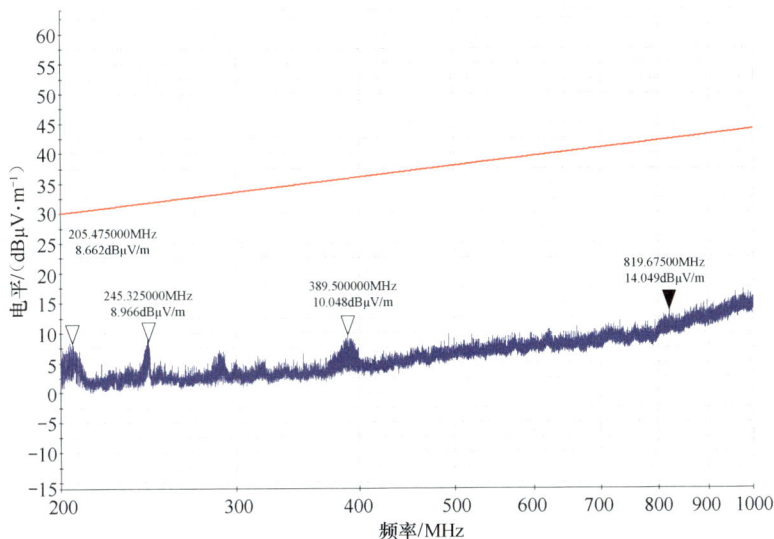

（b）200MHz～1GHz 频段的测试结果

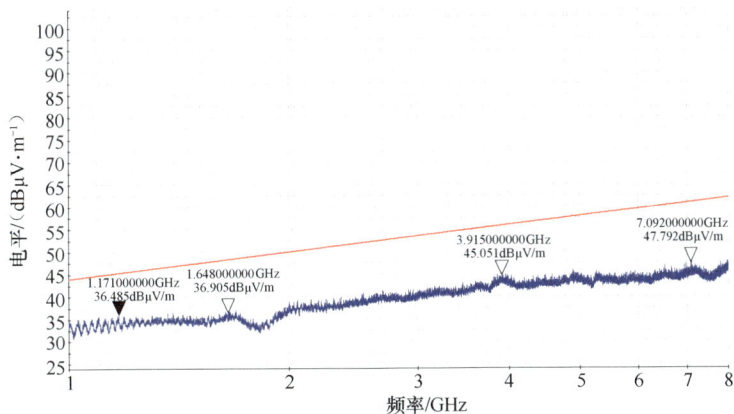

（c）1～8GHz 频段的测试结果

图 3-65　电磁兼容测试结果（续）

（3）FAST 现场测试

微波测距设备安装到 FAST 现场后，通过与全站仪测量的距离信息对比分析微波测距测量精度。将馈源舱悬停在距离最远的位置为情景进行分析，结果如图 3-66 所示，蓝色为引导距离，红色为设备测距原始值，绿色为设备上报最终测距结果。

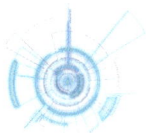

从图 3-66 中可以看出，40min 里，馈源舱处于悬停状态，与设备的距离保持在 316.62m 附近，同时存在 5mm 以内小幅摆动。引导距离起伏最大达到了 40mm。假定馈源舱完全静止，测距随机误差为 2mm。满足 5mm 的精度指标要求。

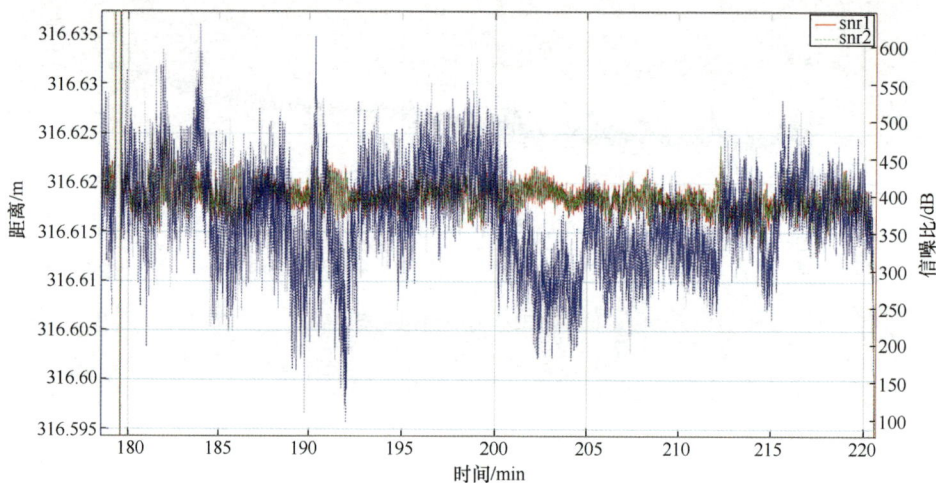

图 3-66　微波测距设备 FAST 现场测距情况

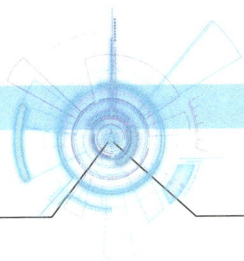

第 4 章　望远镜控制

　　望远镜控制系统是与望远镜的结构、机械、测量系统同等重要的组成部分，它是实现望远镜预期功能、性能和安全运行的最终环节。因此，望远镜控制系统从设计、实施到最后的调试，每一个环节都应该得到足够的重视。只有充分考虑、精细实施，才能在最后的整体联调环节中，对发现的现象和问题有所把握，快速定位现象和问题来源，有效调整方法、参数，快速实现设备预期的功能和性能。

　　最小化的望远镜控制系统，至少应该能够接收操作员发出的观测指令，根据指令中的观测模式和目标位置精确规划望远镜的运动轨迹，并将运动轨迹分解到每一个运动部件上，最终下发到各级控制器，控制驱动机构运行并监督运行效果。这是控制系统基本的、核心的功能，即运动控制功能。当然，在望远镜的实际运行过程中，仅有基本功能是远远不够的，这意味着观测前对观测计划的制订和排布，观测过程中对接收机和终端等设备的操作、望远镜运行状态监控，以及观测后的数据共享、历史记录和统计等必不可少的运行环节，都需要工作人员手动进行。由于工作量巨大，人工开展复杂操作不可避免的失误以及时间上的延误，会显著降低望远镜运行的可靠性和效率。因此，实际的望远镜控制系统应该"管得宽一些"，把运行涉及的方方面面都纳入控制范围之中，目标是实现全过程的自动化。

　　望远镜控制系统的设计应该自顶层向下，即根据设备特点优先制定控制体系架构，规划好数据流向，明确接口和通信协议，再分别去实施。这个系统架构要有足够的韧性、兼容性、扩展性，尽量选择通用设备、协议和方法，做足冗余。

FAST 的运行方式很独特。首先，天线的反射面和馈源之间没有任何连接。它们都具有大尺度的柔性索网结构，但一个是用复杂的索网调整面形，另一个是用 6 根并联的钢索大范围定位馈源，原理截然不同。这就需要两个相互独立的、不同实现方式的控制子系统分别完成各自的任务。反射面控制系统同步调节 2225 台促动器，并实时改变面形。由于面形单元变形量相对自身尺度而言很小并且运行速度较慢，可以将其当作线性的准静力学系统。馈源支撑控制系统分成 3 级：6 根钢索的大范围位置粗调、舱内 AB 两个正交轴的姿态补偿和斯图尔特平台的最终位姿精调。大范围运动的钢索带来高度的非线性动力学特性，而多级控制系统之间存在明显的动力学耦合问题，这是馈源支撑控制系统主要面对的难题。作为一个整体，天线的反射面和馈源支撑必须同时、精确地运行，指向同一个观测目标，这就需要在反射面和馈源支撑的上一级设置总控系统，提供统一的时间基准、下发统一的观测运行指令、协调两个子系统的运行过程，并且同步地管理望远镜的其他一些必要的观测操作。

FAST 需要控制的节点众多，整个观测过程的时序和步骤也因为反射面、馈源支撑和接收机与终端截然不同的工作特性而变得复杂。因此在明确系统架构后需要规划好时间同步方法，根据指令流和数据流确定通信的性能与机制。

| 4.1　望远镜总控系统 |

望远镜总控系统（以下简称总控系统）是 FAST 的控制中心，其功能为联系、协调和控制各子系统操作，使望远镜有条不紊、按计划、高效率地进行天文观测。总控系统的主要任务是收集观测任务，对观测任务进行自动最优排布，将观测任务参数和指令发送给各子系统并设置接收机与终端参数，监测各子系统运行状态，收集并记录望远镜运行数据，对历史数据进行统计分析，实现 FAST 从观测任务采集到观测数据管理的全流程自动化。

4.1.1　观测任务采集

从总控系统的角度来看，FAST 观测可以分为几步：首先，观测人员通过总控系统导入或者编辑望远镜天文观测任务，将观测任务发送给各个子系统，并从各个子系统接收命令的执行状况，对执行过程中的错误进行报警和处理；其次，在观测过程中，总控系统存储运行数据并将关键信息进行展示；最后，望远镜观测完成后，总控系统提供运行数据及观测日志的分析和查询。

观测任务采集是望远镜运行的基础。在调试维护时，工作人员需要根据测试需要，临时、手动编写观测任务指令。而在望远镜运行阶段，会通过公开渠道征集观测需求，观测需求通过评审后，每个观测季都会有大量观测任务产生，形成观测任务列表。望远镜的日常工作就是定期获取这个列表，根据望远镜状态和观测源的位置设置观测列表，这就需要采用导入或联机读取的方式。

因此，观测任务采集有多种实现方式：手动录入方式、文件导入方式及从科学观测任务采集系统联机读取方式。

文件导入方式可按照系统约定格式，进行外部编辑文件导入或导入后修改。手动录入方式和文件导入方式均会对输入信息进行数据正确性校验。

从科学观测任务采集系统联机读取方式，是指利用与科学观测任务采集系统的接口，定时与其联机获取科学观测任务数据。对获取的数据信息进行维护，在任务未下发之前可增加、删除、修改，同时可联机读取科学观测任务执行情况信息等。

4.1.2　观测模式

目前，FAST 的观测模式主要分为漂移、跟踪、矩形天区扫描、两目标

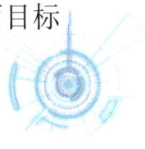

点切换跟踪、快照、太阳系目标扫描、子午圈扫描、多波束校准、自定义 9 类，如表 4-1 所示，共 18 种观测模式。

表 4-1　FAST 9 类观测模式特点和功能

类型	模式名	特点	功能
漂移	漂移扫描	望远镜指向特定位置后，硬件保持静止	巡天等
	带角度漂移	多波束馈源专用，望远镜静止，漂移时可指定对准时刻的多波束馈源转角	巡天等
	带角度保位漂移	多波束馈源专用，望远镜实时调整指向，对准固定 ICRS 赤纬值	巡天等
跟踪	跟踪	望远镜对目标进行跟踪	目标跟踪
	带角度跟踪	多波束馈源专用，跟踪目标时可控制视场旋转，指定多波束馈源转角	目标跟踪
矩形天区扫描	运动中扫描	望远镜扫描指定矩形天区	扫描
	多波束运动中扫描	多波束馈源专用，扫描指定矩形天区时可指定多波束馈源转角	扫描
两目标点切换跟踪	源上—源外	ON/OFF 点往复切换；最大间隔 1°，ON 点与 OFF 点观测时长相等	谱线观测等
	快速校准	源上—源外观测模式的扩展，可单独设置 ON/OFF 点观测时长。OFF 点赤经值在 ON 点赤经值上 −5/−10arcmin，OFF 点赤纬值与 ON 点相同。该模式仅输入 ON 点坐标	脉冲星计时观测等
	相位参考	源上—源外观测模式的扩展，两目标点最大间隔 3°，并可单独设置 ON 点 /OFF 点观测时长	VLBI
快照	快照	多波束馈源专用，快速覆盖银道面，由 4 次跟踪组成	巡天等
	快照校准	快照模式的扩展，第一次跟踪时长相比其他跟踪时长多 2min	巡天等
	沿赤纬快照	多波束馈源专用，快速覆盖赤道坐标系，由 4 次跟踪组成	巡天等
太阳系目标扫描	太阳系跟踪	太阳系行星及月球跟踪	行星，月球跟踪
	太阳系漂移	太阳系行星及月球漂移	行星，月球漂移
子午圈扫描	编织式扫描	望远镜在子午圈往复扫描	扫描
多波束校准	多波束校准	多波束馈源专用，波束 1 ～ 19 依次对目标进行跟踪观测	校准
自定义	自定义扫描	对人工编写任意焦点轨迹目标进行观测	其他

注：VLBI 表示 Very Long Baseline Interferometry，甚长基线干涉测量；ICRS 表示 International Celestial Reference System，国际天球参考系。

FAST 有大量观测模式，主要是为了缩短不同任务换源（任务切换）过程的时间，提高望远镜的观测效率。由于 FAST 任务的停止和启动，需要协调总控、馈源支撑、反射面等多个系统，这个过程包含任务参数自检、硬件自检、安全制动器抱闸 / 解闸等。如果通过使用一些基本观测模式实现目标指向的观测，可能会大量增加换源的时间，而时间对用户和望远镜而言是非常宝贵的。

针对多波束馈源，默认所有观测模式会补偿像场旋转（消除由于处在同一个视场中和所跟踪的星体相距一定角距离的其他参考星体围绕视轴中心产生的旋转，后文不再介绍），在实现跟踪观测过程中，所有波束指向天球上对应的固定位置。单波束馈源不需要考虑像场旋转问题，因为星体的转动不会对圆形的波束产生影响。

（1）漂移

该类观测模式主要的特点是望远镜保持静止不动或仅进行微调以保证实时对准固定的 ICRS 赤纬值，利用地球的自转来扫描天空，主要用于巡天观测（巡天调查）。接下来对该类型中的观测模式逐一进行介绍。

① 漂移扫描

漂移扫描（Drift Scan）是指望远镜保持静止时，指向特定方向，通过地球自转完成对天空的扫描。它可用于 ICRS（J2000）坐标系下巡天等。漂移扫描主要参数说明如表 4-2 所示。

表 4-2　扫描漂移主要参数说明

参数	格式	备注
源赤经	时 分 秒	00 00 00.00
源赤纬	度 分 秒	+00 00 00.0
观测总时长	—	大于 0s
对准时间	—	望远镜在何时对准指定的 Ra、Dec。 目前提供＜开始时刻＞＜中天时刻＞选项
是否允许推迟	—	＜Yes＞＜No＞

续表

参数	格式	备注
使用馈源	—	<70 ～ 140MHz> <140 ～ 280MHz> <270MHz ～ 1.62GHz（UW）> <560 ～ 1020MHz> <1.1 ～ 1.9GHz> <1.05 ～ 1.45GHz（MB）> <2 ～ 3GHz>，默认为 <1.05 ～ 1.45GHz（MB）>

② 带角度漂移

带角度漂移（Drift With Angle）在漂移的基础上，可指定多波束馈源的转角（θ）。简单原理为当目标经过对准时刻时，多波束馈源在补偿像场旋转后，将继续转动 θ 角。带角度漂移主要参数说明如表 4-3 所示。

表 4-3　带角度漂移主要参数说明

参数	格式	备注
源赤经	时 分 秒	00 00 00.00
源赤纬	度 分 秒	+00 00 00.0
观测总时长	—	大于 0s
对准时间	—	望远镜在何时对准指定的 Ra、Dec。 目前提供 <开始时刻> <中天时刻> 两个选项
是否允许推迟	—	<Yes> <No>
使用馈源	—	<70 ～ 140MHz> <140 ～ 280MHz> <270MHz ～ 1.62GHz（UW）> <560 ～ 1020MHz> <1.1 ～ 1.9GHz> <1.05 ～ 1.45GHz（MB）> <2 ～ 3GHz>，默认为 <1.05 ～ 1.45GHz（MB）>
旋转角度	—	多波束馈源旋转角度（θ），范围为 (-80°，80°)

转动多波束馈源的最大意义是多波束馈源通过转动 θ 角，使各波束在对准时刻位于不同的赤纬线上，进而覆盖更多的赤纬线，实现更高效的漂移巡天扫描。该模式默认供多波束馈源 <1.05 ～ 1.45GHz（MB）> 使用，用于 ICRS（J2000）坐标系下巡天等。

③ 带角度保位漂移

如果采用漂移扫描和带角度漂移观测模式对天空进行扫描，由于这两个观测模式的主要特点都是望远镜指向保持静止，就会存在一个问题，即随着地球的自转，望远镜扫描过的 J2000 赤纬并非固定值，而是呈周期性变化的。这将给用户处理多波束馈源指向时带来较大的工作量，因此，FAST 团队开发了带角度保位漂移（Dec-Drift With Angle）观测模式。

该模式的原理为观测过程中望远镜会对指向进行微调，保持实时指向天空中 J2000 坐标系下固定的赤纬坐标，最终实现沿 J2000 赤纬线的扫描。该模式存在一个特殊参数，即是否在子午圈漂移，主要作用为如果设置为在子午圈漂移，则望远镜观测开始时刻将指向天顶及用户设定的 J2000 赤纬坐标进行观测，轨迹规划将不会使用输入的源赤经参数。这个参数存在的意义是，部分用户期望巡天开始时刻，望远镜从天顶位置开始扫描。带角度保位漂移主要参数说明如表 4-4 所示。

该模式默认供多波束馈源 <1.05 ～ 1.45GHz（MB）> 使用，可用于 J2000 坐标系下巡天等。

表 4-4　带角度保位漂移主要参数说明

参数	格式	备注
源赤经	时 分 秒	00 00 00.00
源赤纬	度 分 秒	+00 00 00.0
观测总时长	—	大于 0s
是否在子午圈漂移	—	是，源赤经坐标无效。 否，源赤经坐标有效。对准时间为 < 开始时刻 >
是否允许推迟	—	<Yes> <No>
使用馈源	—	<70 ～ 140MHz> <140 ～ 280MHz> <270MHz ～ 1.62GHz（UW）> <560 ～ 1020MHz> <1.1 ～ 1.9GHz> <1.05 ～ 1.45GHz（MB）> <2 ～ 3GHz>，默认为 <1.05 ～ 1.45GHz（MB）>
旋转角度	—	多波束馈源旋转角度（θ），范围为（-80°，80°）

（2）跟踪类

该类模式的原理为通过望远镜运动抵消地球的运动，使望远镜始终指向天球上一个固定的位置，从而实现目标位置的持续跟踪观测。

① 跟踪

跟踪（Tracking）观测模式是望远镜对目标进行持续跟踪，观测过程中始终指向天球上一个固定的位置。可用于 ICRS（J2000）坐标系下对目标进行跟踪观测。跟踪主要参数说明如表 4-5 所示。

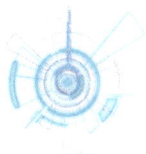

表 4-5　跟踪主要参数说明

参数	格式	备注
源赤经	时 分 秒	00 00 00.00
源赤纬	度 分 秒	+00 00 00.0
观测总时长	—	大于 0s
是否允许推迟	—	<Yes> <No>
使用馈源	—	<70～140MHz> <140～280MHz> <270MHz～1.62GHz（UW）< <560～1020MHz> <1.1～1.9GHz> <1.05～1.45GHz（MB）> <2～3GHz>，默认为 <1.05～1.45GHz（MB）>

② 带角度跟踪

带角度跟踪（Tracking With Angle）观测模式为跟踪观测模式的扩展，提供多波束馈源旋转角度的设置以及是否抵消像场旋转参数的选项。

消除像场旋转带来的最大优势之一是在使用多波束馈源进行跟踪观测的过程中，所有波束将指向天球上对应的固定位置；减少用户数据处理过程中因不同波束指向发生变化而带来的工作量。

该模式的原理为在使用多波束馈源进行跟踪观测的过程中，多波束馈源在补偿像场旋转后，继续转动一个固定的旋转角度（θ）。当然，如果不抵消像场旋转，多波束馈源仅从机械 0° 转到 θ 后保持机械静止不动，则无法消除像场旋转带来的影响。需注意该模式默认供多波束馈源 <1.05～1.45GHz（MB）> 使用，且该模式下由于馈源不使用回照方式，天顶角限制在 30° 以内。

由于 FAST 的特殊几何结构，当天顶角超过 26.4° 时，300m 抛物面的边缘会超出 500m 口径的边界，即部分抛物面因移至反射面 500m 口径的圈梁之上而缺失。所以望远镜的天顶角指向超过 26.4° 后，将馈源绕其相位中心向主动反射面内部倾斜，降低上述因溢损增加而造成的馈源系统温度上升，此方式称为回照。波束回照策略见图 4-1，带角度跟踪主要

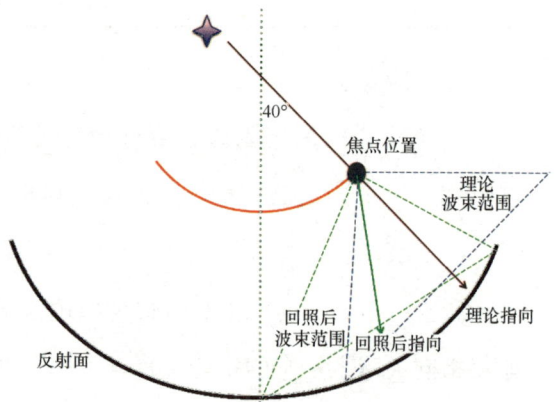

图 4-1　波束回照策略

参数说明如表 4-6 所示。

表 4-6　带角度跟踪主要参数说明

参数	格式	备注
源赤经	时 分 秒	00 00 00.00
源赤纬	度 分 秒	+00 00 00.0
观测总时长	—	大于 0s
是否允许推迟	—	\<Yes\> \<No\>
使用馈源	—	\<70 ～ 140MHz\> \<140 ～ 280MHz\> \<270MHz ～ 1.62GHz（UW）\> \<560 ～ 1020MHz\> \<1.1 ～ 1.9GHz\> \<1.05 ～ 1.45GHz（MB）\> \<2 ～ 3GHz\>，默认为 \<1.05 ～ 1.45GHz（MB）\>
抵消像场旋转	—	\<Yes\> \<No\>
旋转角度	—	多波束馈源旋转角度（θ），范围为 (-80°，80°)

（3）矩形天区扫描

此模式可用于 ICRS（J2000）坐标系下的天区块扫描，通过对目标天区规划多条沿赤经线或沿赤纬线的路径，完成天区块覆盖。如果存在对 J2000 坐标系下的天区块进行覆盖扫描的需求，可考虑使用该观测模式。

① 运动中扫描

运动中扫描（On The Fly Mapping）观测模式为沿赤经或赤纬方向来回扫描，覆盖一块矩形天区。运动中扫描模式轨迹如图 4-2 所示，运动中扫描分为扫描赤经线和扫描赤纬线两种。以扫描赤经线为例，过程是从指定的起点开始，按照天区大小扫描一条经线，然后按照一定间隔切换经线反向扫描，以此类

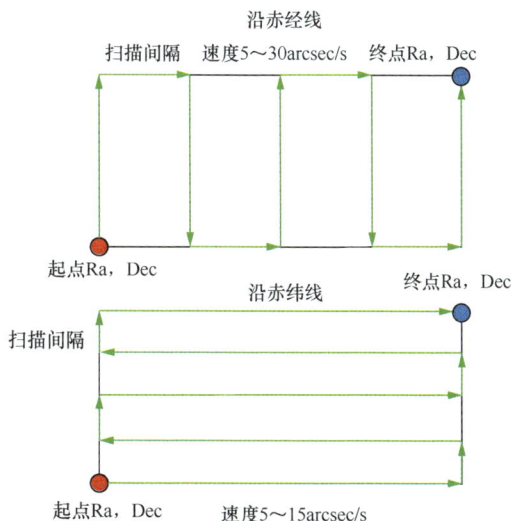

图 4-2　运动中扫描模式轨迹

推，直至设定的天区终点位置。该模式可用于 ICRS（J2000）坐标系下运动中扫描。运动中扫描主要参数说明如表 4-7 所示。

表 4-7 运动中扫描主要参数说明

参数	格式	备注
开始赤经	时 分 秒	00 00 00.00
开始赤纬	度 分 秒	+00 00 00.0
结束赤经	时 分 秒	00 00 00.00
结束赤纬	度 分 秒	+00 00 00.0
是否允许推迟	—	<Yes> <No>
使用馈源	—	<70～140MHz> <140～280MHz> <270M～1.62GHz（UW）> <560～1020MHz> <1.1～1.9GHz> <1.05～1.45GHz（MB）> <2～3GHz>，默认为 <1.05～1.45GHz（MB）>
旋转角度		多波束旋转角度（θ），范围 (-80°，80°)
扫描方向	—	<|>（沿赤经线），<->（沿赤纬线）
扫描间隔	arcmin	大于 0（默认为 1）
扫描速度	arcsec/s	沿赤经范围：[5, 30]，沿赤纬范围：[5, 15]（默认为 15）

运动中扫描观测模式的观测总时长的计算公式如下。

$$T_{\text{RA}} = \left(\frac{\left| \text{DEC}_{\text{end}} - \text{DEC}_{\text{start}} \right|}{\text{ScanSpeed}} + \frac{1}{2} \right) \times \left(\frac{\left| \text{RA}_{\text{end}} - \text{RA}_{\text{start}} \right|}{\text{ScanGap}} + 1 + \frac{1}{2} \right) + T_{\text{switch}} \times \left(\frac{\left| \text{RA}_{\text{end}} - \text{RA}_{\text{start}} \right|}{\text{ScanGap}} + \frac{1}{2} \right)$$

$$(4\text{-}1)$$

$$T_{\text{DEC}} = \left(\frac{\left| \text{RA}_{\text{end}} - \text{RA}_{\text{start}} \right|}{\text{ScanSpeed}} + \frac{1}{2} \right) \times \left(\frac{\left| \text{DEC}_{\text{end}} - \text{DEC}_{\text{start}} \right|}{\text{ScanGap}} + 1 + \frac{1}{2} \right) + T_{\text{switch}} \times \left(\frac{\left| \text{DEC}_{\text{end}} - \text{DEC}_{\text{start}} \right|}{\text{ScanGap}} + \frac{1}{2} \right)$$

$$(4\text{-}2)$$

$$T_{\text{ra\_switch}} = \left(12 \times \frac{\text{ScanGap}}{1\text{arcmin}} + \frac{1}{2} \right) \text{s}$$

$$(4\text{-}3)$$

$$T_{\text{dec\_switch}} = 18\text{s}$$

$$(4\text{-}4)$$

式中，T_{RA} 和 T_{DEC} 表示沿着赤经线和赤纬线进行扫描的观测总时长，RA_{start}、$\text{DEC}_{\text{start}}$、$\text{RA}_{\text{end}}$、$\text{DEC}_{\text{end}}$ 分别为扫描起点的赤经赤纬值和扫描终点的赤经赤纬值，$T_{\text{ra\_switch}}$ 和 $T_{\text{dec\_switch}}$ 为沿赤经线和沿赤纬线扫描的单次转向时间，ScanGap 表示扫描间隔，ScanSpeed 表示扫描速度。

② 多波束运动中扫描

多波束运动中扫描（Multi-Beam OTF）观测模式在运动中扫描观测模式的基础上，可指定多波束馈源转角。这个模式与运动中扫描相比最大的优点为多波束馈源转动 θ 后，可使各波束位于不同的赤纬线上，充分利用 19 波束馈源覆盖更大的天区，提高扫描效率。该模式仅默认多波束馈源 <1.05 ～ 1.45GHz（MB）> 使用，可用于 ICRS（J2000）坐标系下天区扫描等。多波束运动中扫描主要参数说明如表 4-8 所示。

表 4-8　多波束运动中扫描主要参数说明

参数	格式	备注
开始赤经	时 分 秒	00 00 00.00
开始赤纬	度 分 秒	+00 00 00.0
结束赤经	时 分 秒	00 00 00.00
结束赤纬	度 分 秒	+00 00 00.0
是否允许推迟	—	<Yes> <No>
使用馈源	—	<70 ～ 140MHz> <140 ～ 280MHz> <270MHz ～ 1.62GHz（UW）> <560 ～ 1020MHz> <1.1 ～ 1.9GHz> <1.05 ～ 1.45GHz（MB）> <2 ～ 3GHz>，默认为 <1.05 ～ 1.45GHz（MB）>
旋转角度	—	多波束馈源旋转角度（θ），范围为 (-80°，80°)
扫描方向	—	<|>（沿赤经线），<->（沿赤纬线）
扫描间隔	arcmin	大于 0（默认为 1）
扫描速度	arcsec/s	沿赤经线范围 [5, 30]，沿赤纬线范围 [5, 15]（默认为 15）

多波束运动中扫描观测模式的观测总时长计算公式与运动中扫描观测模式一致，主要区别为转向时间的花销不同，由于轨迹在换向过程中多波束馈源需要转动，因此需要更多切换时间。

沿赤经线扫描单次转向时间：

$$T_{\text{ra\_switch}} = 54\text{s} \qquad (4\text{-}5)$$

沿赤纬线扫描单次转向时间：

$$T_{\text{dec\_switch}} = 90\text{s} \qquad (4\text{-}6)$$

（4）两目标点切换跟踪

此模式为在 ICRS（J2000）坐标系下，对两个目标坐标点完成单次或多

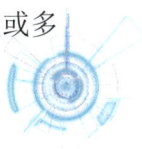

次跟踪。如在进行谱线观测的过程中，可能存在 OFF 点（背景）和 ON 点（信号）间进行多次的位置切换跟踪观测，这时就可考虑使用该类观测模式。

当然，这类模式可以通过设置若干个跟踪观测任务实现预期指向的轨迹。但这种模式观测会给用户和 FAST 带来两个问题。一是增加望远镜操作人员操作的复杂度，容易因为人为因素而出现参数设置错误，导致观测失败；二是由于 FAST 任务的停止和启动，需要进行参数自检及硬件的启停动，将大量增加两个目标点间的换源时间，因此如果存在两个目标点的持续跟踪观测，推荐使用这类观测模式。

① 源上—源外

源上—源外（ON—OFF）观测模式对 ON 点和 OFF 点目标往复切换进行跟踪，该模式下 ON 点与 OFF 点最大间隔 1°，且 ON 点与 OFF 点的观测时长（T_{ON}）相等。该模式在 ICRS（J2000）坐标系下进行源上—源外观测，常用于中性氢谱线的观测等。源上—源外观测模式示意图如图 4-3 所示。

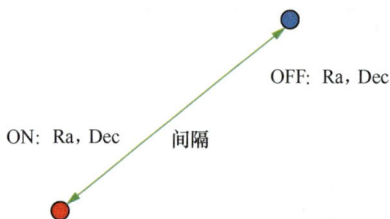

图 4-3　源上—源外观测模式示意图

源上—源外观测模式的观测总长计算公式如下。

$$T_{total} = (T_{ON} \times 2 + T_{switch} \times 2) \times n - T_{switch} \qquad (4\text{-}7)$$

式中，T_{total} 表示观测总时长，T_{ON} 表示在 ON 点的单次观测时长，n 为循环次数，T_{switch} 表示切换时间。

ON 点与 OFF 点间隔及切换时间如表 4-9 所示。源上—源外主要参数说明如表 4-10 所示。

表 4-9　ON 点与 OFF 点间隔及切换时间

ON 点与 OFF 点间隔 $\Delta\theta$/arcmin	切换时间 T_{switch}/s
(0, 20]	30
(20, 60]	60

表 4-10　源上—源外主要参数说明

参数	格式	备注
ON 点赤经	时 分 秒	00 00 00.00
ON 点赤纬	度 分 秒	+00 00 00.0
OFF 点赤经	时 分 秒	00 00 00.00
OFF 点赤纬	度 分 秒	+00 00 00.0
ON/OFF 点观测时长	—	大于 0s
重复次数	—	大于 0 次
是否允许推迟	—	<Yes> <No>
使用馈源	—	<70 ～ 140MHz> <140 ～ 280MHz> <270MHz ～ 1.62GHz（UW）> <560 ～ 1020MHz> <1.1 ～ 1.9GHz> <1.05 ～ 1.45GHz（MB）> <2 ～ 3GHz>，默认为 <1.05 ～ 1.45GHz（MB）>

② 快速校准

快速校准（Swift Calibration）观测模式仅在 OFF 点及 ON 点各完成一次跟踪观测，虽然同样可以通过两个跟踪观测任务实现，但不高效。设计该模式的初衷是降低两个近距离目标点间的换源时间，如果采用两条跟踪观测任务方式完成指向观测，当前 FAST 需要预留 5min 换源时间，而使用快速校准观测模式完成目标切换的时长最多为 20s。使用该模式可节约大量因目标切换浪费的时长，而将更多时间用于目标的观测。

快速校准的原理为望远镜先在 OFF 点跟踪一段时间（T_{OFF}），然后切换至 ON 点跟踪一段时间（T_{ON}）。目标点的坐标为（Ra，Dec），即（赤经，赤纬）。仅需要输入 ON 点坐标。OFF 点的赤经可设置为 ON 点赤经 –5arcmin（或 –10arcmin），OFF 点的赤纬与 ON 点的赤纬相同。快速校准观测模式示意图如图 4-4 所示，可在 ICRS（J2000）坐标系下用于对目标进行脉冲星计时观测等。

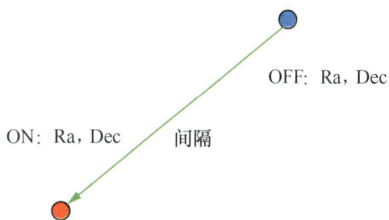

图 4-4　快速校准观测模式示意图

快速校准观测模式的观测总时长计算公式如下。

$$T_{total} = T_{OFF} + T_{ON} + T_{switch} \qquad\qquad (4\text{-}8)$$

ON 点与 OFF 点间隔及切换时间如表 4-11 所示。快速校准主要参数说明如表 4-12 所示。

表 4-11 ON 点与 OFF 点间隔及切换时间

序号	ON 点与 OFF 点间隔 $\Delta\theta$/arcmin	切换时间 T_{switch}/s
1	−5	15
2	−10	20

表 4-12 快速校准主要参数说明

参数	格式	备注
ON 点赤经	时 分 秒	00 00 00.00
ON 点赤纬	度 分 秒	+00 00 00.0
ON 点观测时长	—	大于 0s
OFF 点观测时长	—	大于 0s
OFF 点与 ON 点在赤经上间隔	arcmin	<−5><−10>
是否允许推迟	—	<Yes> <No>
使用馈源	—	<70 ～ 140MHz> <140 ～ 280MHz> <270MHz ～ 1.62GHz（UW）><560 ～ 1020MHz> <1.1 ～ 1.9GHz> <1.05 ～ 1.45GHz（MB）><2 ～ 3GHz>，默认为 <1.05 ～ 1.45GHz（MB）>

③ 相位参考

相位参考（Phase Referencing）观测模式为源上—源外观测模式的扩展。源上—源外观测模式存在两个最大的约束，即两个目标点间允许切换的最大间距为 1°，并且 ON 点及 OFF 点的观测时长一致。当用户在观测两个目标点时有更灵活的观测需求，就需要打破这些约束，这时原有的模式就无法满足需求。

因此，相位参考模式可指定 ON 点及 OFF 点的不同跟踪时长，此外，ON 点及 OFF 点的间隔距离扩充到 (0°, 3°]。ON 点与 OFF 点间隔及切换时间如表 4-13 所示，可用于 ICRS（J2000）坐标系下进行 VLBI 联合观测等。当然，灵活性高意味着用户要输入更多的参数，所以在输入观测参数时需要极为谨慎，避免参数输入错误而导致观测失败。相位参考主要参数说明如表 4-14 所示。

表 4-13　ON 点与 OFF 点间隔及切换时间

ON 点与 OFF 点间隔 Δθ/arcmin	切换时间 T_{switch}/s	ON 点与 OFF 点间隔 Δθ/arcmin	切换时间 T_{switch}/s
(0, 10]	15	(90, 100]	130
(10, 20]	30	(100, 110]	145
(20, 30]	40	(110, 120]	150
(30, 40]	55	(120, 130]	160
(40, 50]	70	(130, 140]	170
(50, 60]	80	(140, 150]	180
(60, 70]	95	(150, 160]	190
(70, 80]	105	(160, 170]	200
(80, 90]	120	(170, 180]	205

相位参考观测模式的观测总时长计算公式如下。

$$T_{total} = \left(T_{ON} + T_{OFF} + T_{switch} \times 2\right) \times n - T_{switch} \quad (4\text{-}9)$$

表 4-14　相位参考主要参数说明

参数	格式	备注
ON 点赤经	时 分 秒	00 00 00.00
ON 点赤纬	度 分 秒	+00 00 00.0
OFF 点赤经	时 分 秒	00 00 00.00
OFF 点赤纬	度 分 秒	+00 00 00.0
ON 点观测时长	—	大于 0s
OFF 点观测时长	—	大于 0s
重复次数	—	大于 0 次
是否允许推迟	—	<Yes> <No>
使用馈源	—	<70～140MHz> <140～280MHz> <270MHz～1.62GHz（UW）> <560～1020MHz> <1.1～1.9GHz> <1.05～1.45GHz（MB）> <2～3GHz>，默认为 <1.05～1.45GHz（MB）>

（5）快照

此观测模式是针对多波束接收机的波束间存在缝隙情况，为充分发挥

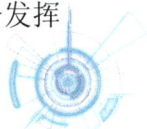

多波束接收机的优势而开发的。主要原理为多波束馈源通过 3 次近距离移动，每次移动距离为两波束间距的 1/2，实现对 4 个位置进行跟踪观测（见图 4-5）。通过这 4 个位置，实现多波束间缝隙的覆盖，最终可达到完整覆盖约 0.1575 平方度天空的目的并完成观测。

① 快照

快照（Snap Shot）观测模式原理为跟踪观测 4 个位置，若相邻两波束的间距为 d，则第 2、3、4 个跟踪位置相对前一次位置移动 $d/2$，完成多波束接收机缝隙间的覆盖，从而实现对约 0.1575 平方度天空的观测。

每个位置跟踪观测时长相同，规划轨迹如图 4-5 所示。该模式默认供多波束馈源 <1.05 ～ 1.45GHz（MB）> 使用，需要注意该模式用于银道坐标系下银道面目标的搜寻。快照主要参数说明如表 4-15 所示。

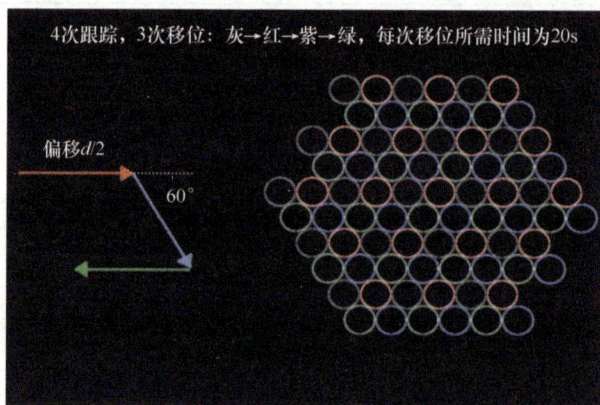

图 4-5　快照观测模式示意图

表 4-15　快照主要参数说明

参数	格式	备注
源赤经	时 分 秒	00 00 00.00
源赤纬	度 分 秒	+00 00 00.0
观测总时长	—	大于 60s
是否允许推迟	—	<Yes> <No>
使用馈源	—	<70 ～ 140MHz> <140 ～ 280MHz> <270MHz ～ 1.62GHz（UW）> <560 ～ 1020MHz> <1.1 ～ 1.9GHz> <1.05 ～ 1.45GHz（MB）> <2 ～ 3GHz>，默认为 <1.05 ～ 1.45GHz（MB）>

银道坐标系主要用于观测银河系。该坐标系是以太阳为中心，以银道面为基本平面的天球坐标系，即它的赤道是银河平面。银河系的主要部分呈扁平的圆盘结构，它的平均平面称为银河系对称面。银道面为经过太阳系质心平行于银河系对称面的平面。

银经从银心方向开始、沿银道面按逆时针方向计量；银纬从银道面量起，向北为正，向南为负。银经、银纬用于描述天体相对于银河系中心的位置。

快照观测模式的观测总时长计算公式如下。

$$T_{\text{total}} = T_{\text{singletrack}} \times 4 + T_{\text{switch}} \times 3 \tag{4-10}$$

单次跟踪时长计算公式如下。

$$T_{\text{singletrack}} = \frac{T_{\text{total}} - T_{\text{switch}} \times 3}{4} \tag{4-11}$$

式中，$T_{\text{singletrack}}$表示单次跟踪时长，单次移位时间为20s。

② 快照校准

快照校准（Snapshot-Cal）观测模式为快照观测模式的扩展，可理解为先进行一段持续时长约 2min 的跟踪观测，用于终端数据记录的噪声注入等用途，然后再进行一次快照观测模式的观测。同理，该模式的初衷是缩短任务间的切换时长，节约望远镜因硬件停止重启动、任务自检等流程而浪费的时间，从而将这部分时间用于观测。

该模式将跟踪观测 4 个位置。输入观测总时间（T_{total}）后，该模式与快照的区别为第 1 次跟踪时长比其他 3 次多 2min，用于注入噪声的校准观测，其他 3 次跟踪时长不变。同理，该模式默认供多波束馈源 <1.05 ～ 1.45GHz（MB）> 使用，同样需要注意该模式用于银道坐标系下银道面目标的搜寻。快照校准主要参数说明如表 4-16 所示。

单次跟踪时长计算公式如下。

$$T_{\text{track1}} = \frac{T_{\text{total}} - T_{\text{switch}} \times 3 - 120}{4} + 120 \tag{4-12}$$

$$T_{track2} = T_{track3} = T_{track4} = \frac{T_{total} - T_{switch} \times 3 - 120}{4} \quad (4\text{-}13)$$

式中，T_{track1}、T_{track2}、T_{track3}、T_{track4}分别表示第一次至第四次的跟踪时长，T_{switch}表示切换时间。单次移位时间为20s。

表 4-16　快照校准主要参数说明

参数	格式	备注
源赤经	时 分 秒	00 00 00.00
源赤纬	度 分 秒	+00 00 00.0
观测总时长	—	大于 180s
是否允许推迟	—	\<Yes\> \<No\>
使用馈源	—	\<70～140MHz\>\<140～280MHz\>\<270MHz～1.62GHz（UW）\>\<560～1020MHz\>\<1.1～1.9GHz\>\<1.05～1.45GHz（MB）\>\<2～3GHz\>，默认为\<1.05～1.45GHz（MB）\>

③ 沿赤纬快照

快照、快照校准观测模式都是针对银道面开发的，如果有 ICRS（J2000）坐标系下对天区进行扫描的需求，则可能需要采用沿赤纬快照（Snap Shot-Dec）观测模式，它针对赤道坐标系开发。沿赤纬快照轨迹如图 4-5 所示。该模式默认供多波束馈源 \<1.05～1.45GHz（MB）\> 使用，在 ICRS（J2000）坐标系下进行目标搜寻。沿赤纬快照观测模式的观测总时长与单次跟踪时长计算和快照观测模式的相同。沿赤纬快照主要参数说明如表 4-17 所示。

表 4-17　沿赤纬快照主要参数说明

参数	格式	备注
源赤经	时 分 秒	00 00 00.00
源赤纬	度 分 秒	+00 00 00.0
观测总时长	—	大于 60s
是否允许推迟	—	\<Yes\> \<No\>
使用馈源	—	\<70～140MHz\>\<140～280MHz\>\<270～1.62GHz（UW）\>\<560～1020MHz\>\<1.1～1.9GHz\>\<1.05～1.45GHz（MB）\>\<2～3GHz\>，默认为\<1.05～1.45GHz（MB）\>

（6）太阳系目标扫描

此模式可用于太阳系内八大行星和月球的跟踪、漂移观测。这些天体在 J2000 坐标系下位置并不固定，而是持续变化，并且距离地球较近，需要完成地心视差校正等。因此如果需要对这些目标进行观测，可考虑使用此观测模式。

① 太阳系跟踪

太阳系跟踪（Solar-System Tracking）观测模式是对望远镜视场内的太阳系天体目标进行跟踪观测，天体位置根据美国的喷气推进实验室（Jet Propulsion Laboratory，JPL）发布的星历 DE436 推导得出。

需要注意观测过程中目标天体和太阳的间距须大于 1°，否则系统将返回错误。另外，主要参数中的月经、月纬输入值，仅在观测天体为月球时有效；赤经偏移量、赤纬偏移量参数默认为 0（即正常指向，无偏移），有特殊需求时再更改该值的设置。太阳系跟踪主要参数说明如表 4-18 所示。

表 4-18　太阳系跟踪主要参数说明

参数	格式	备注
太阳系天体编号	—	[1,2,4,5,6,7,8,9,10]，编号依次对应水星、金星、火星、木星、土星、天王星、海王星、冥王星、月球
观测总时长	—	大于 0s
是否允许推迟	—	<Yes> <No>
使用馈源	—	<70 ～ 140MHz> <140 ～ 280MHz> <270MHz ～ 1.62GHz（UW）> <560 ～ 1020MHz> <1.1 ～ 1.9GHz> <1.05 ～ 1.45GHz（MB）> <2 ～ 3GHz>，默认为 <1.05 ～ 1.45GHz（MB）>
赤经偏移量	—	用于调整目标天体赤经方向偏移量，默认为 0arcsec
赤纬偏移量	—	用于调整目标天体赤纬方向偏移量，默认为 0arcsec
月经	时分秒	00 00 00.00 目标位置（月面上某点）在月球地理坐标系下的坐标，默认为 0。仅对月球（太阳系天体编号为 10）观测时，该参数有效
月纬	度分秒	+00 00 00.0 目标位置（月面上某点）在月球地理坐标系下的坐标，默认为 0。仅对月球（太阳系天体编号为 10）观测时，该参数有效

参见《月球空间坐标系》（GB/T 30112—2013），月球地理坐标系说明如下：月球本初子午线上的经度为 00:00:00.00，向东方向经度值增加，最大至 24:00:00.00；月球赤道处纬度为 0，向北至 +90:00:00.0，向南

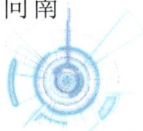

至 −90:00:00.0。

② 太阳系漂移

太阳系漂移（Solar-System Drift）在开始测量时，望远镜指向特定位置后静止不动，靠地球的自转，扫描在对准时刻经过的太阳系目标天体。太阳系行星及月球坐标根据星历 DE436（JPL 发布）推导得出，该模式可用于对太阳系目标进行漂移扫描观测。

需注意观测过程中目标天体和太阳的距离须大于 1°，否则系统将返回错误，主要原因为避免太阳电磁波辐射对目标源造成的影响。另外，主要参数中月经、月纬输入值，仅在针对观测天体为月球时有效；赤经偏移量、赤纬偏移量参数默认为 0（即正常指向，无偏移），有特殊需求时再更改该值的设置。太阳系漂移主要参数说明如表 4-19 所示。

表 4-19　太阳系漂移主要参数说明

参数	格式	备注
太阳系天体编号	—	[1,2,4,5,6,7,8,9,10]，编号依次对应水星、金星、火星、木星、土星、天王星、海王星、冥王星、月球
观测总时长	—	大于 0s
是否允许推迟	—	<Yes> <No>
使用馈源	—	<70 ～ 140MHz> <140 ～ 280MHz> <270MHz ～ 1.62GHz（UW）> <560 ～ 1020MHz> <1.1 ～ 1.9GHz> <1.05 ～ 1.45GHz（MB）> <2 ～ 3GHz>，默认为 <1.05 ～ 1.45GHz（MB）>
赤经偏移量	—	用于调整目标天体赤经方向偏移量，默认为 0arcsec
赤纬偏移量	—	用于调整目标天体赤纬方向偏移量，默认为 0arcsec
月经	时 分 秒	00 00 00.00 目标位置（月面上某点）在月球地理坐标系下的坐标，默认为 0。仅对月球（太阳系天体编号为 10）观测时，该参数有效
月纬	度 分 秒	+00 00 00.0 目标位置（月面上某点）在月球地理坐标系下的坐标，默认为 0。仅对月球（太阳系天体编号为 10）观测时，该参数有效

（7）子午圈扫描

采用此模式，FAST 将指向天顶，在子午线上来回往复扫描，从而完成沿该条赤纬线的目标观测。

编织式扫描（Basket Weaving）中望远镜在子午圈往复扫描起止赤纬区间的目标，对沿该条赤纬线的目标进行观测，编织式扫描观测模式示意图如图 4-6 所示。该模式会沿子午圈进行编织式扫描，需要注意的是扫描速度为 5 ～ 30arcsec/s。当扫描速度小于 5arcsec/s 时，由于效率太低，系统会返回错误。编织式扫描主要参数说明如表 4-20 所示。

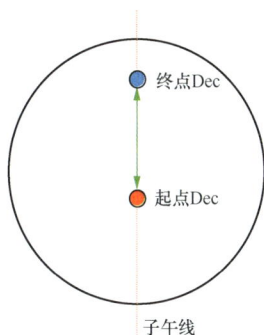

图 4-6 编织式扫描观测模式示意图

表 4-20 编织式扫描主要参数说明

参数	格式	备注
开始赤纬	时 分 秒	00 00 00.00
结束赤纬	度 分 秒	+00 00 00.0
观测总时长	—	大于 0s
是否允许推迟	—	<Yes> <No>
使用馈源	—	<70 ～ 140MHz> <140 ～ 280MHz> <270MHz ～ 1.62GHz（UW）> <560 ～ 1020MHz> <1.1 ～ 1.9GHz> <1.05 ～ 1.45GHz（MB）> <2 ～ 3GHz>，默认为 <1.05 ～ 1.45GHz（MB）>
扫描速度	arcsec/s	[5, 30]

（8）多波束校准

多波束校准（Multi-Beam Calibration）观测模式主要用于对多波束馈源进行校准，通过依次使用不同波束对目标进行跟踪观测，对望远镜的指向、终端增益进行定期检验，测试其是否正常或正确。

多波束校准观测模式的原理为针对多波束馈源使用 19 个波束，逐个对准某个位置进行观测。

需要特别说明的是，为保证测试精度，对波束 1 多进行了一次重复跟踪。即最终的多波束馈源观测顺序为 1—1—2—3—4—5—6—7—19—8—9—10—11—12—13—14—15—16—17—18。

单次切换时间为 40s。多波束校准观测模式示意图如图 4-7 所示，可用

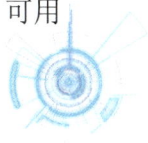

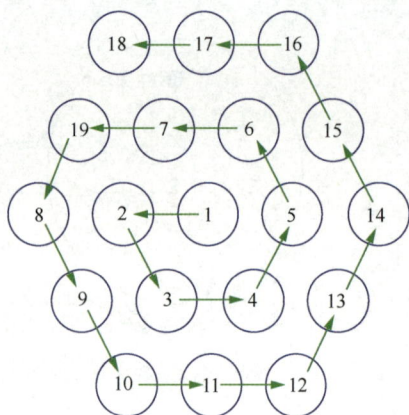

图 4-7　多波束校准观测模式示意图

于 ICRS（J2000）坐标系下对目标进行多波束校准测试。需注意该模式默认供多波束馈源 <1.05 ～ 1.45GHz（MB）> 使用。由于该模式不使用回照方式，天顶角限制在 30°以内。

（9）自定义

针对某些特殊需求或目标，如对彗星、天体碎片进行观测，月球局部位置切换观测轨迹等，现有的 8 类观测模式均无法满足需求。但这些特殊目标轨迹规划方式使用频率较低，单独为其开发新的通用观测模式的必要性较小，此时可考虑使用自定义类模式。

用户获取确切观测时间区间后，制订基于地平坐标系下的计划指向文件，将轨迹发送给望远镜负责人员进行检验，轨迹列表的加速度、天顶角等正常后即可导入控制系统，完成后续观测。

轨迹文件的要求是周期为 100ms，字段共 3 列，分别为修正儒略日（UTC 时间）、方位角（°）、垂直角（°），文件为 .txt 格式。

4.1.3　天文观测指令转换

总控系统在接到观测任务之后，需要将天文观测指令转化为硬件设备可执行语言。例如，将天文坐标转化为工程坐标；当前天文观测任务需要对哪些反射面面板进行调整、调整量为多少、控制反射面变形的每个促动器伸长量为多少才能使反射面达到预期的变形量；馈源向哪个方向运动、运动速度为多少等。这都需要对天文坐标进行转化，并根据工程坐标对反射面和馈源控制系统进行轨迹规划。

如图 4-8 所示，总控系统在接收到观测指令后，对时间和坐标进行检查，然后发送给各子系统。各子系统根据观测指令进行轨迹规划，将轨迹分解成控制系统的控制量。

　　各子系统采用相同的天文坐
标转换算法和轨迹规划算法，对
国际天文学联合会（International
Astronomical Union，IAU）提供
的基础天文标准库（Standards Of
Fundamental Astronomy，SOFA）
算法和过程进行直接调用，并在
使用或维护时对 SOFA 进行更新。

图 4-8　天文观测指令转化流程

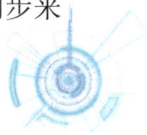

4.1.4　观测协调管理

　　总控系统的功能为联系、协
调和控制各子系统的操作，其工作内容主要包含时间同步、协调管理、接
收机与终端控制、观测数据管理等。

1．时间同步

　　FAST 馈源支撑系统、主动反射面系统等获取时间基准信息，有利于时
间同步系统的实现。时间同步系统由 GPS 网络守时服务器、授时天线、串
口分配器等组成。

　　时间同步系统通过接收卫星信号，获取卫星授时信号，并得到高精度
的秒脉冲数据和协调世界时的精确时间，从而得到 NTP 服务器的高精度时
间源。利用 NTP 来对望远镜系统内各个计算机等设备完成授时，NTP 网络
端口对子服务器以及一级客户端进行时间同步，并对高精度需求的工作站
采用串口输出，进行一定时间的比对来获取钟差、钟速，从而得到高精度
的校时。二级客户端通过路由器等向子时间服务器发送请求，将时间同步
为准确的协调世界时，从而实现授时功能。Windows 系统的服务器或工作
站因为其自带 NTP，可以通过设定时间服务器的 IP 地址，然后请求同步来

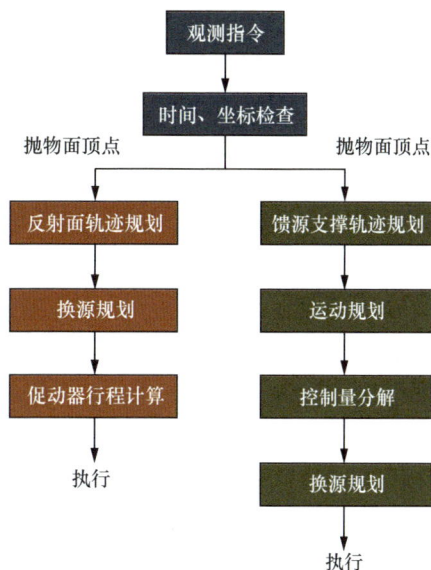

实现时间的同步，用计算机内部石英晶体振荡器的精确时间来守时，从而解算出测量与控制时所需的准确时刻及测量与控制时所需解算的准确时段。

目前，授时系统精度为 20μs，促动器沿径向最大变化速度为 0.0016m/s，20μs 的运动量为 0.0032mm，满足其运动精度为 ±0.25mm 的要求。跟踪模式下卷扬机的最大出索速度为 0.0116m/s，20μs 的运动量为 0.000232mm。换源模式下最大出索速度为 0.4m/s，20μs 的最大运动量为 0.008mm，满足精调机构的位置精度为 10mm 的要求。也就是说，在目前授时精度下，馈源与促动器的行程均在要求的误差范围内，授时精度对控制系统来说完全满足要求。

2. 协调管理

不同类型的望远镜系统有较大的差异，但它们具有相似的控制系统结构。FAST 也不例外，其从底层到上层分为硬件层、本地控制层、工作站层、顶层控制层。硬件层包括望远镜系统的所有硬件设备，如望远镜本体、机架、反射面、传感器、光纤等。如图 4-9 所示，本地控制层由本地控制单元组成，控制单元由嵌入式系统实现，通过工业以太网控制硬件设备。本地控制层受工作站层控制，它们之间通过以太网进行通信。

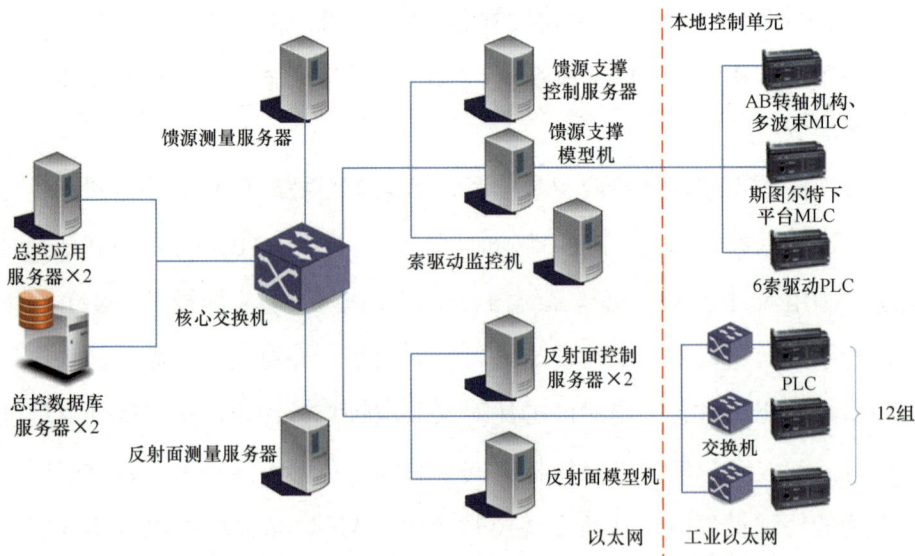

图 4-9　FAST 控制系统结构

FAST 总控系统网络采用星形以太网结构，通过总控网络系统将反射面控制服务器、反射面测量服务器、馈源支撑控制服务器、馈源支撑测量服务器有机地整合在一起，同时将总控应用服务器、总控数据库服务器、操作站等设备连接起来，形成数据处理通道，为数据的上传和下载、互联互通提供服务及支撑。总控网络系统拓扑结构如图 4-10 所示。

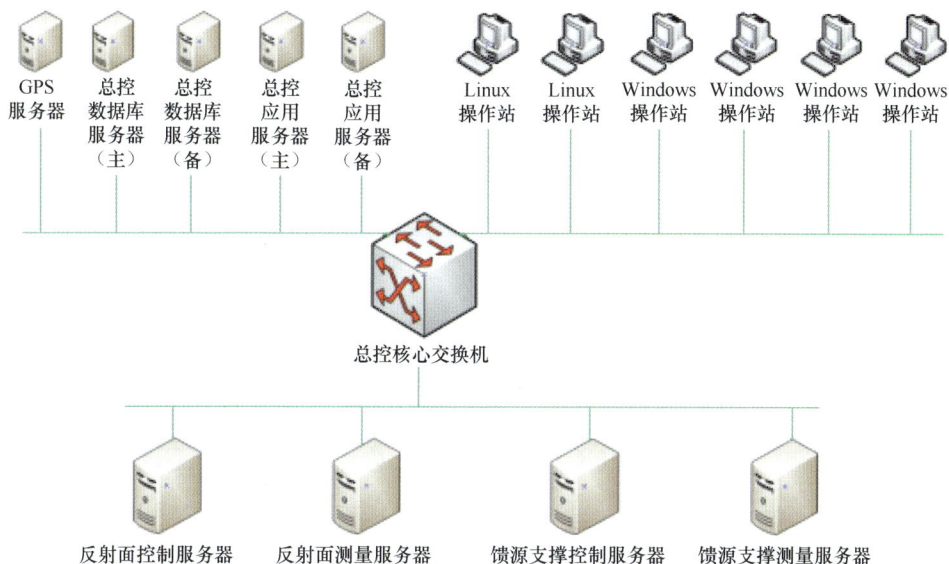

图 4-10　FAST 总控网络系统拓扑结构

总控系统整个工作流程包括观测任务调度、实际观测、数据存储、故障处理等。它的主要功能包括任务管理、系统状态与报警数据管理、运行数据与日志管理等。

（1）任务管理

任务管理包括天文指令管理、观测任务管理及工作模式管理。

天文指令管理就是对天文指令进行管理，天文指令包括天文观测任务名称、所在天区坐标、需要使用的观测模式及接收机编号等信息。天文指令管理包括天文指令的查询、编辑、导出，恒星时读入及观测任务队列的生成等。

观测任务通常包含一个或多个天文指令。观测任务管理包括观测任务

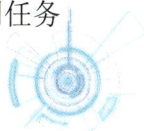

的查看、查询、发布，任务状态的变更等。

总控系统在接收到观测任务后，调用接收机与终端接口进行接收机任务设置，设置信息包括观测任务信息、接收机、ROACH 控制台信息等。设置完成后将任务下发给反射面控制、馈源支撑控制等子系统。各子系统由待机状态进入预备观测状态。此时子系统返回状态信息给总控系统，若各系统状态正常，则望远镜系统进入观测状态；若不正常，则系统进入故障状态或待机状态；观测人员此时自行判断干扰源并将其关闭。在观测过程中，观测人员可实时查看天文指令执行情况，并根据需要对观测任务进行干涉。在观测任务队列中的任务执行过程中，总控系统动态接收观测任务管理模块发送的队列次序调整指令，并实时调整观测任务队列中的任务次序。

（2）系统状态与报警数据管理

总控系统对系统运行状态进行监控，对队列和各个子系统之间的运行状态、指令下发及回复、实时运行数据进行监控，便于观测人员对系统异常情况进行判别。同时为了兼顾系统调试，总控系统对各个子系统的单步运行进行监控。总控系统既是观测任务正常运行的基础系统，也是各个子系统出现故障时判断的依据，可以借助它快速找出问题的原因。

子系统和总控系统状态交互通过远程字典服务器（Remote Dictionary Server，Redis）平台发布订阅功能来实现，总控系统实时订阅子系统状态（心跳报文），子系统每隔 10s 发布一次子系统状态。同时总控系统根据状态信息判断子系统的离线和在线状态。

系统状态分为 5 种，即离线、待机、预备、观测和故障。5 种状态既是为了统一整个系统状态，也是为了观测而服务的状态。

系统状态如图 4-11 所示。

离线状态：当发现某个子系统未连接总控系统或规定时间内超时未收到心跳报文，将该子系统设置为离线状态。

待机状态：当子系统目前没有观测任务或者子系统在处理其他任务时，将

子系统状态设置为待机状态。向总控系统报告状态信息可以把子系统的自定义
状态发送给总控系统，同时总控系统显示当前子状态。当子系统处于待机状态
时，如果接收到观测指令，子系统会根据自己的状态判断是否可以开始观测。

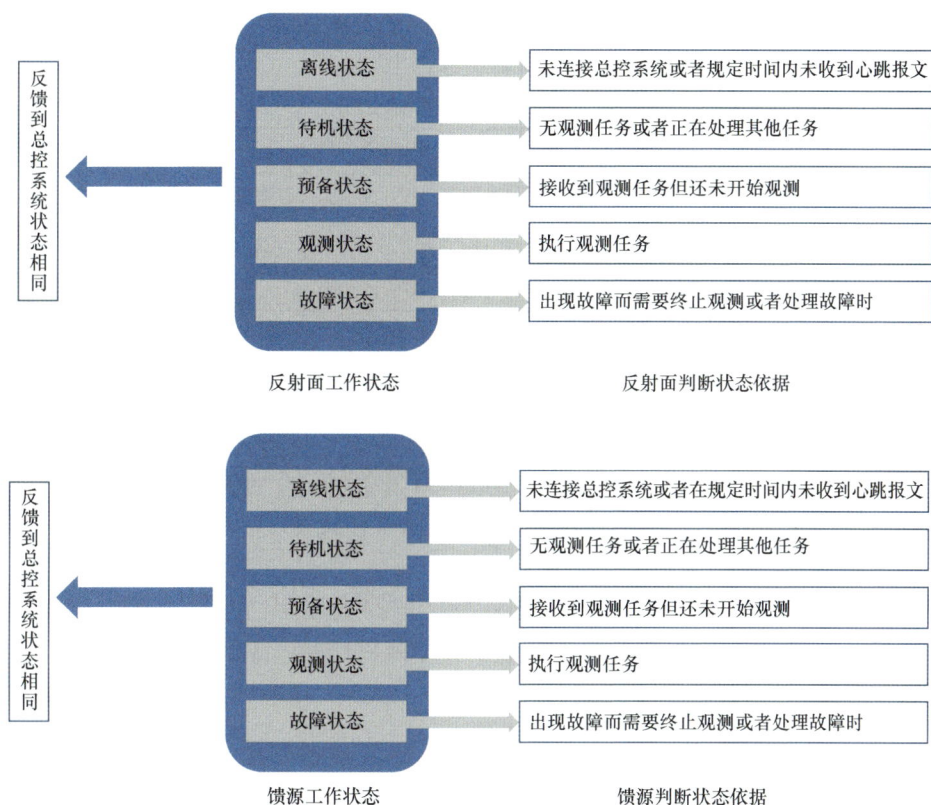

图 4-11　系统状态

预备状态：在子系统接收到总控系统观测指令后，并且未到观测时间，
系统处于预备状态。

观测状态：当子系统开始执行观测任务时，子系统处于观测状态。

故障状态：当前子系统处于发生故障而需要终止观测或者处理故障时，
进入故障状态，并且按照预案进行处置。

测量系统的故障分别通过反射面系统和馈源支撑系统上报总控系统，

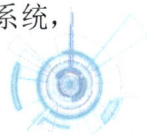

当反射面系统或馈源支撑系统及其对应的测量系统出现严重错误并且影响观测时，需要设置系统状态为故障状态，并且在故障状态备注说明里面说明故障原因，统一上报总控系统。

当望远镜系统在工作过程中发生故障时，系统会根据故障等级产生相应报警信息。系统故障等级划分如表 4-21 所示。

表 4-21　系统故障等级划分

故障等级	说明
轻微故障	不影响系统观测情况的故障，当故障发生时，系统给出报警提示，可由观测人员或工程师判断是否停止观测
一般故障	影响正常观测，需停止观测，进行维护
严重故障	需要紧急停止观测

当子系统向总控系统报告故障时，同一类报警信息采用同一种报警编号。报告故障时，同一个故障采用相同的报警编号。故障解除后，新的故障采用新的报警编号。总控系统如果收到新的报警编号，要建立新的报警记录；如果报警编号相同，只对相同报警编号进行计数操作；如果接收到报警解除信息，记录解除时间，同时设置报警状态为解除。如果长时间未收到报警解除信息，总控系统根据系统运行状态或者预案自动解除报警。

（3）运行数据与日志管理

FAST 运行数据包括馈源系统数据、反射面系统数据、接收机系统数据、任务执行状态数据、报警信息、气象数据等。总控系统通过共享内存数据库联系各子系统，各子系统把要共享的数据写入数据库，其他系统按需获取。

总控系统通过筛选关键信息建立数据库，存储长期有价值的信息，至少保留 10 年。各子系统建立各自的控制过程运行数据库，保留数据 1 年。系统将定期清理过期数据。

望远镜系统生成的日志类型可以分为天文指令内容日志、指令执行日志、任务操作日志、子系统观测数据日志、系统报警日志、观测结果日志等。总控系统将日志保存后，操作人员可通过总控系统查询、编辑与导出日志。

3．接收机与终端控制

接收机与终端控制采用 ROACH 控制台管理，接收机与终端的主要功能是接收任务管理系统生成的指令，根据指令来设定在哪台终端执行命令。接收机与终端采用远程安全外壳（Secure Shell，SSH）连接终端的 Linux 控制台，并采用命名代号的方式区分终端主要执行的指令类型。

当接收机与终端控制系统收到总控系统开始观测任务的消息时，系统自动配置该观测任务的相关参数，包括噪声等级、增益参数、采样时间、射电观测数据流向和存储等，并自动给 ROACH 控制台发送观测开始指令和参数；当收到总控系统结束观测任务的消息时，自动给 ROACH 控制台发送观测结束指令和参数，从而实现接收机工作与 FAST 控制系统同步运行。

接收机与观测任务管理模块的关系如图 4-12 所示，在观测任务下发之前，系统接收观测任务管理模块中的观测任务信息、ROACH 参数及接收机参数，将参数通过同步控制模块对接收机与终端进行接收机任务设置，设置完成后下发任务。

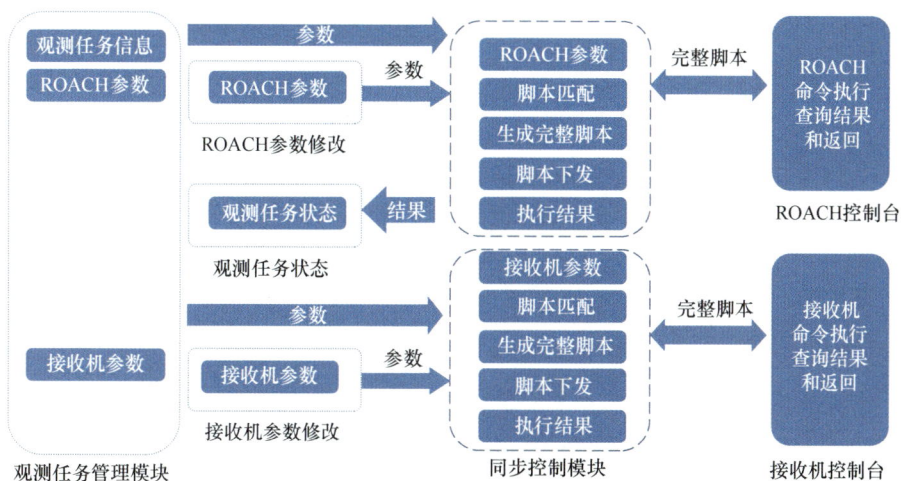

图 4-12　接收机与观测任务管理模块的关系

4．观测数据管理

每个观测任务执行完成后，均会产生大量射电观测数据。观测数据库为

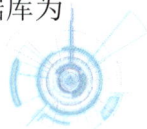

每个执行完毕的观测任务建立射电观测数据档案，记录观测任务标识、观测日期、观测起止时间、观测模式、观测源、观测时长、接收机编号、噪声等级、噪声参数、增益参数、存储设备、存储路径、文件名、文件数量等信息。射电观测数据档案管理信息分类如图 4-13 所示，分为射电观测数据档案库、射电观测数据统计、观测任务执行统计、观测操作日志及气象信息数据库。

射电观测系统通过 Redis 平台与总控系统共享数据。采用 Redis 读写分离技术，使总控系统和 Redis 平台既能共享数据又能实现权限控制。

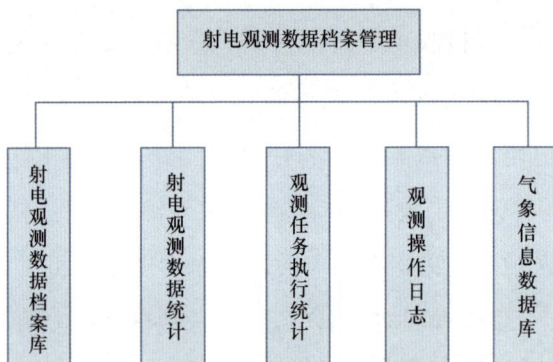

图 4-13　射电观测数据档案管理信息分类

总控系统与射电观测数据档案管理交互如图 4-14 所示。总控系统与射电观测数据档案接口主要有观测任务执行状态、气象信息接口，两者通过 Redis 平台共享数据信息。总控系统收到馈源系统发来的气象信息包括气温、湿度、气压、时间、任务编号、任务名称等信息，总控系统通过 Redis 平台发送给射电观测数据档案管理系统，同时，总控系统又可以通过该平台访问射电观测数据档案管理系统，查询相关信息。

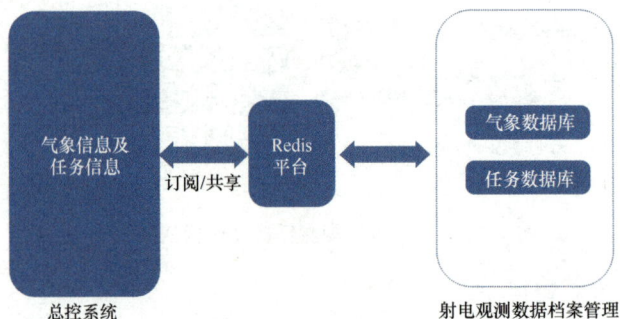

图 4-14　总控系统与射电观测数据档案管理交互

4.1.5　关键技术

FAST 总控系统的功能为联系、协调和控制各子系统操作，使望远镜有条不紊、按计划、高效率地进行天文观测。因此，对总控系统来说，通信技术与观测任务排布非常关键。

1．通信技术

总控系统的主要任务是将观测任务参数和指令发送给各子系统，反馈观测指令的可行性，监测各子系统运行状态，收集并记录望远镜运行数据，提供统一的时间标准及科学数据需要的望远镜状态数据流。为实现多终端间通信的高效及稳定，总控系统采用内存数据库设计，利用 Redis 平台订阅和发布功能进行通信，通信协议采用 JSON 格式。Redis 平台具备响应快速、支持 5 种数据类型、操作原子性及特性丰富等特点。

内存数据库键值是由总控系统和馈源系统、反射面系统共同定义的，原则上各自共享的数据由自身进行修改、维护，其他系统只有读取权限。子系统及时把子系统状态更新到总控系统内存数据库。同时，系统状态更新有时效限制，保证内存数据库的系统状态为最新信息。

总控系统、子系统与内存数据库的关系如图 4-15 所示。

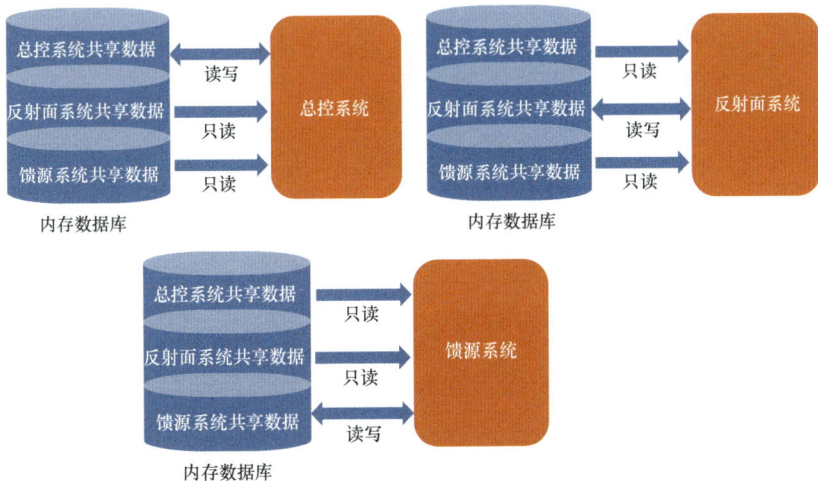

图 4-15　总控系统、子系统与内存数据库的关系

2. 观测任务排布

FAST 观测计划的制订一直由人工完成。在通常情况下，制订一天的观测计划正常耗时 3 ～ 4h。但采用复杂的观测模式，从任务采集系统中获取的详细参数有限，导致任务间距的计算过程不准确，从而无法给出正确的望远镜换源时间。而且存在个别任务由用户失误导致参数填写错误的情况。如果没有提前对观测队列进行模拟测试，易造成在实际过程中观测失败等。因此，拥有可以对任务进行合理、高效地自动排序的算法非常重要。

对观测任务进行排布，较为重要的指标包括换源时间、观测任务是否需要依次连续完成、任务优先级等。

FAST 换源的过程分别由馈源支撑系统及反射面系统独立完成。主动反射面变形通过 6670 根主索及 2225 根下拉索协调控制，实现将直径 300m 区域基准球面变形为抛物面。30t 的馈源舱通过 6 根钢丝绳牵引实现 10mm 的控制精度。FAST 柔性支撑的特点决定了换源时间较长，无法像其他全可动射电望远镜一样快速。

在当前实际观测过程中，换源时间为 1 ～ 12min。进行观测任务排布时，如果为保证每个任务换源时间充足而统一设置为 12min，会导致大量的时间浪费。有效利用换源时间可极大地提升望远镜的使用效率，所以在进行任务排序时，换源时间对望远镜的观测效率而言是一个非常重要的指标，是进行观测任务排序最重要的一个因素。

任务排序还需要注意以下几个因素。观测任务排布有任务组的概念，FAST 观测用户提交申请时，存在需要对几个观测任务连续观测的情况，所以将这些任务归类为一组，组内的任务数最小为 1。因此，制订 FAST 观测计划需要以组为最小单位进行时间分配。

观测任务具有项目优先级，FAST 科学委员会根据用户提交的观测申请进行评级。项目优先级决定了项目的重要性，因此自动排序时需要对优先级进行考虑。当前 FAST 项目优先级由高至低依次为台长时间（Director

Discretionary Time，DDT）、重大项目（简称 Large）、普通项目（简称 General）、运行中心项目（简称 Center）。

FAST 的观测模式较多，换源时间以及中天起落时间都需要根据不同观测模式的具体特性进行分类考虑。

（1）换源时间和中天起落时间

在任务排布算法实现之前，需要详细分析 FAST 的换源时间及不同模式下任务的中天起落时间。

① FAST 换源机制和换源时间

FAST 的换源时间与目标距离并非呈正相关关系，主要原因是受反射面换源机制的影响。当需要切换不同目标点时，反射面将上一次形成的抛物面恢复为基准球面，同时对目标抛物面进行张拉。控制反射面运动的促动器最大速度为 2mm/s，反射面换源原理示意图如图 4-16 所示。

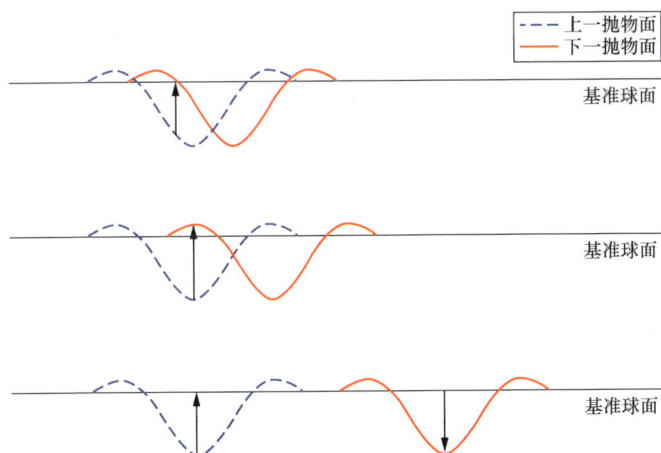

图 4-16　反射面换源原理示意图

由此可看出，若两抛物面距离较近，目标抛物面张拉会受到上一抛物面的影响。反射面的换源时间为上一抛物面及基准球面的部分位置运动至目标抛物面位置，所有促动器所用时间的最大值。当上一抛物面的顶点位置对应目标抛物面相对基准球面伸长量最大时，换源时间达到最大值。若两个抛物面距离较远（无干涉），反射面的换源时间将固定不变，为基准球

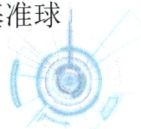

面下拉至目标抛物面顶点的时间。

馈源舱通过 S 形加减速在 FAST 焦面上运动完成换源。换源时间与目标的距离呈正相关，距离越远，用时越长。

图 4-17 展示了换源距离与反射面及馈源舱换源时间的关系，蓝色与红色分别对应馈源舱及反射面在不同距离下需要的换源时间。关于不同任务的换源时间，望远镜应取馈源舱及反射面两者中的最大值。

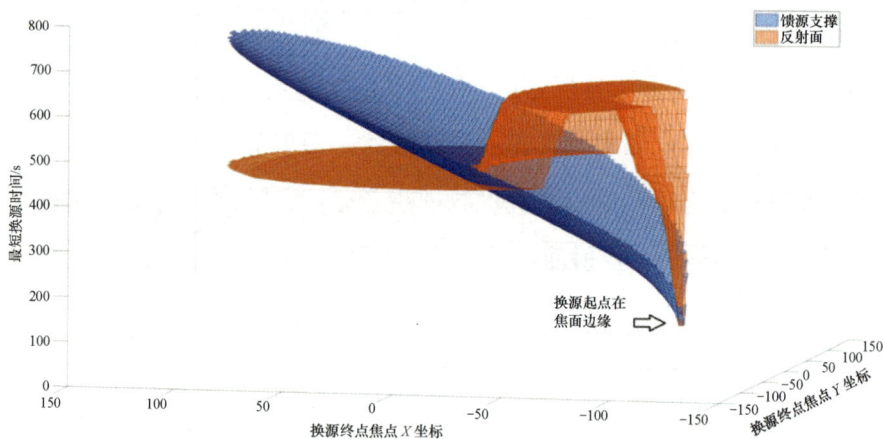

图 4-17   换源距离与反射面及馈源舱换源时间的关系

另外，需要针对不同观测模式的特性，将换源时间的计算分为 3 类。主要原因是只有确定了每个观测模式的起点和终点位置，才能保证任务切换的用时计算准确。当前根据观测模式将计算方式分为漂移、太阳系目标扫描和其他 3 种类型。

漂移类型包括漂移、带角度漂移、带角度保位漂移观测模式，望远镜初始指向由对准时间及源坐标决定，因此使用这两组参数计算任务观测开始时望远镜的指向位置。

太阳系目标扫描类型指太阳系跟踪及太阳漂移观测模式，该类模式的主要参数为天体编号，需要先通过 JPL 星历表计算出目标不同时刻的具体坐标。然后通过开始时间及坐标计算出望远镜的初始指向。

其他类型包括编织式扫描、源上—源外、快速校准、相位参考、运动中扫描、多波束运动中扫描、跟踪、带角度跟踪、快照、沿赤纬快照、多波束校准观测模式。通过开始时刻、起始坐标（源坐标）参数即可计算出任务的换源时长。

②中天起落时间

任务时间同样是制订观测计划的关键参数。它确定了任务能进行观测的起止时间，以及处于天顶位置时使用抛物面面形的最长时间。

此时需要针对不同观测模式的特性，分为 5 类进行计算，即单个位置坐标类、已知多个位置坐标类、未知多个位置坐标类、太阳系目标扫描类以及全天可观测类。

单个位置坐标类包括漂移、带角度漂移、带角度保位漂移（非子午圈）、跟踪、带角度跟踪观测模式，任务的中天起落时间仅受观测模式源坐标影响。

已知多个位置坐标类包括运动中扫描、多波束运动中扫描、源上—源外、快速校准、相位参考观测模式。任务的中天起落时间与开始坐标、结束坐标时间相关。升起时间应为观测开始时间，落下时间应为观测结束时间。中天起落时间因存在两个坐标，需要根据实际情况抉择，如运动中扫描可取开始和结束位置的均值坐标计算，源上—源外可取开始位置中天起落时间。

未知多个位置坐标类包括快照、沿赤纬快照、多波束校准观测模式。这几类观测模式也存在多个位置的切换，但输入条件仅为开始坐标。因此，此类模式只能通过其具体规划方式，计算正确结束坐标后推算的落下时间，否则会导致换源时间产生错误。

太阳系目标扫描类包括太阳系跟踪、太阳漂移扫描观测模式。这类模式无法提前获取天体坐标，需要通过 JPL 行星星历表计算出目标不同时刻下天体的 ICRS 坐标，进而计算太阳系目标天体的中天起落时间。

全天可观测类包括编织式扫描、带角度保位漂移（在子午圈进行）模式，全天皆可观测。

（2）自动排序算法实现

下面介绍自动排序的具体实现过程，详细的自动排序算法流程如图 4-18 所示。

开始

导入观测任务列表

确定规划时段（≤24h）

将任务由PID、组名划分为M个任务组

约束筛选

约束1：视场（40°天顶角）内所有任务的中天起落时间

剔除视场范围外的任务组（起落时间均不在规划时间段），剩余为待分配任务组列表1

约束3：……

约束2：（任务优先级）Center: 1; General: 2; Large: 3; DDT: 4; 权重系数K（用于任务选择）

任务选择

待分配任务组列表1

当前位置到所有待分配任务的位置
①源时间$T1$
②结束时间+换源时间=新开始时间
③计算结束时间、位置

1.筛选满足开始结束时间等所有约束的任务组；
2.符合条件任务组：加入列表2

列表2不为空 ——是——

——否——

符合所有约束任务组列表2
List（GROUP（TASK））N个

设置不同算法权重：
换源距离最短算法权重a_1；
中天最优算法权重a_2 $a_1+a_2=1; a_i\geq0$

a_1

a_2

当前位置到各任务组内序号1任务的位置
①换源时间$T1$（N个）
②结束时间+换源时间=新开始时间
③计算结束时间、位置

当前位置到各任务组内序号1任务的位置
①换源时间$T1$（N个）
②结束时间+换源时间=新开始时间
③计算结束时间、位置

$T1$用时最短得分为n，用时最多得分为1

（新开始时间+持续时间/2）与任务中天起落时间差ΔT，ΔT最短得分为n，最长得分为1

换源距离最短算法得分表1
（ALgorithm_List1）

中天最优算法得分表2
（ALgorithm_List2）

得分公式：Score_List=$k\times[a_1\times$ALgorithm_List1$+a_2\times$ALgorithm_List2]

任务得分表TS

TS不为空 ——是—— 取最高分任务1，依次计算组内任务：最小换源时间及结束时间、位置

——否——

移除得分表最高分ID

结束

任务规划检查

人工优化队列

初始优化队列

待分配列表2是否还有任务，且在规划时段内 ——否——

——是——

待分配移除该组，且组内任务依次加入队列

新开始时间>升起时间，否则新开始时间=升起时间。开始时间+持续时间<落下时间

中天最优的目的是尽量保证源观测到一半时刚好过中天

组内最后任务开始结束时间等是否满足所有约束 ——是——

——否——

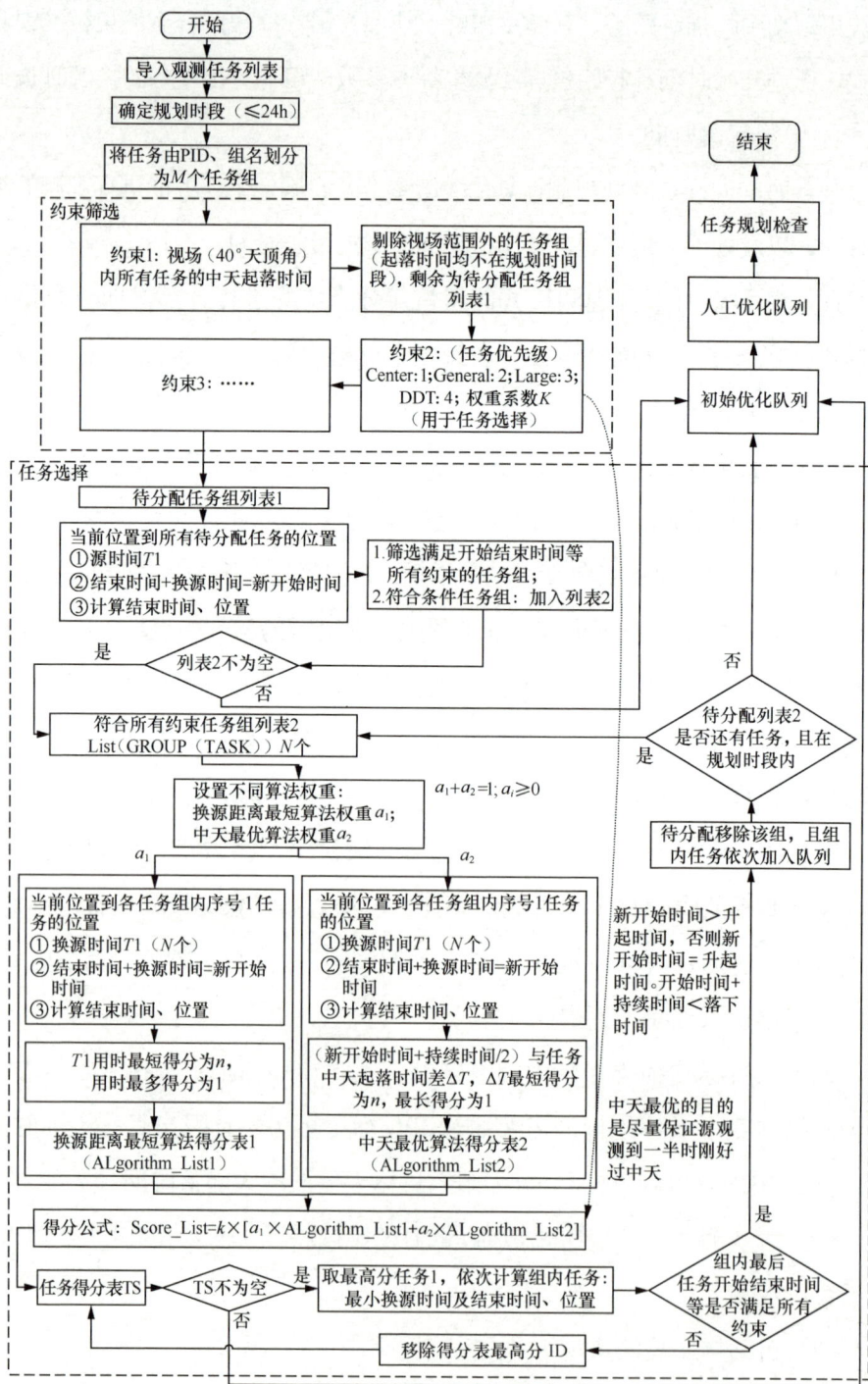

图4-18　自动排序算法流程

① 约束筛选

· 剔除视场范围外的任务组（起落时间均不在规划时段）。

· 项目优先级，设置项目优先级权重系数 K，具体如下。

　运行中心项目（Center）：1。

　普通项目（General）：2。

　重大项目（Large）：3。

　台长时间（DDT）：4。

· 后期扩展类，即后期算法升级的约束因素，如不同时刻任务与太阳的间距、任务与卫星的间距等。在 FAST 的接收频段，如果卫星、太阳等发出的电磁波干扰源与目标间距过近，会给正常观测带来干扰。

② 任务选择

针对 FAST 观测，由于任务执行需要以组为单位，所以先对所有任务进行分组，提取所有组内的第一个任务参与得分计算。

采用换源最短及中天最优两类算法，通过加权计算任务最终得分。算法权重值根据效率或观测质量需求设置，即可得到任务得分表 TS，得分表中分数最高的组称为推荐观测组。

对推荐观测组内所有任务依次进行规划。若组内所有任务均规划正常，则该组任务为最优任务组，推入已分配任务队列，并将该组任务从待分配列表中删除。

若组内所有任务存在规划异常，则将该组从得分表移除，重新获取得分表内分数最高的组为推荐观测组，依次进行规划。同理，若组内所有任务均规划正常，则该组任务为最优任务组，推入已分配任务队列，并将该组任务从待分配列表中删除。若得分表内所有的任务均无法满足条件，则默认无可安排任务，自动排序结束。

循环进行任务选择，当待分配列表为空或任务开始时刻已不在规划时段内，自动排序结束。

③ 换源最短算法

换源最短算法的主要目的是优先安排所有任务中换源用时最短的任务。这种算法的优点如下。

- 馈源舱运动距离短，可避免换源时间浪费。
- 避免由于任务长距离频繁切换导致的硬件使用寿命缩短的问题。
- 避免换源距离较远，导致馈源舱到达目标位置初期精度不足的现象。

设待分配列表共 n 组，计算上一个任务结束时，所有待分配列表组内第一个任务的换源时间 T_{slew}。T_{slew} 最小则得分为 $n(n \geqslant 0)$，用时最多得分为 1，轨迹规划过程中产生错误，如天顶角超限等，得分为 0，可得 t 时刻下待分配列表的换源最短得分表 A。

④ 中天最优算法

中天最优算法的目的是选择源观测一半时长所处时刻与中天起落时间差值（以下简称中天起落时间差）最小的任务。该算法优点是鉴于 FAST 的特殊几何结构，尽量保证任务能使用完整面形的反射面，若 FAST 超过天顶角 26.4°，有效接收面积会减少。

计算上一个任务结束时，所有待分配列表组内第一个任务的开始时间 T_{start}，不同任务的中天起落时间记为 $T_{transit}$，任务观测时长为 $T_{duration}$。

任务中天起落时间差的计算公式：

$$\Delta T = \left| (T_{start} + \frac{T_{duration}}{2}) - T_{transit} \right| \tag{4-14}$$

同理，假设待分配列表共 n 组，ΔT 最小则得分为 n，最大则得分为 1，若轨迹规划过程中产生错误，得分为 0。得到中天最优得分表 B。

⑤ 算法加权公式

$$g(x) = K(a_1 A + a_2 B) \tag{4-15}$$

式中 K 为项目优先级得分放大比例系数，$K=1,2,3,4$；a_i 为不同算法权重值，且 $a_1 + a_2 = 1$，$a_i \geqslant 0$。

（3）算法测试与分析

① 算法压力测试

算法通过 C 语言进行开发，其中中天起落时间、换源最短算法及中天最优算法采用并行方式运行，在配置有 Intel Core i7-7700HQ 处理器，16GB 内存的计算机环境中进行压力测试，结果如表 4-22 所示。

表 4-22　算法压力测试结果

换源最短权重值	中天最优权重值	任务数 / 个	时长 /h	耗时 /s
0	1	351	8	50
0	1	351	16	92
0	1	351	24	130
1	0	351	8	50
1	0	351	16	118
1	0	351	24	200
0.5	0.5	351	8	51
0.5	0.5	351	16	117
0.5	0.5	351	24	190
0.5	0.5	200	8	30
0.5	0.5	200	24	130

对算法压力测试数据进行分析，在不同权重下制订 8h 观测计划，换源最短算法与中天最优算法耗时基本一致。当制订观测计划时长大于 8h 时，换源最短算法耗时大于中天最优算法耗时。

不同权重下的耗时取最大值，对算法压力测试结果进行函数拟合，得到自动规划算法参与规划任务数、规划时长与程序耗时关系，见式（4-16）。

$$f(x, y) = 10 - 1.785x - 0.03311y + 0.1218x^2 + 0.0207xy \quad (4\text{-}16)$$

式中，x 为规划时长，y 为参与规划任务数。

由此可知，该算法耗时与制订计划的时长、任务数量呈指数相关。

② 不同排序方式对比

在任务总数为 533 时制订 24h 的观测计划，通过对自动排序设置不同

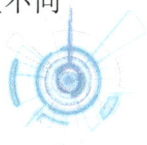

权重与人工排序进行对比，得到结果如表 4-23 所示。

表 4-23　人工排序与自动排序对比

排序类型	权重		换源时间 /s		中天起落时间差 /min	
	换源最短算法	中天最优算法	均值	标准差	均值	标准差
自动排序	1.0	0.0	339.5	174.2	65.5	52.9
	0.0	1.0	422.6	210.5	22.6	25.7
	0.5	0.5	349.1	167.3	63.5	36.1
人工排序	—		706.2	179.7	70.8	71.2

从人工排序与自动排序对比结果可知，首先，自动排序相对人工排序在制订计划的效率上提升较大，不同权重自动排序耗时平均值约占人工排序的 3.4%。另外，自动排序的不同权重换源时间利用率更高，最高较人工排序缩短约 50.5%。

其次，换源最短算法权重值为 1 时，相对自动排序其他权重值及人工排序，换源时间最短，望远镜的使用效率最高，但中天起落时间差的离散度稍大。中天最优算法权重值为 1 时，中天起落时间差均值最小，离散度更低，观测质量最好，代价是换源时间相应增加。自动排序解决了人工排序过程中由于用户失误导致参数填写错误，造成任务在观测时出现异常的问题。

本小节提出一种采用换源最短及中天最优两类算法进行加权排序的思路，为 FAST 提供了切实可行的观测任务排布方案。观测计划制订人员通过实际情况设置不同权重值，能较为方便地获取较优的观测计划，并适应 FAST 的多种观测模式。此算法后续优化方向包括约束条件丰富化，如考虑气象干扰、卫星干扰、目标源与太阳的间距等因素。

4.2　主动反射面控制系统

主动反射面控制系统的主要目标是根据天文轨迹规划和测量数据，通过调整促动器的伸长量控制反射面节点位置，形成位置和面形准确的抛物面或中性球面。为实现控制目标，需要开发相应控制算法软件，保证通信的可靠性和实时性，对数据进行有效存储和管理，并对整个系统进行健康监测等。

4.2.1 功能与组成

反射面控制系统分为 3 层，自上而下分为主控管理层、中间控制层、促动器本地执行控制层。主控管理层设备安装在观测楼总控室内，总控室内有反射面测量系统上位机、反射面安全评估系统上位机和总控系统，各系统通过以太网相互连接。中间控制层设备安装在位于反射面区域的中继室内，反射面全部 2225 个节点被分为 12 个区，每区设一个中继室，总控室与中继室以及中继室之间通过光纤双环以太网连接。

主控管理层设备接收 12 个中继室内的智能设备上传的数据和报警信息，并向智能设备发送从总控系统发出的指令、时间同步信息和从反射面测量系统发出的节点测量信息等。

智能设备计算促动器活塞杆伸长量并发送给促动器，接收促动器本地执行控制层发来的促动器内传感器数据，将数据和报警信息发送给中继室内协议转换器。协议转换器实现数据缓存与交换功能，包括下载主控管理层发送来的指令和控制参数，上传智能设备发来的数据和报警信息，并根据数据优先级和网络繁忙情况决定数据上传内容和具体时间。

图 4-19 所示为反射面控制系统示意图。主控管理层与总控系统衔接，智能设备与促动器本地执行控制层衔接。

1. 调试与运行模式

主动反射面的变形及控制策略如下。

FAST 反射面是由边长约 11m 的三角形单元面板拼成的，反射面成形和变形的过程是不连续的，量化间隔为 11m。将球面变形为抛物面，变形策略需要考虑的问题主要包括抛物面边缘和球面连续、抛物面部分面积尽可能等于该位置原有球面面积，以便减少主索应力改变，使促动

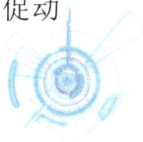

器行程尽可能短。

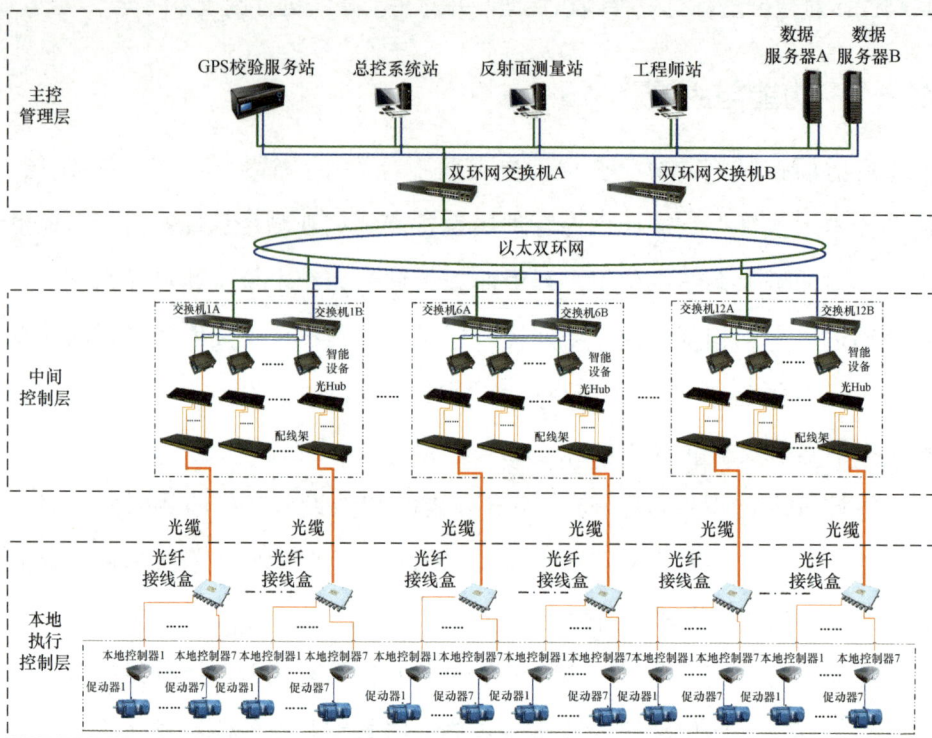

图 4-19　反射面控制系统示意图

抛物面变形策略经过优化，由中性球面变为抛物面时口径为 300m，焦比为 0.4621，抛物面边缘与球面连接处连续时最优。抛物面顶点形成的球面简称顶点球面，通过调整抛物面内节点促动器活塞杆长度，使索网节点调整到规划的瞬时抛物面上。根据球面和抛物面的对称性，可在二维平面进行分析，以圆心为原点，抛物面顶点到焦点连线方向为 Y 轴正方向，建立变形策略方程（圆和抛物线）。

$$\begin{cases} x^2 + y^2 = R^2 \\ x^2 + 2Py + 2P(R + h) = 0 \end{cases} \quad (4\text{-}17)$$

式中 h 可以由焦比 f 和抛物面边缘与球面连接处连续这两个条件唯一确定，由式（4-17）可得（抛物面顶点在中性球面下方）：

$$h = \sqrt{R^2 - \left(\frac{D}{2}\right)^2} + \frac{D^2}{16 \times R \times f} - R \qquad (4\text{-}18)$$

在观测过程中，不同时刻抛物面的位置不同，按节点所处位置不同，相应的控制量与要求不同。

观测时节点按变形策略调整，不同时刻抛物面位置不同，抛物面内节点数也不同。当抛物面顶点经过反射面中心节点时，照明口径内节点数量变化曲线如图 4-20 所示。FAST 天顶角为 40°，跟踪时抛物面顶点轨迹如图 4-21 中的黑线所示。跟踪模式下抛物面顶点从西向东运动的过程中，抛物面内节点数量最大为 713，最少为 528。

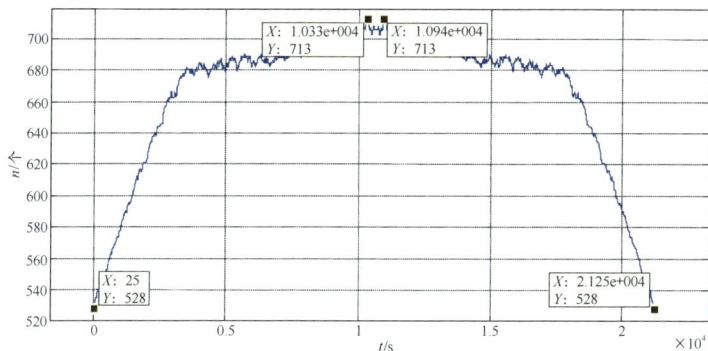

图 4-20　照明口径内节点数量随时间变化曲线

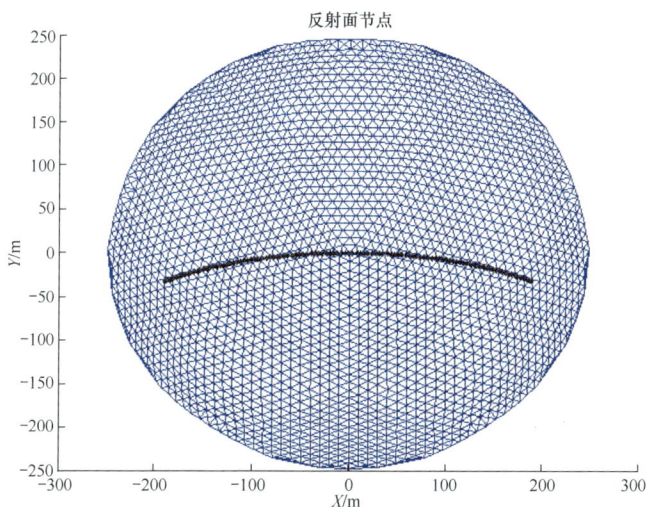

图 4-21　跟踪时抛物面顶点运动轨迹

当节点位于抛物面内且不与圈梁相邻时，和基准球面相比，不同位置促动器的拉伸量曲线如图 4-22 所示。

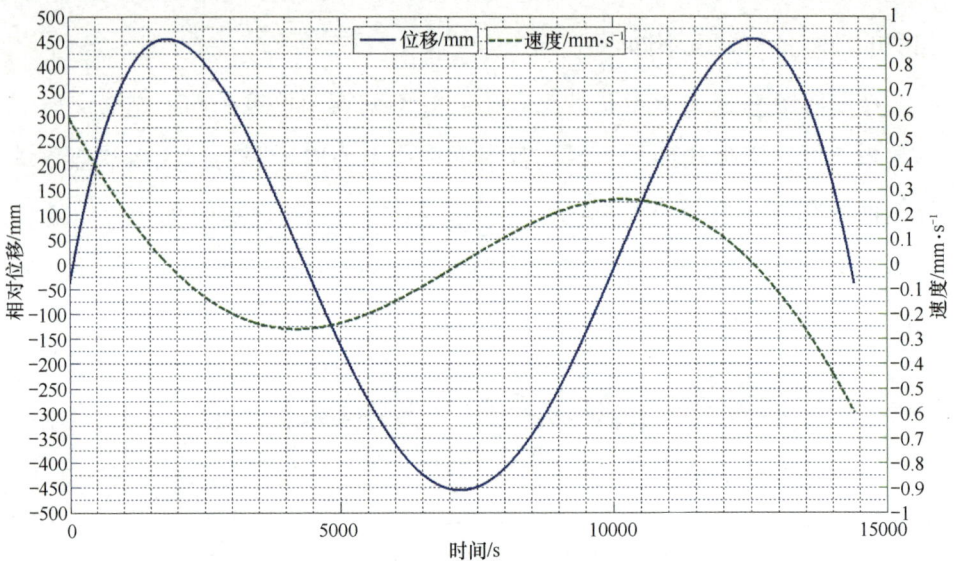

图 4-22　不同位置促动器的拉伸量曲线

横坐标表示时间时，节点开始位于抛物面和球面界线最东点，随着地球自转，节点处于抛物面的不同位置，对应的纵坐标是理想情况下促动器活塞杆需要调整的长度。4h 后，抛物面指向旋转了 60°（地球 24h 旋转 360°），该节点位于抛物面和球面界线最西点。如果将横坐标改为中心位置，那么从中心点到曲线两端各 30°，可以理解为在抛物面轴左右 30°内各个点与中性球面的径向位置偏移，即促动器的拉伸量。因为节点不是连续的，因此抛物面和球面衔接处在多数情况下无法保证达到图 4-21 所示的理论位置，存在一定误差是无法避免的，也存在球面和抛物面边缘过渡区的处理问题。

球面与抛物面边缘过渡区：FAST 反射面是由边长约 11m 的三角形单元面板拼成的，抛物面成形和变形的过程不是连续的，量化间隔为 11m。球面与抛物面结合处抛物面上最外围一个节点（简称内部节点）与相邻球面上第一个节点（外部节点）存在调整量方向上的不同，内部节点是放索，外部节点是收索。将与抛物面相邻的球面上第一环节点定义为边缘过渡区，不同观测时段边缘过渡区内节点数量变化如图 4-23 所示。当节点刚好在两曲面结合处时，相应的外部节点保持在球面上不调整，不影响边界精度，图 4-24 中蓝点表示抛物面边缘位置。当结合处位于面板中间时，图 4-25 中蓝点表示抛物面边缘位置，内部节点调整量约为 118mm，面板自身曲率半径为 315m，中心悬垂量为 48mm，边缘处误差约为 11mm，这些结果超出反射面面形精度要求，需要规划外部节点调整量以使误差最小。

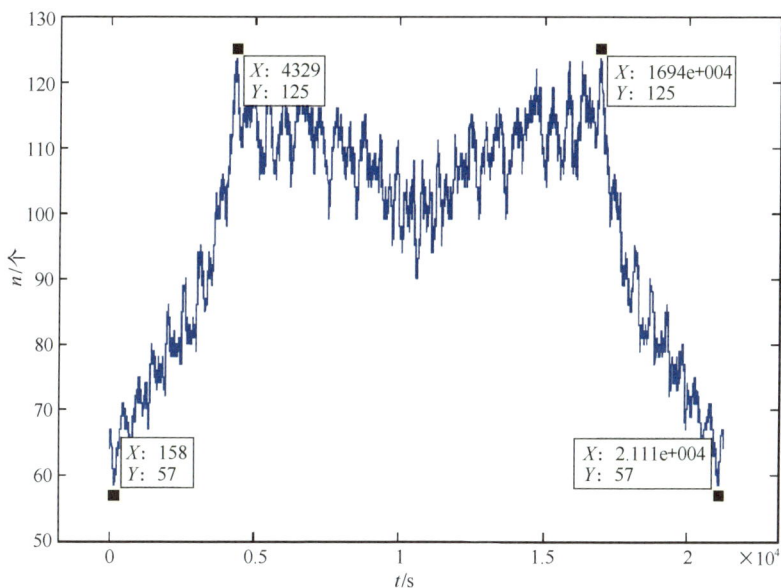

图 4-23　不同观测时段边缘过渡区内节点数量变化

变形区外节点：抛物面变形区外节点应处于中性球面上，促动器运行精度要求为 5mm，促动器本地控制其处于保位状态。当误差超出精度要求的 40%，促动器未进入保位状态时，控制系统发送保位指令，令其进入保位状态。

圈梁相邻节点：当瞬时抛物面靠近或超出圈梁时，圈梁相邻 1 ～ 2 环节点在有效照明口径内都是放索，在判断索力确保安全的前提下进行适当调整。

如果因望远镜维修等，各液压促动器长期不运行，初期设置液压促动器为

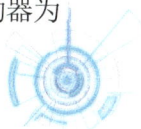

有源保位，然后根据该阶段的实际运行参数，确定后期是否变更为无源保位。

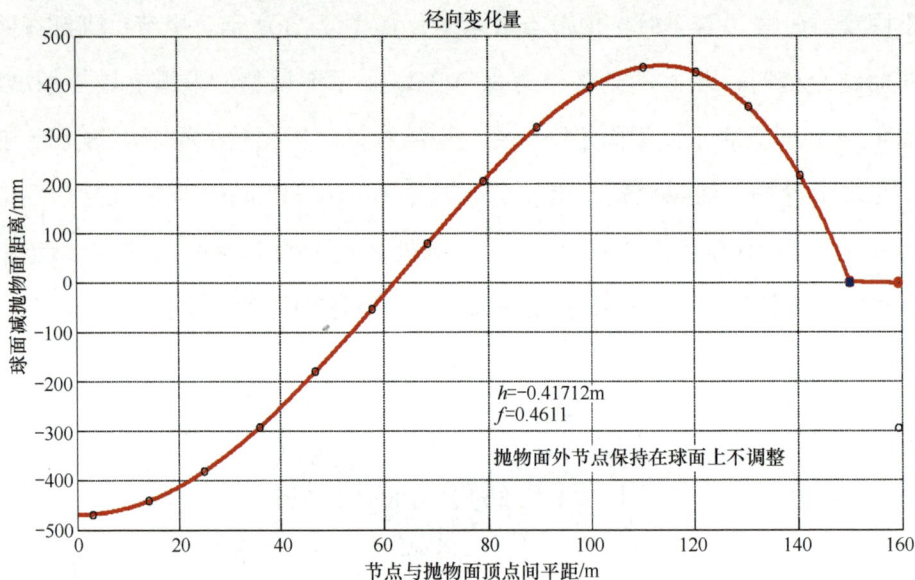

图 4-24　节点落在抛物面边缘处的调整量

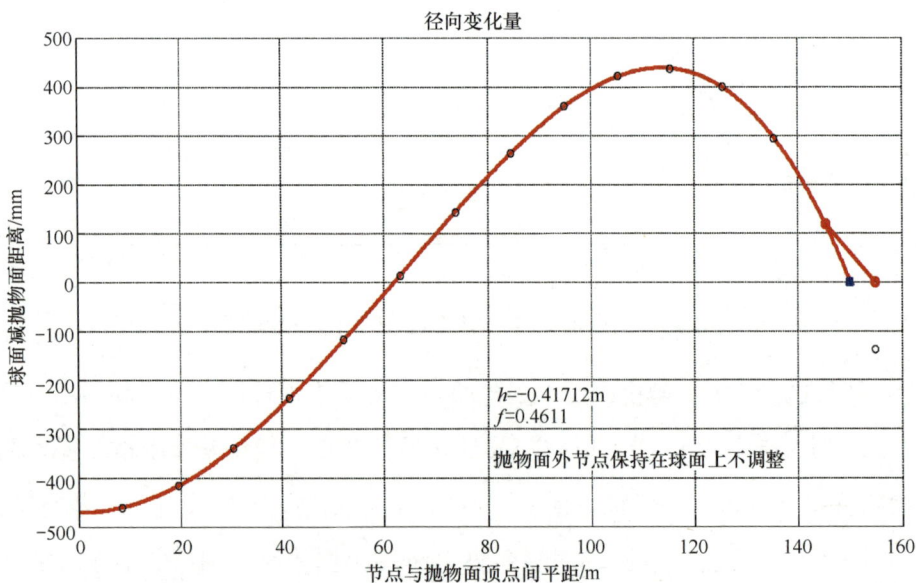

图 4-25　单元面板中点落在抛物面边缘处的调整量

2．中性球面标定

不论是索网和促动器连接完成后，还是运行过程中，中性球面的成形都是保证望远镜高精度运行必不可少的环节。标定过程需要对所有节点进行控制，中性球面成形过程是渐近的。反射面控制系统需要能够支持分区分级成形控制，成形控制过程中需要反射面测量系统对节点进行测量，但中性球面测量没有特别的实时性要求。控制系统应能独立规划、调整节点区域和测量节点区域，支持用户自定义分区，具有单点、多点调试和文件导入模式。

　　换源方式方面，换源即实现观测目标的快速切换，要求在 10min 内将抛物面指向新的观测方向。换源有 3 种策略。第一种是回归中性球面和形成新抛物面同时进行，即新抛物面以外节点回归中性球面，新抛物面以内节点直接移向目标位置，这种策略占用时间短、效率高。第二种是先回归中性球面整体以形成基准球面，再变形成新的目标抛物面。第三种是利用快速扫描模式，但换源效率很低，促动器以 1.6mm/s 速度 10min 内最多改变 6.9°。第二种是常规工作方式，第三种是观测模式的一种，不赘述。下面对第一种的可行性做简单分析。图 4-26 所示为 3 种有代表性的换源工况示意图。

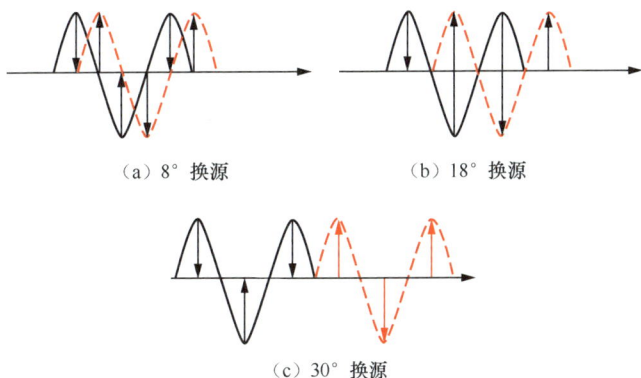

（a）8° 换源　　　　　　　（b）18° 换源

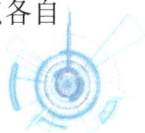

（c）30° 换源

图 4-26　换源工况示意图

　　显然，小角度换源时采用图 4-26（a）所示的策略较好，换源时间小于 10min。图 4-26（b）所示的 18° 换源工况下促动器行程最长换源时间需要 10min，通过规划所有节点换源时的运动速度可做到所有点同时到达球面，再形成新抛物面。若采用图 4-26（c）所示的 30° 换源工况，如果节点各自直接移向终点，只需要 5min，当处于新抛物面还没有成形、旧抛物面还没有回到球面的中间状态时可能会导致索力超限。控制过程中可通过节点运行速度规划，使旧抛物面更早到达球面，新抛物面成形略晚于球面成形。初步分析抛物面弧长为 314.084m，短于圆弧长 314.159m，因此抛物面成形过程有使主索索力减少的趋势，故考虑采用图 4-26（a）所示的策略。

换源过程中对节点的位置精度没有要求，但需要规划各个节点的速度。

观测过程中抛物面超出圈梁时，望远镜进入回照状态，主动反射面大部分节点变形控制策略保持不变。回照时反射面变形区域仿真如图 4-27 所示。

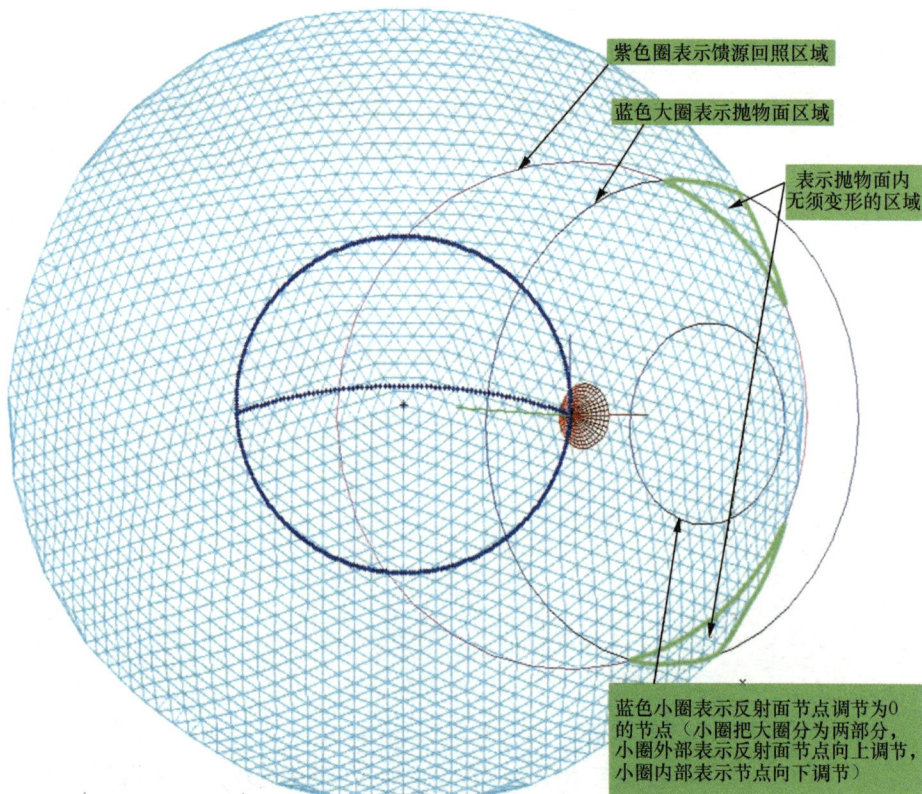

紫色圈表示馈源回照区域

蓝色大圈表示抛物面区域

表示抛物面内无须变形的区域

蓝色小圈表示反射面节点调节为0的节点（小圈把大圈分为两部分，小圈外部表示反射面节点向上调节，小圈内部表示节点向下调节）

图 4-27　回照时反射面变形区域仿真

3．系统拓扑与节点控制

整体系统拓扑包括反射面控制服务器、反射面测量服务器、操作员站、工程师站、打印机等设备，上述设备通过测控网（双环网冗余）与 12 个中继室的可编程逻辑控制器（Programmable Logic Controller，PLC）连接。反射面控制服务器、反射面测量服务器通过总控交换机与总控服务器连接。反射面控制系统拓扑如图 4-28 所示。

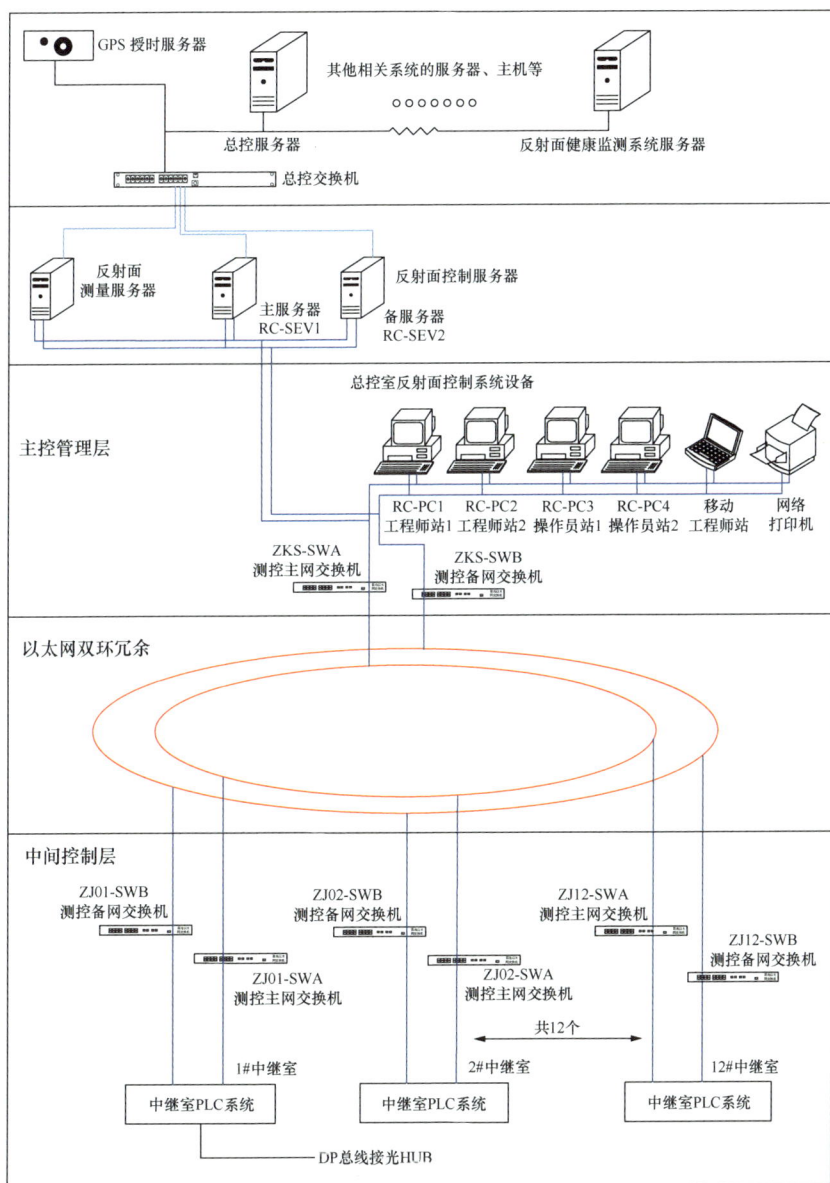

图 4-28　反射面控制系统拓扑

其中，中继室使用通信总线结构，主要包括每个中继室配一块西门子 CPU317-2 PN/DP 与 4 块 DP 网络模块 CP342-5。CPU 具有双以太网接口，与通过 PROFIBUS-DP 协议的 4 条总线连接，一条总线最多可连接 64 台促动器。中继室总线结构如图 4-29 所示。

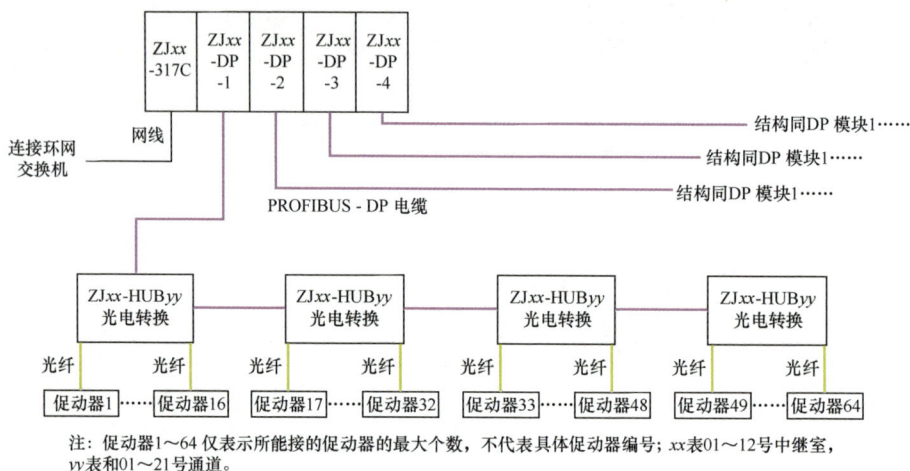

注：促动器1～64仅表示所能接的促动器的最大个数，不代表具体促动器编号；xx表01～12号中继室，yy表和01～21号通道。

图 4-29　中继室总线结构

在总控室内，反射面控制系统的两台控制服务器通过两台测控网交换机与工程师站、操作员站、打印机等相连，通过总控交换机与总控服务器、安全评估、馈源支撑控制、反射面测量等系统相连。而总控室与中继室之间是通过双环网连接的。总控室内部设备连线如图 4-30 所示。

测控环网将总控室与 12 个中继室通过光纤双环连接在一起，一共 26 台交换机，主环与备环各 13 台（见图 4-31）。

反射面节点控制的流程如图 4-32 所示，首先进行开始观测前的初始球面标定，根据标定结果对整网进行综合评估和调整，形成最优中性球面，开始观测。接收总控系统下发天文观测指令（天文观测模式、赤经、赤纬、开始时间、结束时间等）后，按要求解算瞬时抛物面顶点位置，根据索网节点位置和抛物面顶点位置，按要求解算出需要调整的节点号和理论索长。

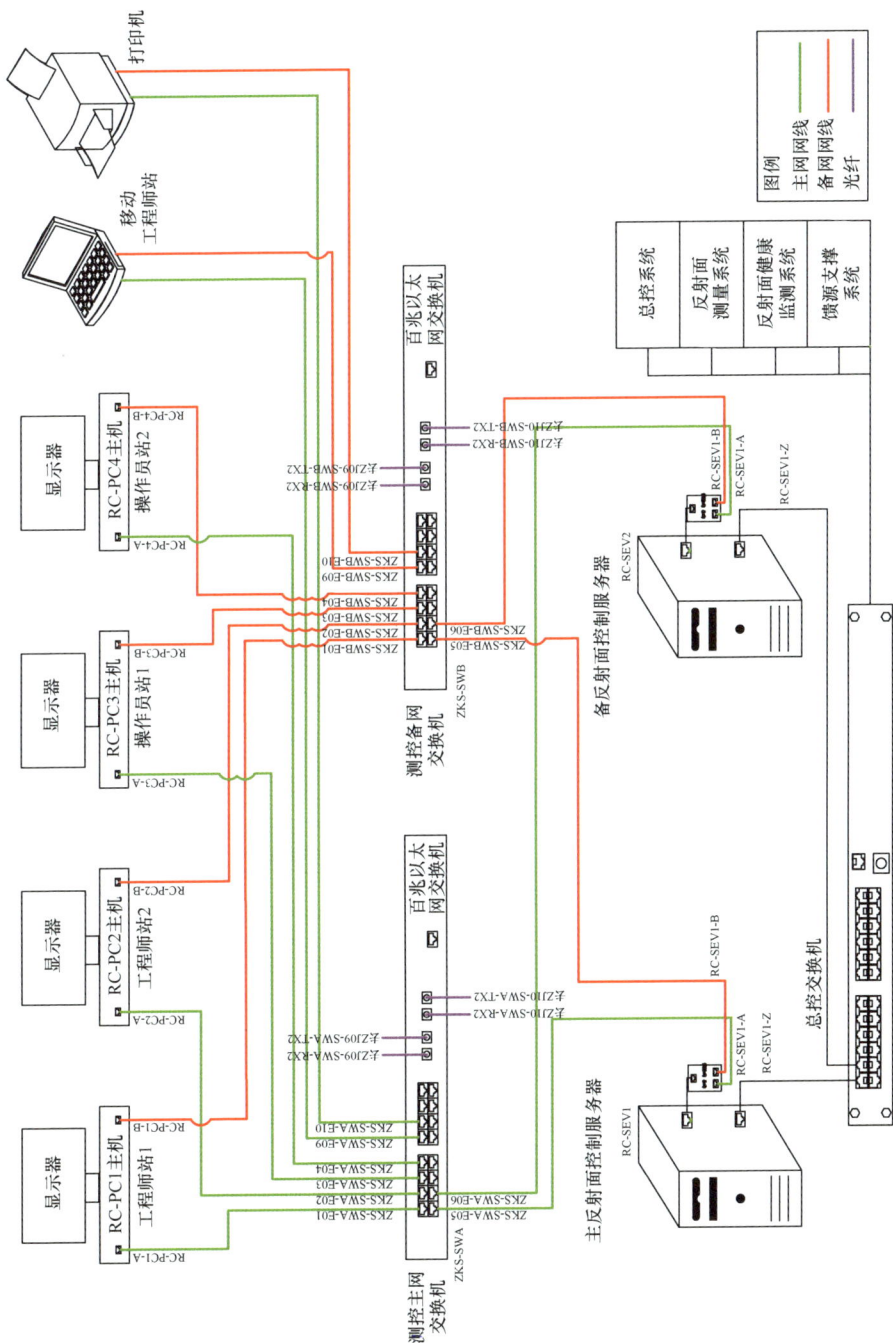

图 4-30　总控室内部设备连线

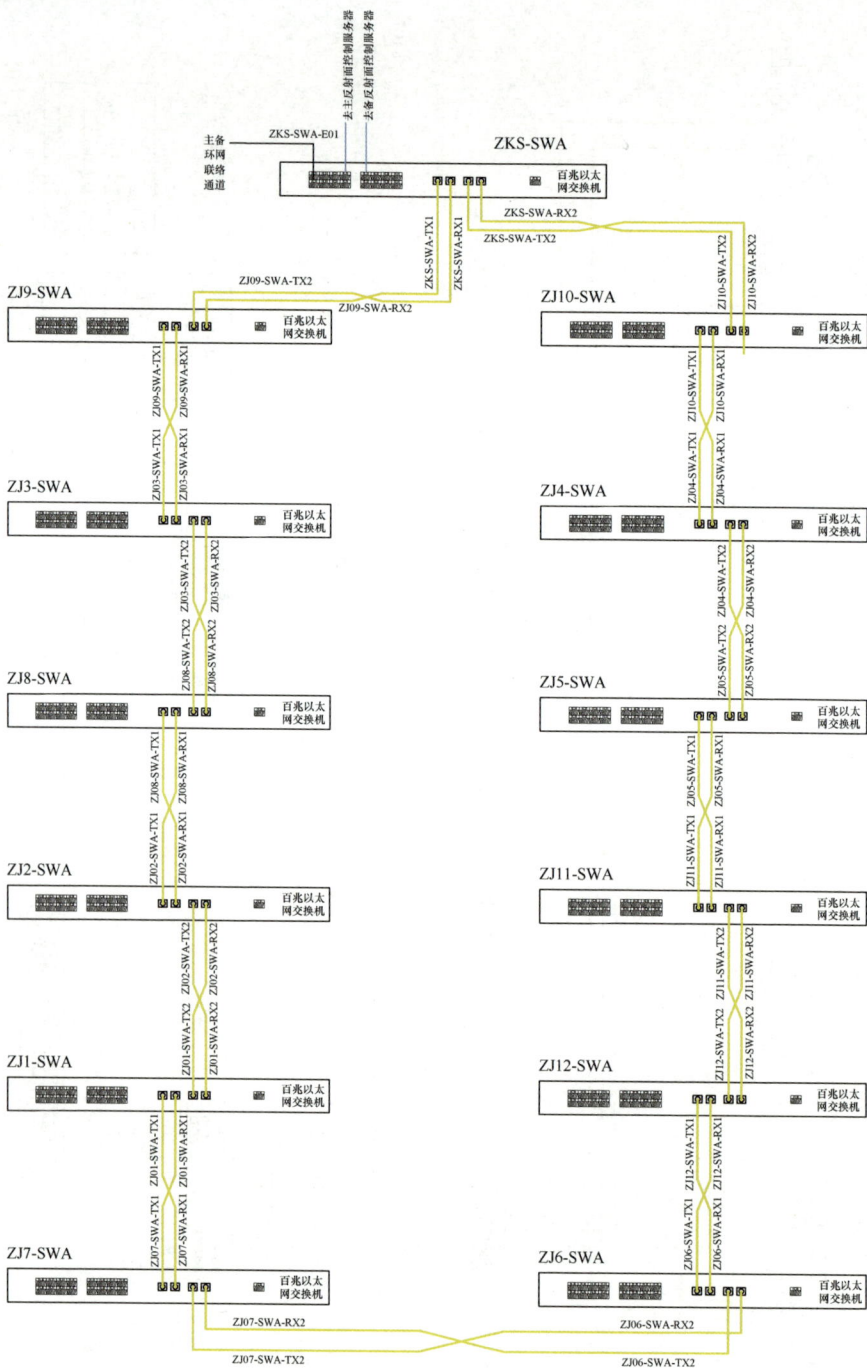

图 4-31　测控环网主网连线

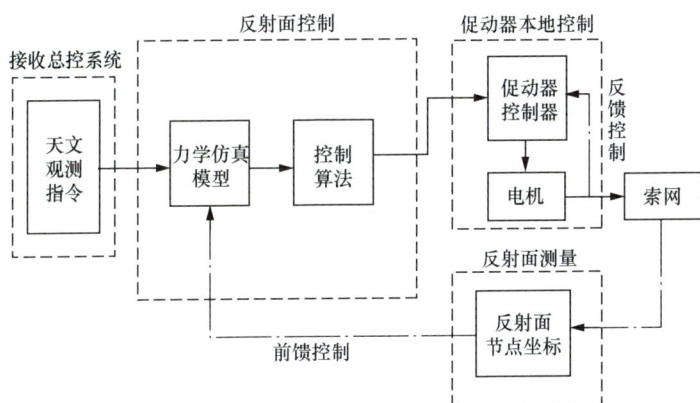

图 4-32　反射面节点控制的流程

由于制造、安装和调整的误差，当索网处于基准球面时，索网节点和地锚点的位置都与设计的理论位置存在偏差。节点在控制运动过程时，索网之间相互约束，索网节点不能严格地朝球心方向运动。在计算促动器控制量时，主动反射面控制采用前馈加反馈控制策略，前馈控制策略根据力学仿真模型实时将控制目标信息发给促动器控制器；反馈控制策略根据促动器伸长量计算出需要补偿的量并发给促动器控制器。

4.2.2　关键技术

反射面控制有两项关键技术，下面逐一介绍。

1．基于力学仿真技术的开环控制

基于力学仿真技术的开环控制算法的核心思想是：首先通过力学仿真分析建立一个包含足够数量和具有一定分布密度的各个指向抛物面变位的数据库，将这些抛物面作为插值节点；然后采用域内插值方法实时计算以观测轨迹点（插值点）为顶点的抛物面变位，作为反射面控制系统的反馈补偿量。数据库所存储的抛物面变位数据包括所有促动器行程、抛物面顶点二维坐标和环境温度信息等。为保证补偿精度，该算法需要比较精确的反射面力学模型，可利用反射面测量系统选择合适的天气和测量时段，对一定

数量的典型抛物面工况进行定期的面形标定测量，将测量结果与仿真分析结果对比，由此修正力学模型。同时，该算法也需要对反射面球面面形进行定期标定测量，标定结果纳入数据库，作为促动器行程的零位基准。该算法所形成的数据库已充分考虑上述各个工况下的抛物面变位结构安全问题，同时完成一次插值计算和补偿的时间不超过 500ms，满足实时补偿控制的要求。该算法不需要进行面形实时测量，而是用力学仿真分析得到的结构位形数据代替面形测量，因此可以全天候工作。

该算法主要包含 4 个步骤，如图 4-33 所示，分别为反射面球面标定、构建插值数据库、插值计算、控制系统运行。反射面球面标定通过现场反射面球面标定误差修正并提高反射面力学仿真模型的精度，仿真分析得到的反射面位形结果与实测得到的反射面面形趋于一致。构建插值数据库是算法的核心，即通过仿真分析得到大批量各种指向抛物面变位工况的数据，主要是 2225 台促动器的行程，连同抛物面顶点坐标、环境温度以及各顶点的拓扑关联信息等构建插值数据库。插值计算是指根据总控系统下发的抛物面顶点坐标和环境温度，进行实时的插值计算，获得下一个时刻基于该顶点的抛物面变位数据，主要是 2225 台促动器的目标行程。控制系统运行是指在控制系统运行时，将目标信息发给下位机执行，同时运行安全评估系统，对反射面的主动变形过程进行实时安全监控。

2. 促动器数据存储与查询

FAST 反射面共 2225 台促动器，每台促动器需存储的数据包括上行（促动器上传至上位机）及下行（上位机下发至促动器）数据。其中，上行数据有 13 列，共 24B；下行数据有 8 列，共 20B。

当前反射面上位机与促动器间的通信周期为 2Hz。即仅针对促动器每天会产生约 3.8 亿条数据，数据量约 15.8GB。

激光测量｜圈梁—索网连接点坐标｜节点坐标｜环境温度｜促动器行程｜促动器油压｜磁通量｜主索力

总控系统｜测量数据

反射面球面标定｜力学模型｜仿真输出｜对比｜符合性｜输出｜好｜差｜调整主索索长度

标定后力学仿真模型｜基准球面态促动器行程

构建插值数据库｜二维球面插值域网格化 Δ_n｜一维温度域插值域离散｜标定力学模型｜输入｜输出

全部网格点坐标 $P_{ij}(\alpha_i\beta_j)$｜目标抛物面顶点拓扑关系｜检索表：$\Delta_n \leftrightarrow P_i(\alpha_i\beta_j)$、$I \leftrightarrow K(ij)$

环境温度 T_k，$-10\,^\circ\!C \leq T_k \leq 45\,^\circ\!C$

目标抛物面面形｜对应于目标节点 (α_i,β_j,T_k) 的促动器伸长量｜基准球面促动器行程｜核心工作

控制系统运行｜插值促动器行程｜上一时刻促动器实际行程｜控制量｜反射面控制系统｜数据通信状态监测｜反射面安全评估系统｜安全警报｜若有警报停止观测｜望远镜总控系统

插值计算｜望远镜总控系统｜观测轨迹点 (θ,φ)｜环境温度 T｜检索表搜索 Δ_n｜$(\theta,\varphi)\in\Delta_n$：$\Delta_n \leftrightarrow P_i(\alpha_i\beta_j)$；｜在 Δ_n 内二维插值后：$\delta S(\theta,\varphi,T_k)$｜温度域内一维插值后：$\delta S(\theta,\varphi,T)$｜插值促动器行程输出｜加入基准球面态促动器行程：$S(\theta,\varphi,T)=\delta S(\theta,\varphi,T)+S_0$｜输入

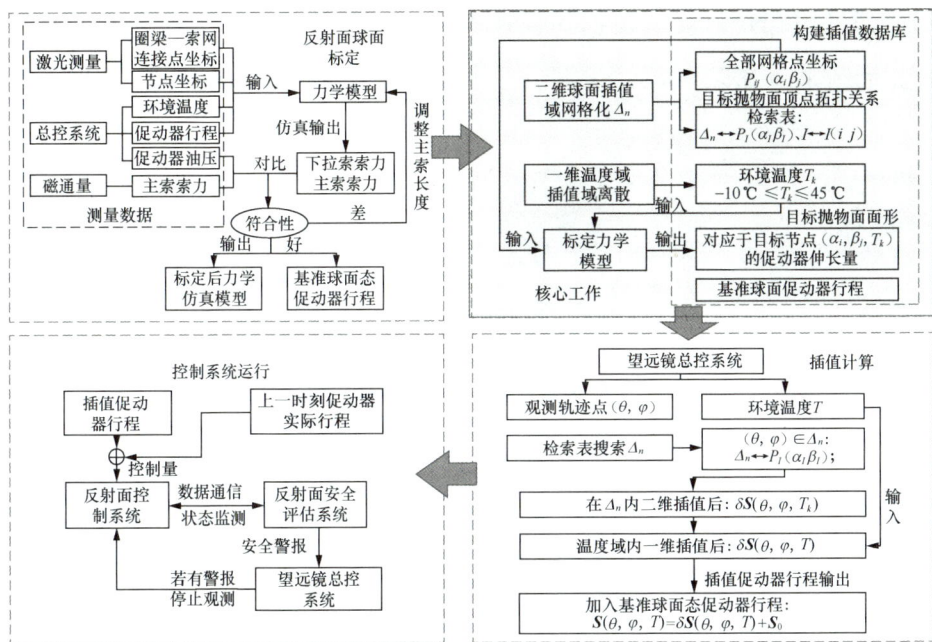

图 4-33　基于力学仿真技术的开环控制算法步骤

目前市场上数据库主要分为两大类：关系型数据库和分布式数据库。针对反射面促动器数据，如果采用传统关系型数据库，想保证查询效率，需采用分库分表的存储方式，索引增加速度约为 3.8 亿条／天；如果查询 3 个月的数据，需要先在内存里加载约 351 亿条索引，通过查询索引再去磁盘读取数据，这个过程的耗时是无法接受的。如果采用分布式数据库，想要达到性能指标，硬件成本会非常昂贵。

因此，根据望远镜现有数据的现状，FAST 团队设计出一个硬件价格相对低廉，查询导出效率较高的功能模块，供用户对海量的数据进行快速地检索和分析。

（1）方案设计

针对上述现象，反射面控制系统设计"数据库索引 + 数据文件"的特殊大数据管理机制，独立存储和管理反射面控制系统的促动器历史数

据，通过内存映射实现数据的快速查询、检索和导出。反射面数据平台拓扑如图 4-34 所示。

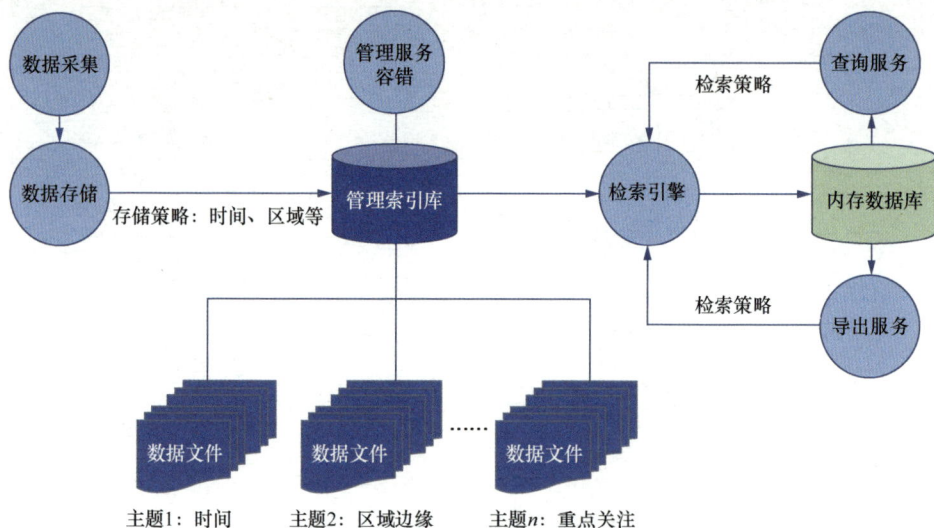

图 4-34 反射面控制系统数据平台拓扑

该设计最大的特点为按照定制的数据存储策略，分主题建立索引、按文件分割存储数据，并按照输入的数据检索策略，把合适范围内的硬盘数据文件映射至内存，供快速查询和导出。

当前市面上的固态硬盘（Solid State Disk，SSD）读写速度已达到 1000MB/s，因此数据存储介质可使用高速固态硬盘，以最大限度降低数据导出时间，提高数据导出至本地时的 I/O 吞吐量。另外，配备常规机械硬盘完成数据的备份工作，避免高速固态硬盘发生故障时导致数据丢失。

（2）效率分析

对"数据库索引 + 数据文件"的特殊大数据管理机制进行测试，反射面促动器数据查询及导出用时指标如表 4-24 所示，结果可较好地满足使用需求。

表 4-24　反射面促动器数据查询及导出用时指标

促动器数量 / 个	数据时间区间 / 月	查询时间 /s	导出时间 /min
1	3	＜ 5	＜ 1
1	12	＜ 5	＜ 4
小于 300	3	＜ 5	＜ 60
[301,2225]	3	＜ 5	＜ 90
[301,2225]	12	＜ 5	＜ 180

注：导出时间指标指从数据库导出至本地硬盘的耗时。

| 4.3　馈源支撑控制系统 |

馈源支撑控制系统的主要目标是实现接收机馈源相位中心精度为 10mm 的高精度实时定位。馈源支撑控制系统向上连接 FAST 总控系统，接收总控系统指令并反馈馈源支撑系统的运行状态；向下连接索驱动、馈源舱子系统及馈源支撑测量系统。

馈源支撑控制系统的控制流程如下：首先根据观测指令完成天文轨迹规划；然后通过天文轨迹列表完成索和馈源舱内部机构的运动规划，即计算索和馈源舱内各部件的运行轨迹。在控制过程中，将实时收集、存储测量反馈信号，并发送给索驱动和馈源舱控制系统，通过索驱动和馈源舱子系统分别实现本地执行机构的闭环调整，最终达到毫米级的精准控制。

4.3.1　功能与组成

FAST 馈源支撑系统设计时采用了索驱动的无平台馈源支撑方案，通过三级调整机构串联的控制方式实现馈源相位中心最终的高精度控制。

第一级调整机构：一次支撑索系（索驱动控制机构）。在洼地周边山峰建造 6 个百余米高的支撑塔，通过千米尺度的柔性钢索支撑体系及其导索、

卷索机构，完成索牵引馈源舱体动作，实现馈源舱的一次空间位姿调整。在控制舱体运动轨迹的过程中，要求空间位置误差最大值≤48mm，空间姿态误差最大值≤1°。

第二级调整机构：馈源舱内二次精调平台的AB转轴机构，用于完成馈源相位中心的姿态补偿。由于索驱动在运动过程中需要遵循6索索力相对均衡的原则进行控制，所以馈源舱体在运动过程中将更偏向于水平状态。如果没有AB转轴机构，馈源相位中心的姿态（馈源指向）与主光轴会存在偏差。AB转轴机构通过转动完成相位中心的姿态补偿，在观测过程中转动精度≤1°。

第三级调整机构：馈源舱内二次精调平台的斯图尔特平台（斯图尔特并联机器人）主要用于降低和抑制整个馈源舱的风激扰动影响，并对接收机运动轨迹进行精调，保证最后的位置精度≤10mm，角度精度≤0.5°。

一次支撑索系由6座支撑塔、6根并联的大跨度钢索和位于每座塔底部的钢索卷扬机构实现。通过卷扬机调整每根钢索的长度，可以任意地调整馈源舱在100多米高的空中、200多米的横向跨度范围内位置和姿态。但是，这样的调整方式并不是万能的，存在一些弱点：馈源舱处在不同位置时的每根支撑钢索的长度和受力有明显的不同。某些钢索较短时，其受力较大，对应的索刚度也大；相反，如果钢索较长，其受力就较小，刚度会变得很差。当馈源舱与多根刚度不同的索连接后，舱的动力学特性会变得不均匀，控制起来将变得不稳定。更严重的是，这样的动力学特性会随着馈源舱位置的移动、索长的变化而发生改变。我们无法在全工作空间内找到一种结构构型让我们关心的自由度都可控，而且在刚度差的运动方向上难以施加控制达到预期效果的事实是也无法改变的。

因此，在制定馈源支撑一次支撑索系的控制策略上，我们不再期望让6根并联索来实现馈源舱在工作空间内全部的位置和姿态调整。FAST的6根并联钢索加上馈源舱自身的重力，能够控制馈源舱在三维空间6自由度运动（这 6 个自由度可分解为沿直角坐标系 3 个坐标轴的平动和绕 3 个坐标轴的转动）。在机构学上，这样的情形称作不完全约束定位机构。不完全约束会影响到馈源舱在姿态控制上的稳定性。假如我们放弃对 3 个不稳定的转动自由度的控制，那么问题就从原来的 6 个方程（6 索的平衡方程）联立求解 6 个未知数（馈源舱的 6 个自由度）的唯一解问题转变成求解 3 个未知数（馈源舱的 3 个平动自由度）的最优解问题。这时，馈源舱的 3 个转动自由度成为优化的结果，需要注意它们可能并不是我们在观测时期望的姿态。而优化的条件给了我们一定的自由去调节并联 6 索的动力学特性。在这里，我们把优化条件设定为 6 索的索力最均匀，这样的优化结果会使馈源舱在各个自由度的运动调节能力上差异最小，整体的控制稳定性最高。在这条道路上，研究团队对结构构型、参数进行优化，建立数字样机并对控制能力进行了全过程仿真分析，得到的结论是馈源支撑一次支撑索系控制在正常工作环境下，能够实现馈源舱的空间位姿精度小于 48mm。

　　二次精调平台控制由馈源舱内 AB 转轴机构和斯图尔特平台的两级控制实现。设置二次精调的目的是补偿一次支撑索系控制由于索力优化而产生的馈源舱姿态与观测所需要姿态之间的误差。这个误差在望远镜指向天顶时是 0°，指向天顶距 40° 时将达到 25°。实际上，考虑到为避免馈源的照明范围超出反射面边缘引入额外噪声而设置的波束回照策略，AB 转轴机构的姿态调整范围会略小。AB 转轴机构的主要部分是大跨度的环形空间桁架结构，其刚度较差，不适合进行高精度姿态调整。另外，应该避免两级柔性控制机构串联带来的系统发生自激振动的风险。因此，AB 转轴机构的控制逻辑为开环运行，只是根据观测的轨迹规划补偿一次支撑索系控制造成的理论姿态误差。

　　斯图尔特平台刚度高，对空间 6 个自由度的位姿调节精度也很高，但缺点是工作空间较小。在 FAST 馈源支撑系统内，其适合作为最终的误差补偿机构，补偿经过一次支撑索系和 AB 转轴机构控制后馈源相位中心的

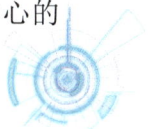

残余定位误差，将定位精度最终控制在 10mm 以内。当尝试用斯图尔特平台补偿索系振动带来的误差时，依然会遇到多级控制串联引起的自激振动风险。这个风险产生的主要原因并不是斯图尔特平台刚度，而是测量反馈的误差、测量数据噪声和数据时延的不确定性。为了避免自激振动风险，需要人为限制斯图尔特平台的控制带宽，用控制精度的下降换取控制稳定性。

1. 系统网络架构

馈源支撑控制系统的网络架构采用管理层、控制层、执行层的递阶设计方式，其优点在于能消除网络互连的异构性，并满足实时和非实时的大数据量传输以及实时关节运动控制的要求，实现远距离、高速度、大数据量下的实时、同步传输能力。馈源支撑控制系统网络拓扑如图 4-35 所示。

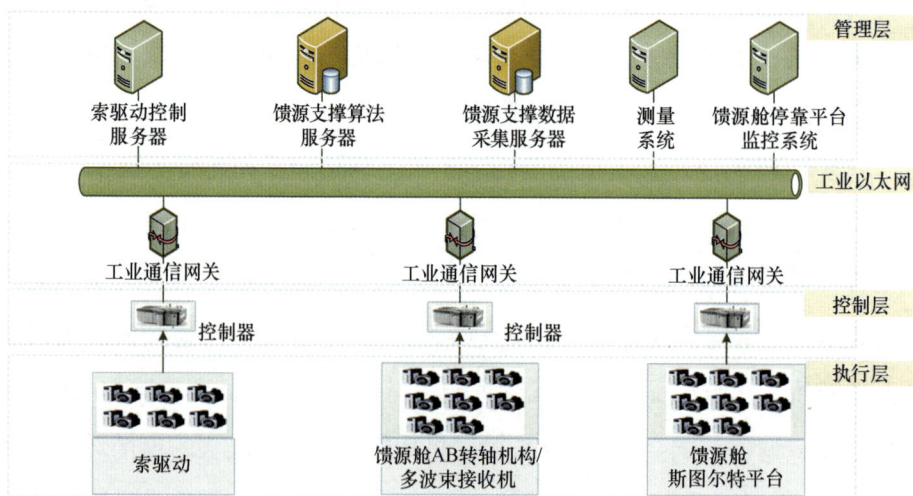

图 4-35　馈源支撑控制系统网络拓扑

2. 运动轨迹规划

FAST 在对射电源等目标进行持续观测的过程中，馈源会一直处于轨迹球冠面（即馈源焦面）完成运动。为保证开始观测时馈源运动稳定，避免因快速加减速运动引起馈源支撑系统的冲击以及影响完成高精度的指向，馈源支撑控制进行位置切换的运动轨迹规划方法对馈源支撑的调试和运行而言非常重要。

　　望远镜在确定任务切换的起点和终点位置后，会将运动轨迹规划分为 3 个阶段，这些规划均采用 S 形加减速完成，如图 4-36 所示。

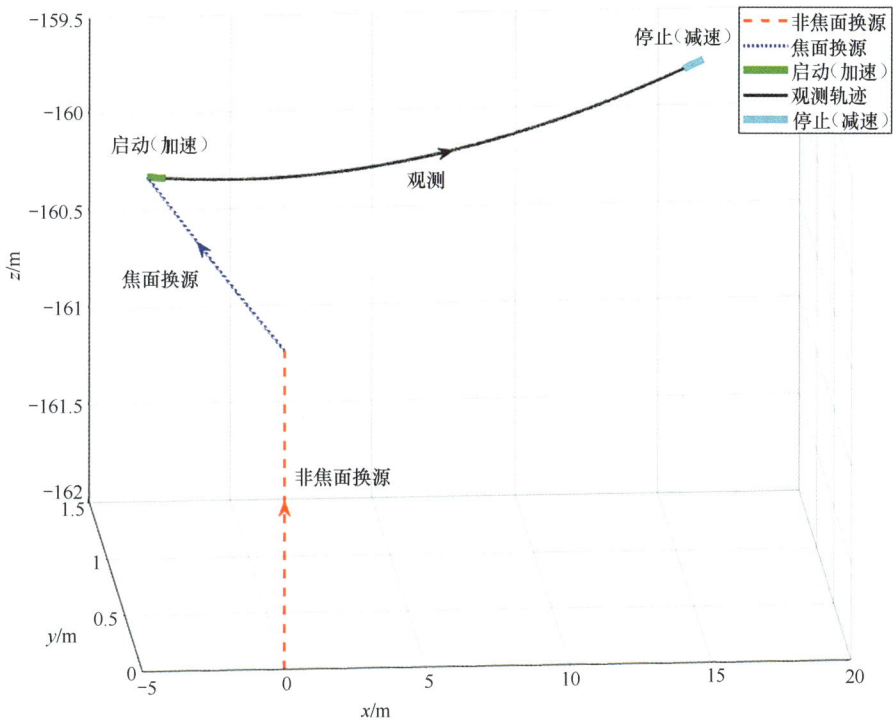

图 4-36　馈源支撑系统运动轨迹规划图

　　阶段一：如果换源起点不在焦面上，需要进行非焦面换源，从换源起点位置到换源拐点位置（换源起点位置映射到焦平面上的坐标），采用直线规划。

　　阶段二：焦面换源，从换源拐点位置到换源结束位置，采用焦面段换源。馈源舱在焦面上运动，最终到达换源结束位置。

　　阶段三：启停运动轨迹规划，在采用跟踪等类似观测模式时，观测开始的时刻，馈源是具备一定速度的，为保证系统的平稳运动，需要完成启动

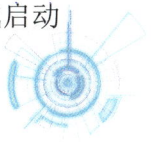

轨迹规划。同理，观测结束时刻需要完成停止轨迹规划。

3．索驱动控制

索驱动控制系统主要由 6 套驱动电机、钢索及其控制系统组成，如图4-37 所示。简单原理为通过驱动机构（卷扬机）驱动 6 根钢索拖动馈源舱，实现馈源舱在约 150m 高空、206m 横向范围内移动。

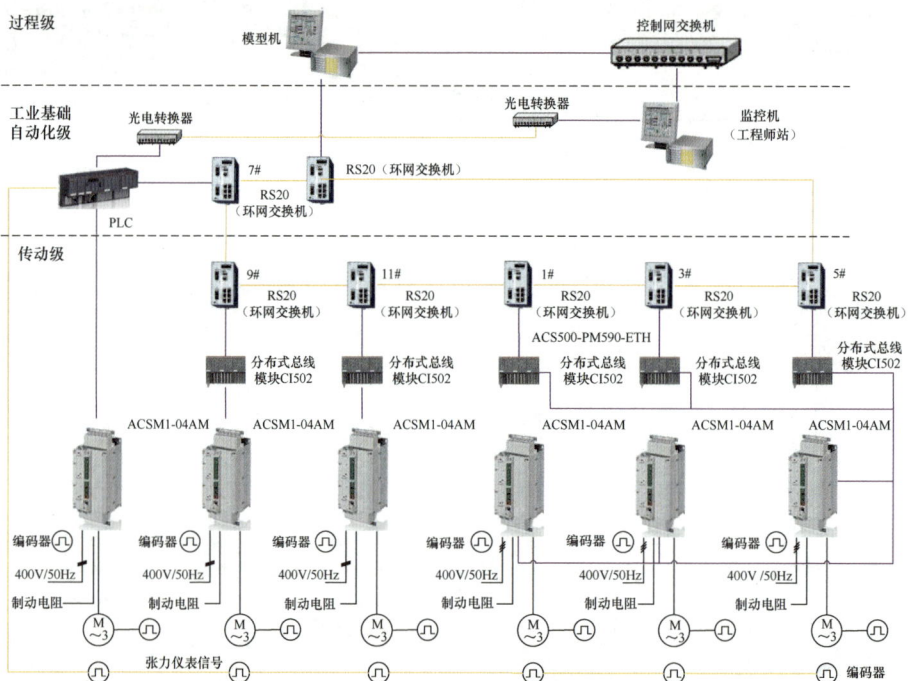

图 4-37   索驱动控制系统

索驱动控制包括三级网络结构，传动级、工业基础自动化级和过程级。

传动级实现交流伺服电机的闭环控制。传动级由大功率整流逆变、制动单元和制动电阻组成，将 400V 的交流电压进行二极管整流和绝缘栅双极晶体管（Insulated Gate Bipolar Transistor，IGBT）逆变，再由逆变单元实现对交流伺服电机的闭环控制。工业基础自动化级由控制器和监控机组成，其中控制器放置在 7 号塔站下机房内，控制器在接收到指令后，实现 6 根钢索的并联同步控制，满足馈源舱的运动轨迹和位姿的控制要求。监控机放在总控室，实现索驱动系统的状态监控、控制模式切换、参数设定等功能。

过程级由模型机组成，基于 6 索索力相对均衡的原则进行优化，根据指令和测量反馈计算获得满足跟踪精度和位姿的各索出绳速度、出绳量并设置张力限幅保护，完成控制周期内传输给具有等时、同步功能的伺服控制器，最终实现 6 索并联伺服控制。

4．馈源舱控制

馈源舱控制系统在获取规划和实测位置姿态信息后，利用 AB 转轴机构补偿索力优化姿态与最终观测姿态之间的角度偏差，并控制斯图尔特平台和多波束接收机转台（L 波段 19 波束接收机专用）运动，补偿粗调控制的残余误差，实现对天体的高精度指向跟踪观测。

馈源舱控制包括 AB 轴、斯图尔特平台控制和多波束接收机转向控制，以及其他（如配电单元、动态监测和人机界面等）监测控制。执行元件安装在馈源舱的星形框架内部，上位机安装在控制机房，通过光纤传输控制信号，实现对舱内设备的远程控制。

AB 轴和多波束馈源嵌入式控制软件是基于德国力士乐运动逻辑控制器（Motion Logic Controller，MLC）的嵌入式 PLC 软件。通过接收馈源舱控制软件发送 AB 轴和多波束馈源控制信息，控制 AB 轴和多波束馈源转台进行运动，并上报 AB 轴和多波束馈源的角度、限位状态、电流等信息给馈源舱控制软件。

斯图尔特平台嵌入式控制软件也是基于 MLC 的嵌入式 PLC 软件。通过接收馈源舱控制软件发送的平台实际及期望位姿，控制斯图尔特平台运动，并向馈源舱控制软件上报斯图尔特平台的 6 根杆长度、限位状态、电流等信息，馈源舱控制系统的结构如图 4-38 所示。

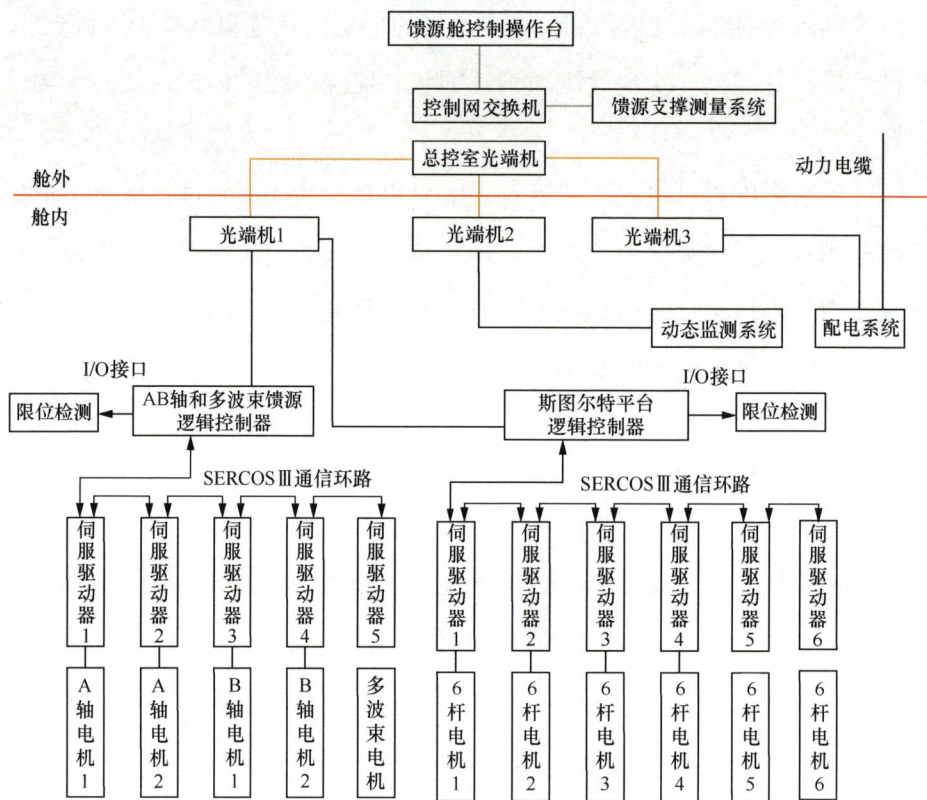

图 4-38　馈源舱控制系统的结构

4.3.2　关键技术

馈源支撑控制有几项关键技术，下面逐一介绍。

1. 系统动力学建模与仿真

FAST 提出的柔性馈源支撑概念是超前且大胆的，它旨在用最轻巧、灵活的结构形式，在成本可控的同时，实现馈源舱的百米级大范围运动和毫米级高精度定位。实现这样的构想，必然存在巨大的挑战性和不确定性。随着概念逐步充实、细化并形成方案，多个研究团队提出过多种不同的柔性馈源支撑实现方案，包括不同的索数量、索系构型和控制方式等。为了验证这些方案，直接且有效的方式就是进行模型实验。FAST 馈源支撑结构的尺度在 500m 级，这就造成在原型的尺度上搭建模型是不可能的，因此不同方案无一例外地采用了缩尺模型的方法。通过缩尺将用于验证的模型尺寸缩小到了几米、几十米级，但依然耗资巨大。从模型实验的结果来看，一方面显示出不同方案各自的优势和可行性，另一方面也暴露了各自的缺陷。对方案进行迭代，就是在保留和发扬优势的同时，弥补缺陷的过程。这个过程体现出模型实验的另一个劣势，就是改造的成本高、周期长，对模型参数调整的范围有限，进而拖慢方案迭代进化的速度，显著延长了研究和设计的进程。

　　能够摆脱模型实验制约的方式就是仿真分析。仿真分析的实质就是对系统的各个部分进行数字化，建立符合物理学规律的数学模型，从而准确计算、模拟系统在时域或频域的运行特性或效果。仿真分析在各类工程领域得到了长期、广泛的使用，无论是机械还是电气电子领域，都有成熟的仿真方法和仿真工具。但对 FAST 馈源支撑来说，其特殊之处是同时具有大尺度柔性索网结构、复杂的机构传动、种类繁多且特性各异的电气电子设备以及野外环境的影响，难点在于如何在统一的仿真平台中将不同专业的仿真方法有效地融合以得到准确的仿真结果，这也是 FAST 馈源支撑从方案设计到工程实施实现突破的关键。

　　馈源支撑系统的指向、跟踪和定位功能的实现取决于以下几类主要因素。

　　① 各级支撑机构本身的结构、机械力学性能。

　　② 环境因素影响，包括气温、风扰动等。

　　③ 测量系统的精度、时延等。

　　④ 控制系统的性能，包括驱动电机、控制器等的性能。

　　针对上述因素，馈源支撑系统的仿真工作需要建立原型尺度上的索驱动结构动力学模型、馈源舱的多刚体动力学模型、测量与控制系统模型以及相应的环境扰动模型等。在此基础上，对各类模型进行准确的组合、连接，在统一的仿真平台下模拟、研究馈源支撑系统从观测指令输入到接收

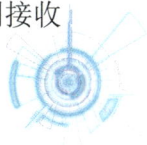

机馈源末端的响应和输出的全过程，评估各类结构参数、影响因素在实现系统的定位、指向、跟踪功能时可能导致的误差。从而在结构、控制和测量等方面对方案的可行性进行验证，并为工程详细设计提供关键参数的参考依据。

（1）柔性索网结构动力学的数学描述

数学模型的建立源于系统各个部分所依从的物理学定律，通常由以时间为变量的微分方程来描述。在线性系统中，质量矩阵（$\boldsymbol{M}$）、阻尼矩阵（$\boldsymbol{D}$）和刚度矩阵（$\boldsymbol{K}$）是独立于系统变形状态的，是常数矩阵，系统位移向量（$\boldsymbol{q}$）随外力（$\boldsymbol{f}$）的变化而变化，可以使用线性微分方程表示为

$$\boldsymbol{M}\ddot{\boldsymbol{q}}(t) + \boldsymbol{D}\dot{\boldsymbol{q}}(t) + \boldsymbol{K}\boldsymbol{q}(t) = \boldsymbol{f}(t) \tag{4-19}$$

而 FAST 馈源支撑系统的质量矩阵、阻尼矩阵和刚度矩阵会依据馈源舱在观测区域内大范围移动时索长度的变化而发生变化，微分方程是非线性的。

$$\boldsymbol{M}(t)\ddot{\boldsymbol{q}}(t) + \boldsymbol{D}(t)\dot{\boldsymbol{q}}(t) + \boldsymbol{K}(t)\boldsymbol{q}(t) = \boldsymbol{f}(t) \tag{4-20}$$

在动力学分析中，将非线性微分方程在某一个平衡位置附近线性化，是工程领域中的常用方法。线性化使我们可以用分析线性系统的方法来研究非线性系统在某一个位置附近的性质。为了求解非线性微分方程，可将方程分解为稳定状态和瞬时状态两个部分。系统在稳定状态下，速度和加速度为 0，求解稳定状态方程相当于计算系统在某一个位置时的静平衡方程，而瞬时状态的方程为

$$\boldsymbol{M}(\bar{\boldsymbol{q}})\Delta\ddot{\boldsymbol{q}}(t) + \boldsymbol{D}(\bar{\boldsymbol{q}})\Delta\dot{\boldsymbol{q}}(t) + \boldsymbol{K}(\bar{\boldsymbol{q}})\Delta\boldsymbol{q}(t) = \Delta\boldsymbol{f}(t) \tag{4-21}$$

在选定的位置附近，质量矩阵、阻尼矩阵和刚度矩阵使用静平衡位置时的常数矩阵代替，成为线性微分方程。采用将非线性系统线性化的方法，而非直接建立系统的非线性模型，一方面可以充分利用成熟的理论知识保障建模的准确性，另一方面，简化的线性模型在求解速度上有显著优势，我们可以快速进行设计的迭代，加速设计进程。当然，这种方法带来的遗

憾是我们不能模拟馈源舱长时间、大范围的连续运动过程，但这对参数设计、性能评估来说并不是必需的。线性化分析方法能够帮助我们研究 FAST 馈源支撑系统在工作空间内任意位置附近的运动特性，通过建立若干关键位置的线性模型，能够满足系统设计及性能评估的仿真要求。

（2）线性系统的动力学方程

系统的动力学方程可以写成二阶微分方程或者一阶微分方程（状态空间方程）的形式。其中，第一种形式由于具有直观的物理性质，被广泛应用于结构工程领域；而第二种形式是控制工程领域中的标准形式，在大多数线性控制系统的分析和设计中被采用。

① 二阶微分方程描述

二阶微分方程通常选择系统各个位置节点的位移、速度和加速度作为未知量，用质量矩阵、阻尼矩阵和刚度矩阵来计算系统的动力学响应。对于大型复杂结构，系统自由度往往达到上万个甚至更多，使用节点坐标来建立方程的规模会很大，使计算量令人难以接受。虽然在节点坐标下能够从有限元模型中获取质量矩阵和刚度矩阵，但一般很难准确地描述阻尼矩阵。

大型复杂结构的动力学分析更适合使用模态坐标。使用模态坐标，可以令动力学微分方程解耦，即整个系统的响应可以看作一系列独立模态振动响应的叠加。相互独立的模态坐标，使得我们可以根据感兴趣的系统响应频率范围来有效缩减模型的规模，得到的动力学描述更加简练，而分析的精度不会受到明显影响。另外，各种模态参数可以方便地从有限元模型中获取，尤其是系统阻尼，在模态坐标下的测量和识别更加精确和简便。

一般来说，系统独立模态数远小于系统自由度。模态坐标下的动力学方程可以从节点坐标方程的变换中得到。定义固有频率矩阵和振型矩阵时，根据模态与质量和刚度矩阵的正交性，振型矩阵能够使质量和刚度矩阵对角化，我们分别称之为模态质量和模态刚度矩阵。实际系统总是具有一定的阻尼，阻尼的性质通常比较复杂，除了线性化的黏性阻尼外，还具有很

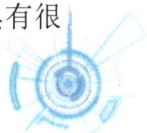

多其他形式的非线性阻尼，在一般情况下无法获得系统精确的阻尼特性。为了分析方便，工程上常将各类阻尼形式简化为比例阻尼。在比例阻尼的假设下，阻尼矩阵能够被振型矩阵对角化，称之为模态阻尼矩阵。

使用振型矩阵进行坐标变换后，原来节点坐标下的动力学方程等价地变换为模态坐标下的 n 个独立的单自由度系统振动微分方程。

$$\ddot{\boldsymbol{q}}_{mi} + 2\xi_i\omega_i\dot{\boldsymbol{q}}_{mi} + \omega_i^2\boldsymbol{q}_{mi} = \boldsymbol{\phi}_i^{\mathrm{T}}\boldsymbol{f} \tag{4-22}$$

式中，ω_i、ξ_i、ϕ_i表示系统第i阶的模态参数，$\boldsymbol{q}_{mi}$为系统的第i阶模态坐标，ω_i为第i阶固有频率，ξ_i为第i阶阻尼比，ϕ_i为第i阶振型。

实际情况中，许多结构具有无约束的自由度，如果受到外力的作用则会发生自由运动，偏离原来的位置。这种结构的模态分析显示其有数值为0的固有频率，我们称之为刚体模态。具有刚体模态的系统意味着一个静态的力或扭矩会引起结构的刚体运动。刚体模态从控制角度来说是至关重要的，它允许控制器驱动结构移动来跟踪一条特定轨迹。相应的刚体模态方程为

$$\ddot{\boldsymbol{q}}_m = \boldsymbol{\Phi}_r^{\mathrm{T}}\boldsymbol{f} \tag{4-23}$$

式中，$\boldsymbol{\Phi}_r$为刚体模态的振型矩阵。

② 状态空间方程描述

系统动力学也可以被描述成一阶微分方程的形式，称为状态空间方程。出于控制系统分析和设计目的，表示为状态空间方程的形式比较方便。线性时不变系统的状态空间方程可以描述为

$$\dot{x} = \boldsymbol{A}\boldsymbol{x} + \boldsymbol{B}u$$

$$y = \boldsymbol{C}\boldsymbol{x} + \boldsymbol{D}u$$

$$x(0) = x_0 \tag{4-24}$$

式中，n 维向量 $\boldsymbol{x}$ 称为系统的状态向量，x_0 为初值，u 为系统的输入，y 为系统的输出，$\boldsymbol{A}$、$\boldsymbol{B}$、$\boldsymbol{C}$、$\boldsymbol{D}$ 均为实常数矩阵。

对于存在刚体模态的系统，状态空间方程（G）可以分解为刚体模态状态空间方程（G_r）和柔性模态状态空间方程（G_f）的叠加，定义状态变量

为模态位移和速度，可得刚体模态状态空间方程（G_r）为

$$\begin{pmatrix} \dot{q}_m \\ \ddot{q}_m \end{pmatrix} = \begin{pmatrix} 0 & I \\ 0 & 0 \end{pmatrix} \begin{pmatrix} q_m \\ \dot{q}_m \end{pmatrix} + \begin{pmatrix} 0 \\ \boldsymbol{\Phi}_r^{\mathrm{T}} \end{pmatrix} f$$

$$\begin{pmatrix} q_r \\ \dot{q}_r \\ \ddot{q}_r \end{pmatrix} = \begin{pmatrix} \boldsymbol{\Phi}_r & 0 \\ 0 & \boldsymbol{\Phi}_r \\ 0 & 0 \end{pmatrix} \begin{pmatrix} q_m \\ \dot{q}_m \end{pmatrix} + \begin{pmatrix} 0 \\ \boldsymbol{\Phi}_r \boldsymbol{\Phi}_r^{\mathrm{T}} \end{pmatrix} f \qquad (4\text{-}25)$$

柔性模态状态空间方程为

$$\begin{pmatrix} \dot{q}_m \\ \ddot{q}_m \end{pmatrix} = \begin{pmatrix} 0 & I \\ -\Omega^2 & -2Z\Omega \end{pmatrix} \begin{pmatrix} q_m \\ \dot{q}_m \end{pmatrix} + \begin{pmatrix} 0 \\ \boldsymbol{\Phi}_r^{\mathrm{T}} \end{pmatrix} f$$

$$\begin{pmatrix} q \\ \dot{q} \\ \ddot{q} \end{pmatrix} = \begin{pmatrix} \boldsymbol{\Phi}_r & 0 \\ 0 & \boldsymbol{\Phi}_r \\ -\boldsymbol{\Phi}_r \Omega^2 & -2\boldsymbol{\Phi}_r Z\Omega \end{pmatrix} \begin{pmatrix} q_m \\ \dot{q}_m \end{pmatrix} + \begin{pmatrix} 0 \\ \boldsymbol{\Phi}_r \boldsymbol{\Phi}_r^{\mathrm{T}} \end{pmatrix} f \qquad (4\text{-}26)$$

（3）索支撑结构仿真模型

① 有限元模型

索支撑结构是馈源支撑系统仿真模型中十分复杂和关键的部分，其动力学行为直接影响系统功能的实现。索支撑结构具有上万个甚至更多的自由度。在这种情况下，有限元方法提供了对结构动力学的精确描述。有限元分析软件能够方便地在计算机中对模型进行变形计算以及动力学分析。分析结果能够给出建立结构动力学方程所需的节点质量、刚度信息或者在模态坐标下系统振动的固有频率和相应的振型数据，这是建立模型的基础。金属结构一般表现出很弱的阻尼，因此在进行有限元分析时往往被忽略，在建立系统的运动微分方程时，可将一组通过实际测量或者合理估算得到的模态阻尼加入模型。

使用有限元方法获取固有频率和振型数据需要 3 个步骤。首先，建立舱索系统的非线性模型，经过静力学解算后，得到索支撑结构的静平衡状态方程。其次，基于此位置对非线性模型进行线性化和模态分析。最后，通过模态减缩方法来输出适当阶次的数据。

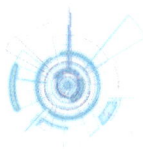

为了模拟索支撑结构在重力作用下复杂的弹性力学行为，非线性模型包括6根并联的钢索、塔顶滑轮、支撑塔、支撑塔底部的卷扬机绞盘以及馈源舱平台框架（刚体）。建立的索支撑结构有限元模型如图4-39所示。

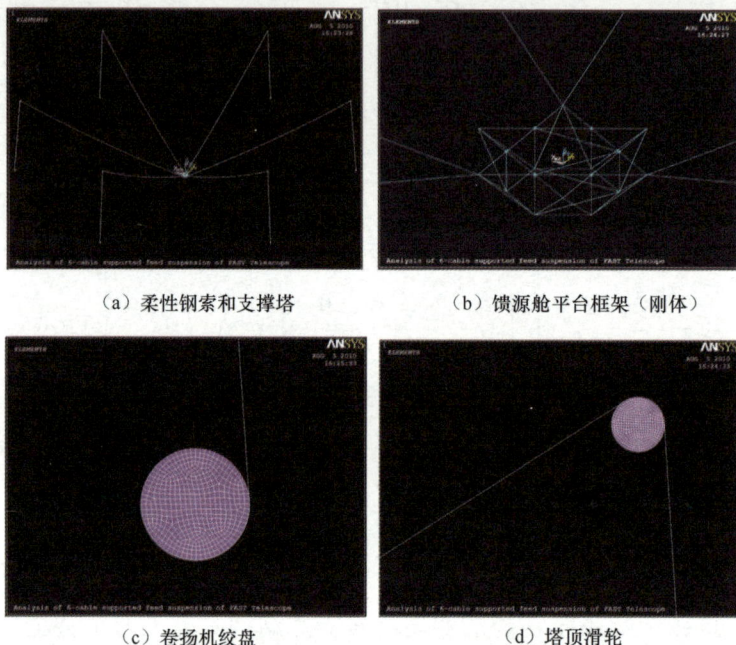

（a）柔性钢索和支撑塔

（b）馈源舱平台框架（刚体）

（c）卷扬机绞盘

（d）塔顶滑轮

图4-39 索支撑结构有限元模型

重力场中的索具有悬链线形状，是几何非线性的。由于巨大的索系偏移和变形，建模时6索的长度以及馈源舱的实际姿态并不确定，给非线性静力学计算带来困难。因此在建模前，需要进行简化系统静力学分析。分析的主要步骤如下：首先使用直线段来简化索的形态，得到馈源舱的静平衡方程；然后通过索力优化，计算出6索的张力和馈源舱静平衡状态；最后利用经典悬链线方程修正第一步的计算结果，得到更接近实际情况的舱索系统平衡状态的粗略估计值。使用简化的分析结果，能够确定有限元模型的初始状态。由于考虑了索的悬链线，有限元模型的初始状态非常接近静力学平衡状态。因此，非线性静力学计算过程中系统发生的偏离非常小（初始位置和平衡位置），而且计算快，能够很快收敛。

模态分析使用系统在静平衡状态时的线性模型求出系统的模态参数。马库斯·拉扎诺夫斯基（Markus Lazanowski）对此线性模型的近似有效性范围进行了分析。结果表明，馈源舱在满足线性条件下允许的最大位移为馈源球冠上任意位置附近半径 3m 的范围内。出于仿真的目的，在模态分析前应取消对 6 个卷扬机绞盘旋转轴的约束，使得控制器在仿真时能够通过电机将扭矩施加到卷扬机绞盘上。自由旋转的卷扬机绞盘使得模态分析结果中包含 0 频率模态，对应馈源舱的刚体运动。

仿真分析需要将有限元模型对结构动力学的描述转换成控制仿真软件能够处理的状态空间方程形式。而索支撑结构有限元模型具有约 45000 个自由度，其对应的模态数据过于庞大，使状态空间方程难以处理。实际上，并非所有的模态对响应的贡献都是必要的。因此，需要对结构进行模态减缩，来输出适当大小的数据。采用适当的模态减缩算法不会对模型精度造成很大影响。

对线性模型使用减缩的模态提取方法进行模态分析，能够得到一系列索支撑结构的固有频率及相关振型。ANSYS 提供的模态减缩方法是选择一组可主导系统动力学性质的主自由度，其他的自由度则被忽略。在主自由度的选择上，首先需要包括控制所需的所有输入输出节点自由度，例如，卷扬机绞盘的旋转自由度、馈源舱平台框架上的节点自由度以及索上一些需要验证的节点自由度。其次，由 ANSYS 自动添加一些主自由度来达到足够数量。对低频响应来说，高阶模态的影响较小。对于索支撑结构，我们感兴趣的只是它的低阶模态（频率 <3Hz），更高阶的模态可以被舍弃。尽管这样会造成一些微小误差，但状态空间方程的矩阵阶数会大大减小。

对索支撑结构有限元模型的分析能够得到 5 个数据文件，具体如下。

● 系统的输入输出节点文件（io_nodes.dat）：节点序号，节点对应的自由度类型和节点在控制系统中的全局坐标。

● 系统所有的主自由度文件（mdof_all.txt）：所有主自由度节点的序号和对应的自由度类型。

- 系统固有频率文件（*.frq）：模态减缩后系统的前 150 个固有频率。

- 主自由度振型文件（*.eig）：与 150 个固有频率对应的模态减缩后系统的 300 个主自由度振型。

- 静态力文件（static_mf.txt）：从静力学分析中获得的保持系统平衡所需的支撑力或力矩。

②状态空间模型

根据有限元软件输出的分析结果（固有频率和模态振型），可以建立索支撑结构的状态空间模型，如图 4-40 所示。模型的输入主要包括卷扬机绞盘的扭矩和馈源舱上的风扰动；输出包括绞盘的实际转角、角速度和角加速度，以及馈源舱作为刚体运动的位移、速度和加速度响应。结构阻尼在有限元分析时被忽略，因此在建立状态空间模型时需要人为地加入合理的模态阻尼估计值。对于 FAST 馈源支撑系统的索支撑结构，在初步的模型实验中对阻尼比的估计为 0.2%。因此，仿真中假定系统的阻尼取值以此为基础。

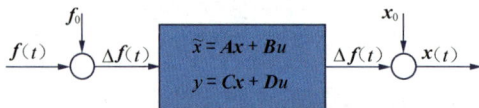

图 4-40　索支撑结构的状态空间模型

使用有限元分析需要先验证模态减缩方法的准确性。为此，分别使用不同规模的减缩数据建立状态空间模型。图 4-41 显示了在忽略塔刚度的情况下简化系统处于馈源球冠中心位置时输入与输出之间的频率响应关系。模型的前 150 个固有频率覆盖区间为 0 ～ 2.6Hz，FAST 索支撑结构的频率响应集中在 1 ～ 3Hz，使用前 150 个固有频率构造状态方程已经足够，扩大固有频率范围对模型的精度没有任何影响。而选择不同数量的主自由度会对状态空间方程的细节产生影响，主要的差别出现在 1.5Hz 以上。基于仿真的目的，我们所关心的系统干扰源以及馈源舱的响应都集中在低频部分（小于 1Hz）。使用至少 300 个主自由度振型建立的模型足够保证仿真的精度。

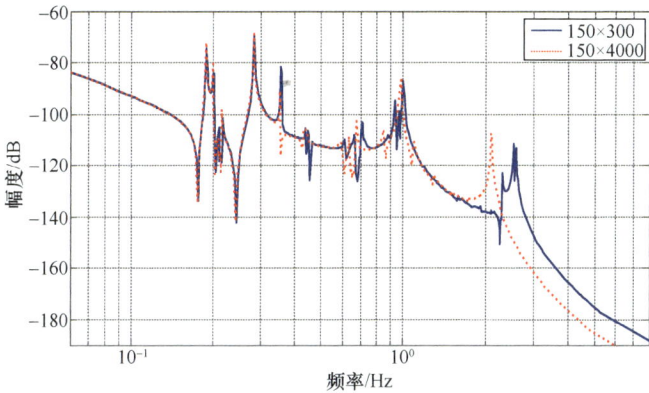

图 4-41　模态减缩后的状态空间模型频率响应

在考虑塔刚度的情况下，系统的低频模态数有所增加，需要使用前 200 个固有频率来实现频率响应区间为 0 ～ 2.6Hz。假设简化的支撑塔固有频率为 0.6Hz（设计容易实现的刚度），则索支撑结构的频率响应如图 4-42 所示。其中，0Hz 处对应模型的刚体模态响应，索系一阶振动模态频率值范围为 0.18 ～ 0.22Hz，二阶及以上的振动模态频率大于 0.28Hz。在固有频率附近，柔索支撑结构显示了 180° 的相位移。

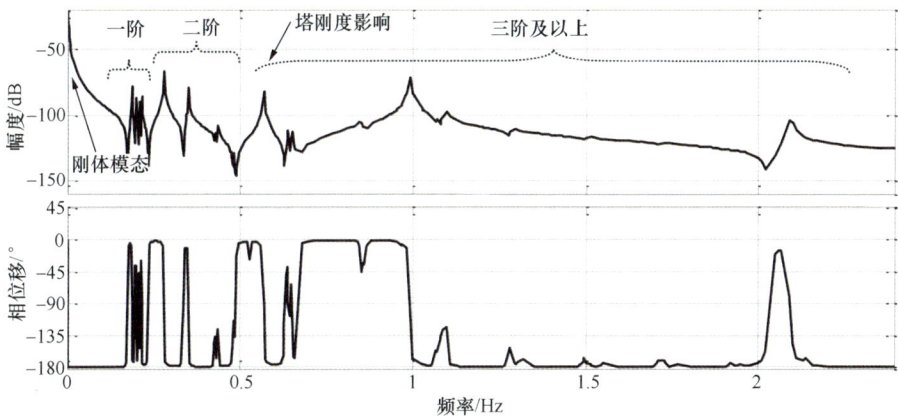

（a）从卷扬机绞盘输入到馈源舱位置输出

图 4-42　考虑塔刚度的状态空间模型的频率响应

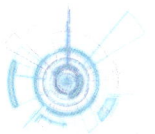

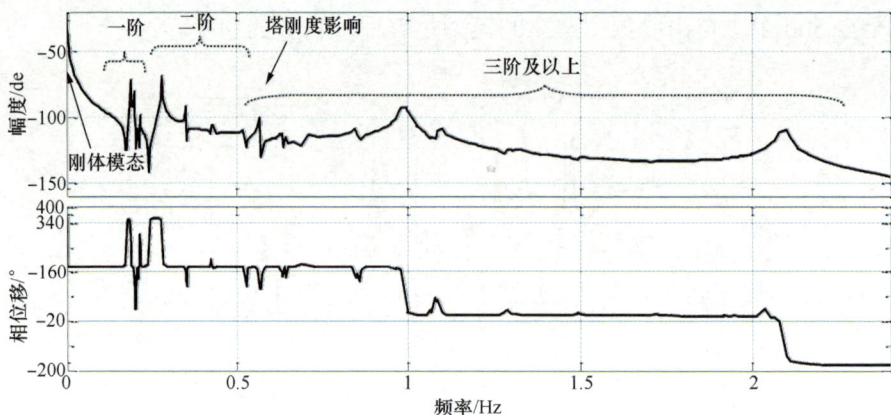

（b）从馈源舱扰动输入到馈源舱位置输出

图 4-42　考虑塔刚度的状态空间模型的频率响应（续）

③ 卷索机构模型

卷索机构是馈源支撑钢索的控制输入端，由电机通过减速器、联轴器带动钢索绞盘旋转，从而改变索的长度。卷索机构模型的组成结构如图 4-43（a）所示。传动轴具有的柔性使电机转角（φ_{Motor}）与绞盘转角（φ_{Drum}）存在一定的差异（$\Delta\varphi$）。它的动力学行为使用简化的 2 自由度质量—弹簧—阻尼系统来描述，其模型如图 4-43（b）所示。

两个集中质量分别用来模拟电机—减速器和钢索绞盘的转动惯量 (J_{M}, J_{D})，扭转弹簧—阻尼 (k, d) 模拟系统的总刚度和阻尼。

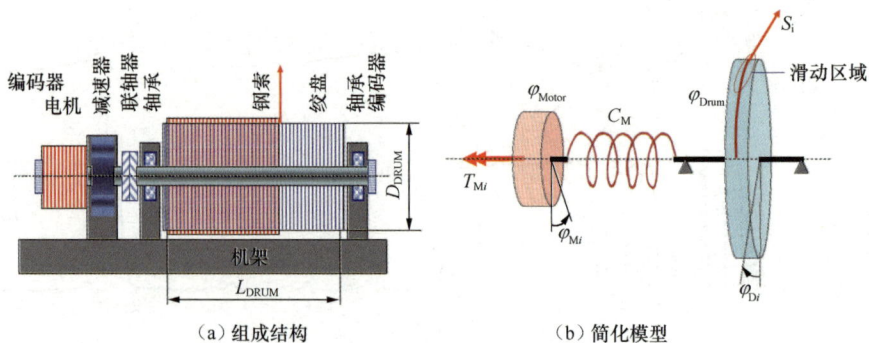

（a）组成结构　　　　　　　（b）简化模型

图 4-43　卷索机构模型

$$k = \frac{k_{\mathrm{G}} k_{\mathrm{C}}}{k_{\mathrm{G}} + k_{\mathrm{C}}}$$

（4-27）

$$d = 2\xi\sqrt{kJ}$$

参考相关产品参数规格，齿轮箱具有的刚度一般为 $k_{\mathrm{G}} \approx 1 \times 10^{9} \mathrm{N/rad}$，而联轴器的刚度为 $k_{\mathrm{C}} \approx 1 \times 10^{6} \mathrm{N/rad}$。可见，当联轴器刚度远小于齿轮箱的刚度时，系统总刚度可近似为联轴器刚度。因此，电机输入与减速器输出之间的转角差异忽略不计。系统总的阻尼无法准确获得，建模时假设系统阻尼比（ξ）为 10%，而电机与减速器的转动惯量由参数规格获得。

卷索机构的运动方程如下。

$$J_{\mathrm{M}} \ddot{\varphi}_{\mathrm{M}} = T_{\mathrm{M}} - T_{\mathrm{C}} - T_{\mathrm{F}}$$
$$J_{\mathrm{D}} \ddot{\varphi}_{\mathrm{D}} = T_{\mathrm{C}} - T_{\mathrm{D}}$$

（4-28）

式中，T_{M} 是电机产生的扭矩，T_{C} 为联轴器传递的扭矩，T_{F} 为传动中的摩擦力，T_{D} 为钢索对绞盘的反作用力矩。从建模的精确性考虑，需要引入摩擦力中的非线性因素和齿隙带来的空程误差。

非线性的摩擦力包括静摩擦力（T_{FH}）和滑动摩擦力（T_{FC}），则系统受到的总摩擦力（T_{F}）为

$$T_{\mathrm{F}} = \begin{cases} \min(T_{\mathrm{M}}, T_{\mathrm{FH}})\mathrm{sign}(T_{\mathrm{M}}), & (\dot{\varphi}_{\mathrm{M}} = 0) \\ T_{\mathrm{FC}}\mathrm{sign}(\dot{\varphi}_{\mathrm{M}}), & (\dot{\varphi}_{\mathrm{M}} \neq 0) \end{cases}$$

（4-29）

空程误差是当传动链输入轴旋转方向改变时，输出轴在转角上的滞后量：

$$\Delta\tilde{\varphi} = \begin{cases} |\Delta\varphi|, & (\Delta\varphi > \delta) \\ 0, & (|\Delta\varphi| \leqslant \delta) \\ -|\Delta\varphi|, & (\Delta\varphi < -\delta) \end{cases}$$

（4-30）

因此，

$$T_{\mathrm{C}} = k\Delta\tilde{\varphi} + d\frac{\mathrm{d}\Delta\tilde{\varphi}}{\mathrm{d}t}$$

（4-31）

在 MATLAB 的 Simulink 中建立的卷索机构仿真模型如图 4-44 所示。

模型包括电机、减速器以及联轴器（绞盘有限元模型中）。从控制角度考虑，电机上具有相应的编码器，用来测量实际转角和转速。

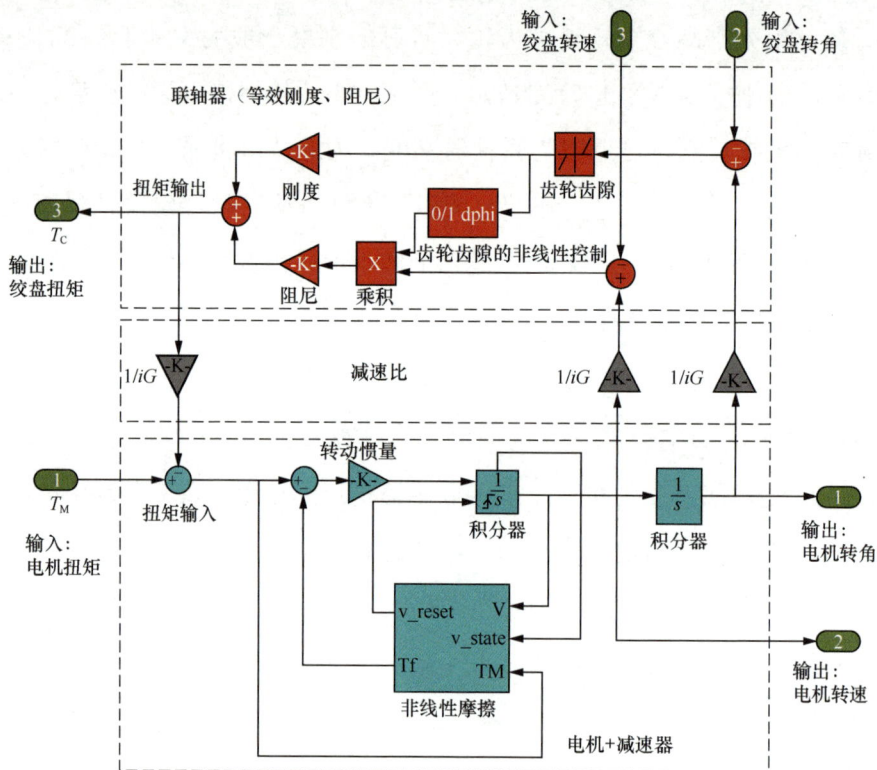

图 4-44　卷索机构仿真模型

④ 馈源舱模型

与大跨度索相比，馈源舱结构可以近似为刚体。整个馈源舱在索的影响下整体振动，馈源舱的相对运动由刚体的 6 个自由度来描述。因此，馈源舱模型使用多刚体动力学方法建立。多刚体系统的动力学研究已经比较成熟，可以直接利用相应的软件建立复杂机构的刚体动力学模型，而无须进行烦琐的方程推导。SimMechanics 工具包是 MATLAB 的 Simulink 中专门用于刚体建模的工具，其优势在于建立的模型可以直接与 Simulink 模型交互，而无须执行额外的转换程序。

SimMechanics 建模的基本原理是应用牛顿力学对每一个单独的构件进行力学分析，根据描述机构构件的约束条件建立力与加速度之间的关系，由此构成关于加速度（平动、转动）和约束力的齐次线性代数方程组。因此，建立 SimMechanics 模型需要以下几个主要的步骤。

- SimMechanics 使用刚体单元的质量、转动惯量、全局坐标系和局部坐标系来描述机构中的各个构件，通过指定单元之间的连接方式定义自由度或施加约束，从而确定系统的内在属性。

- 确定机构的受力情况并加入驱动器来施加相应的驱动力或力矩。同时，在模型的相应位置加入运动传感器来记录系统的运动响应情况。驱动器和传感器分别作为模型的输入端和输出端，是与 Simulink 交互的模块。

- 定义机构各个自由度的初始运动状态。

在建立好模型后，SimMechanics 会根据模型的参数生成描述整个系统的动力学方程，并调用 Simulink 的求解器计算系统的动力学响应参数。

2．并联索系控制

在观测过程中，FAST 的索驱动控制系统（并联索系）表现出两大显著特点。首先，为了确保望远镜能够精确追踪各类天体目标，该系统在观测期间必须不断调整望远镜的指向。这些天体目标，作为期望的控制对象，处于持续变化的状态，这就要求索驱动控制系统具备迅速且精确地调整望远镜指向的能力，以适应目标的动态移动。其次，FAST 的索驱动控制系统涉及多个相互关联的变量，包括但不限于各索的张力、位置及速度等。这些变量之间存在着复杂的相互作用和依赖关系，进一步增加了控制的难度。尤为重要的是，当索驱动系统与馈源舱系统同时运行时，两者之间会产生相互影响，导致耦合现象的出现。这种多变量间的耦合现象极大地增加了系统控制的复杂性。综上所述，FAST 的索驱动控制需要解决的是典型的变目标点、多变量耦合的复杂控制问题。

相较于传统大望远镜的馈源支撑结构，并联索系控制的设计使得 FAST

在工作空间、工作效率、轻量化等方面都有了大幅提升。但大跨度的索运动以及外界环境（如风扰等）、测量精度等对索并联的精度控制策略带来较大影响，因此确定一套适合馈源舱在高速换源及低速观测情况下都能达到有效控制的方法非常重要。

运动控制系统可以基于运动学的控制方式，依据机构的位置和姿态信息生成控制指令；也可以基于动力学的控制方式，根据机构的动力学性质生成控制指令。运动学控制由于简单、易于实现的特点，得到了广泛的应用，例如，工业控制中广泛应用基于比例—积分—微分（Proportional-Integral-Differential，PID）算法的反馈控制器。由于控制性能对环境条件变化和控制对象参数的变化不敏感，控制系统具有高稳定性、快速响应和无残差的特点。在需要时加入前馈控制，可以进一步提高系统对控制指令的响应速度。经过合理调教的 PID 控制器能够达到较高的运动控制精度。

（1）PID 调整方法

PID 控制是当前工程领域使用最广泛、最稳定的方法之一，具有结构简单、稳定性高、易于实现等特点。

FAST 的索驱动采用 PID 完成 6 索出绳量控制，由前馈控制和反馈控制两部分组成（见图 4-45）。其中，前馈控制为目标理论位姿与当前理论位姿差对应的 6 索出绳量；反馈控制为当前理论位姿与当前实际位姿差对应的 6 索出绳量。计算得到最终出绳量（前馈出绳量＋反馈出绳量）后发送至执行层（电机）完成控制。

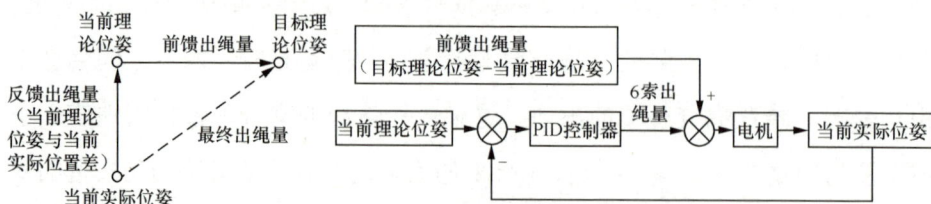

图 4-45　索驱动的 6 索出绳量控制

使用 PID 进行反馈校正，能够有效改善控制性能，在保证控制稳定的前提下保证响应的快速性。加入 PID 反馈校正后，系统在低频段的响应幅值保持在 0dB，说明馈源舱能够很好地跟随位置指令，并且抑制索支撑结构最低阶柔性模态产生的峰值，从而抑制系统的低频振动。但是，在更高的频段上，系统振动无法消除，反馈控制的性能显著下降。反馈校正的实际效果相当于使用一个低通滤波器的效果。

共振是柔性控制系统中普遍存在的问题。系统柔性降低了控制稳定的边界，使得伺服增益必须降低，导致控制性能降低。实际上，PID 参数优化的结果就是降低控制增益来保证稳定性，这种在控制性能上的妥协能够避免激起索系阻尼很小的柔性模态共振。

前馈工作在开环状态下，因此无法完全补偿误差，但是能够显著提高系统响应的快速性而不影响稳定性。前馈控制器直接将快速变化的位置指令提供给速度环控制器以产生直接的速度响应，而绕过位置环的反馈偏差调节。因此，能够加速控制系统对快速运动指令的响应。

（2）基于速度的 PID 自适应参数

由于馈源舱的运动过程主要分为换源（高速运动）及观测（低速运动）两个状态。不同速度下如果采用一组固定的 PID 参数，容易导致目标在观测期间精度不达标。因此，并联索系控制的主要思路是采用自适应 PID 方案，针对馈源舱位置、姿态的比例系数（K_p）等参数，使用自适应方式完成索控制。

① K_p 确定

通过仿真初步确定 K_p 参数合理区间，然后现场进行实际测试，各找到两种状态下对应的一组 K_p 值，最后通过公式拟合得到不同速度下的位姿 K_p 参数，用于钢索的控制，具体公式如下。

$$
\begin{aligned}
\text{Position\_}K_p &= 0.0675 + 0.0325 \times \tanh \frac{\sqrt{(X-X_1)^2 + (Y-Y_1)^2 + (Z-Z_1)^2} - 100}{20} \\
\text{Pose\_}K_p &= 0.065 + 0.035 \times \tanh \frac{\sqrt{(X-X_1)^2 + (Y-Y_1)^2 + (Z-Z_1)^2} - 100}{20}
\end{aligned}
\tag{4-32}
$$

FAST 在换源状态下的最大速度可达 400mm/s，观测状态下的位置移动速度低于 24mm/s。进行索驱动 PID 控制时，换源完成后需要对 PID 参数进行重置，避免换源过程中的积分项等参数影响目标在观测过程中的控制精度。从图 4-46 中可看出比例系数参数位置控制采用 S 形控制，姿态控制为线性控制，以完成索的自适应控制。

② 积分项及微分项的确定

积分项（T_i）及微分项（T_d）通过仿真初步确定合理区间，然后现场通过实际带载方式对参数进行微调即可。

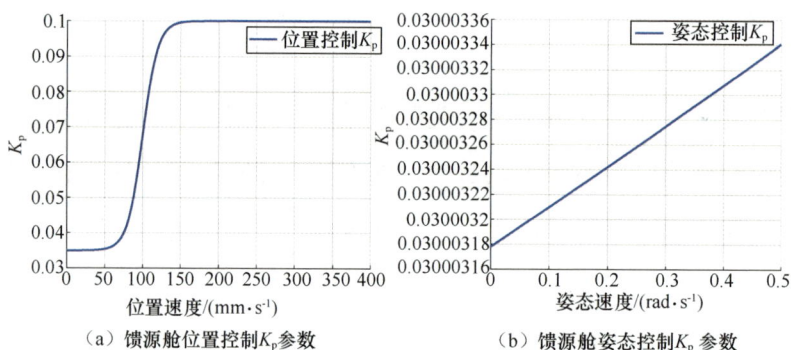

（a）馈源舱位置控制 K_p 参数　　（b）馈源舱姿态控制 K_p 参数

图 4-46　索驱动位姿 K_p 自适应参数图

优化后的动态 PID 参数相较于早期仅采用一组固定 PID 参数（优化前）的控制方式，从精度对比（见图 4-47）中可明显看出，舱体的位置及姿态精度都有了较大改善。

3. 馈源舱控制

馈源支撑控制系统完成接收机相位中心的焦点轨迹规划后，馈源舱需要完成 AB 转轴机构及斯图尔特平台实时的正、逆解计算 6 杆长度及相位中心位姿。然后将杆长数据等按 200ms 为周期下发至 MLC，控制器分别插补后完成硬件的驱动控制。馈源舱 AB 转轴机构及斯图尔特平台算法控制流程见图 4-48。

（a）6索实际出绳速度

（b）位置偏差及角度偏差

（c）6索出绳速度

（d）索驱动位置误差

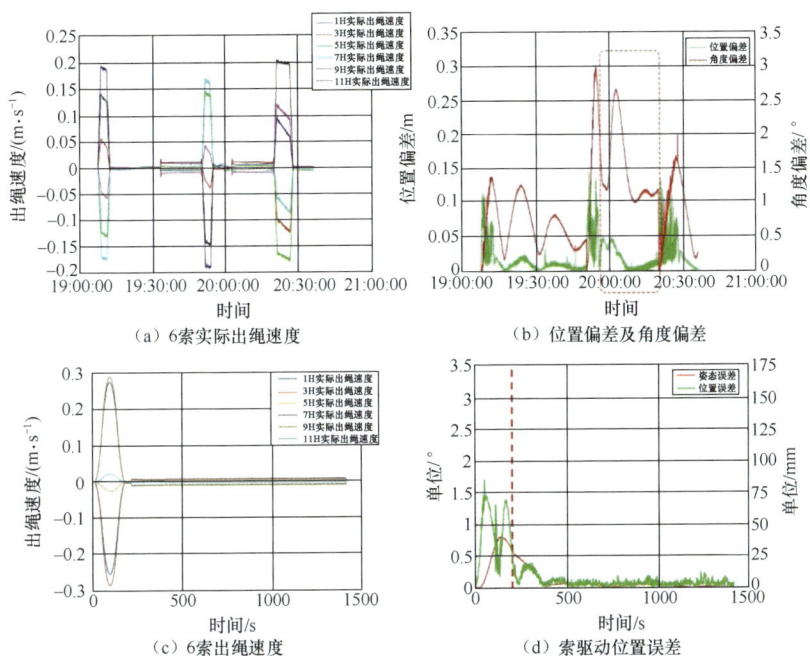

图 4-47　索驱动控制优化前、后出绳速度及位姿精度

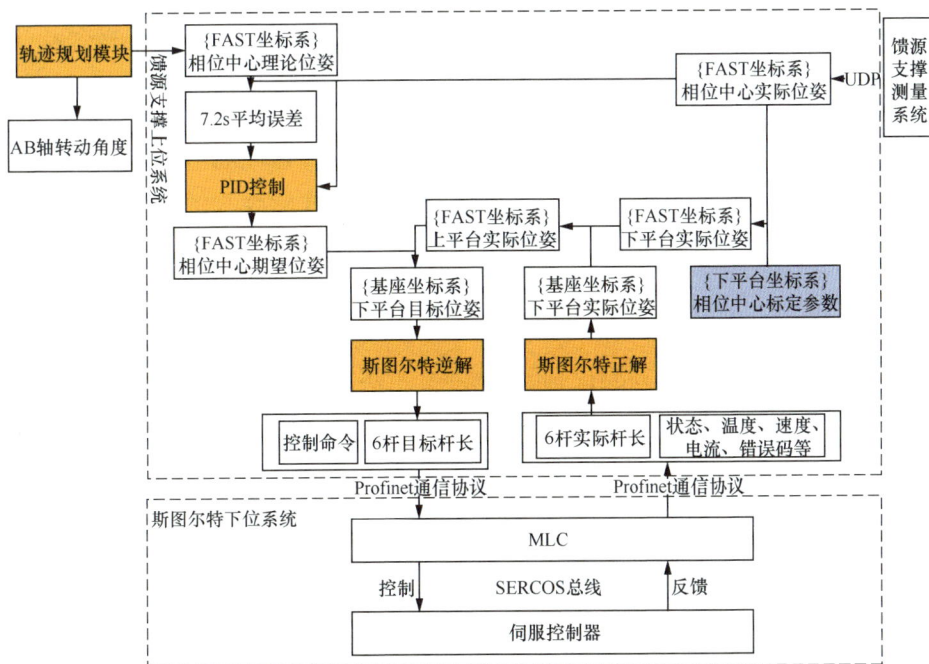

图 4-48　馈源舱 AB 转轴机构及斯图尔特平台算法控制流程

（1）斯图尔特控制策略

在 FAST 馈源支撑系统中，斯图尔特平台与其常规应用主要的不同之处在于：斯图尔特机构通过柔索悬挂在空中，无稳定的基础。因此不能忽略斯图尔特促动器因馈源舱平台框架的反作用力而产生的运动，馈源舱平台框架与接收机前端平台的动力学耦合现象是设计控制器时必须考虑的重要问题。在保证快速响应的情况下而不激起馈源舱和索系的共振，是斯图尔特控制策略需要实现的主要目标。

索牵引控制器对馈源舱的高频共振没有调节能力，因此，当斯图尔特控制器的反馈信号中存在噪声或时延时，会使斯图尔特控制器产生错误的控制指令，驱动器在执行该指令时会对馈源舱产生一个与振动频率相当的反作用力，这很容易激起馈源舱的高频共振。解决共振问题的常用方法是给反馈控制环节加入低通滤波器。滤波器直接消除反馈信号中的高频信号（包括传感器噪声和系统的高频振动），因此间接限制了控制器的响应频率范围，通过降低系统控制带宽来保证控制的稳定性。斯图尔特平台忽略了馈源舱的高阶振动模态，使得在控制频率范围外的高频振动成为接收机前端定位和指向误差的主要来源。滤波方法对低频控制性能的负面影响主要集中在滤波器带来的额外传输时延。由于时延无法消除，因此会在一定程度上降低系统的控制性能。

综上所述，低通滤波器使斯图尔特平台可用于补偿低频段大部分的定位和指向误差，而在高频段控制器不做响应以避免发生系统共振。

FAST 的斯图尔特机构为典型的 6UPS（虎克铰 - 移动幅 - 球铰）并联机构，它是 FAST 馈源舱的三级精调机构，完成最终的精调。其球铰和伸缩杆呈空间分布，是复杂的空间多环路闭环机构，主要目标为减少和抑制整个馈源舱的风激扰动影响，并保证最后的位置精度 ≤ 10mm，角度精度 ≤ 0.5°。

并联机器人的运动学研究内容主要包括位置正解、逆解两个部分。位置正解为已知 6 杆杆长及其中一个平台的位姿，求解另一个平台的位姿；位置逆解为已知两个平台的位姿，求解 6 杆杆长。与串联机器人相反，并联机器人位置逆解容易，正解非常复杂。根据 FAST 自身实际情况，斯图尔特平台控制思路如图 4-49 所示。

斯图尔特平台控制的核心思想如下。① 馈源舱内局部坐标系很多，所以对斯图尔特平台进行正、逆解计算时尽量在同一坐标系下完成。② 虽然相位中心位姿及上平台位姿都能通过测量系统获取，但考虑到外部环境恶劣（如大雾）等情况发生时，测量系统的数据来源可能会变化，而不同来源的测量数据精度高低不同，会给斯图尔特平台的正、逆解带来不可控的影响。所以在进行解算时，仅采用测量系统的相位中心位姿作为唯一外部数据来源完成计算。

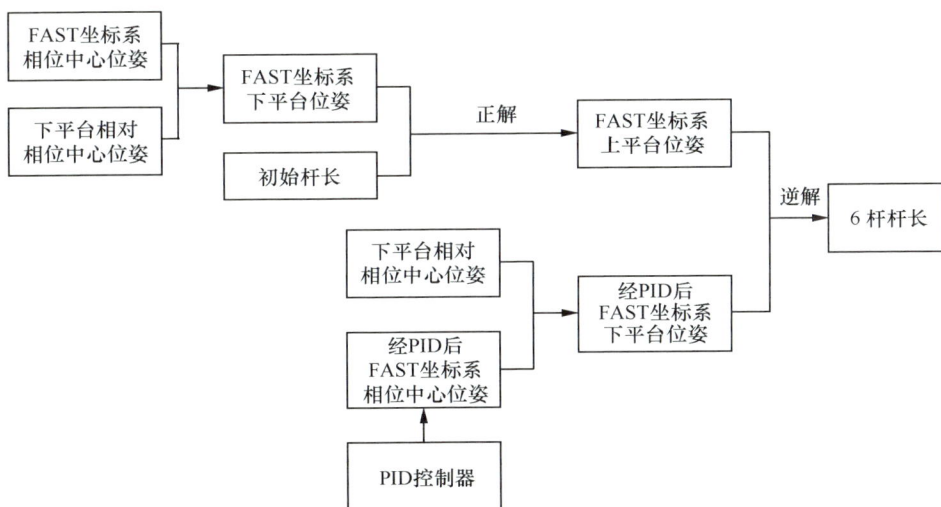

图 4-49　斯图尔特平台控制思路示意图

具备 6 自由度控制能力的斯图尔特平台，其正解及逆解对馈源完成精调的过程非常重要，因此以下将分别对斯图尔特平台逆解及正解进行介绍。

（2）斯图尔特平台逆解

逆解的主要目的是在基座（定平台）坐标系 $\{O_B\}$ 下，根据已知动平台的位姿计算分支长度。斯图尔特平台机构简图如图 4-50 所示，此机构为半对称形，即上、下平台各铰点 1、3、5 和 2、4、6 分别间隔 120° 均匀分布，

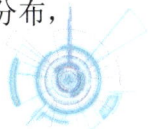

上平台有虎克铰 $A_1 \sim A_6$，下平台有球铰 $B_1 \sim B_6$。斯图尔特平台机构参数包括下、上平台间初始高度 H，上平台铰链中心点分布圆直径 R，下平台铰链中心点分布圆直径 r，上平台铰链点间夹角 θ_1，下平台铰链点间夹角 θ_2，$\angle A_1 O_B A_2$ 平分线（B 轴）与坐标系 X 轴的夹角 δ 和初始杆长。

以上平台（定平台）为参照系，以 X、Y、Z 为正交轴。下平台（动平台）有自己的正交坐标 X'、Y'、Z'，相对于定平台有 6 个自由度。动平台坐标的原点可以由 3 个相对于定平台的平移位移来定义，每个轴 1 个平移，3 个角位移定义了平台相对于基座的方向，使用一组欧拉角来定义每个轴向的转角，具体如下。

- γ（yaw，偏航角）为 Z 轴方向上的转角。
- β（pitch，垂直角）为 Y 轴方向上的转角。

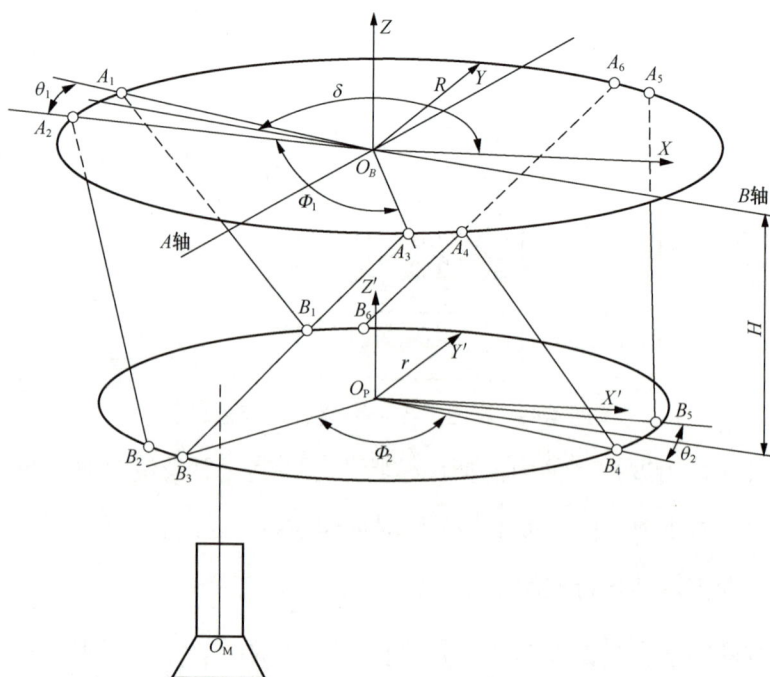

图 4-50　斯图尔特平台机构简图

- α（roll，滚动角）为 X 轴方向上的转角。

针对 FAST 馈源舱，回零水平状态下，Y 轴正向为正北方向，X 轴正向为正东方向，Z 轴竖直向上，原点为虎克铰分布圆中心点。Y 轴与 AB 轴中的 B 轴夹角为 74°。

① 计算虎克铰相对于定平台中心点的位置向量

$$PA_i = \begin{cases} \left[R \times \cos\left(\dfrac{(i-1)\times\pi}{6} - \dfrac{\theta_1}{2} + \delta \right) \quad R \times \sin\left(\dfrac{(i-1)\times\pi}{6} - \dfrac{\theta_1}{2} + \delta \right) \quad 0 \right]^{\mathrm{T}}, i=1,3,5 \\[4mm] \left[R \times \cos\left(\dfrac{(i-1)\times\pi}{6} - \dfrac{\theta_1}{2} + \delta \right) \quad R \times \sin\left(\dfrac{(i-1)\times\pi}{6} - \dfrac{\theta_1}{2} + \delta \right) \quad 0 \right]^{\mathrm{T}}, i=2,4,6 \end{cases}$$

$$(4\text{-}33)$$

② 计算球铰相对于动平台中心点的位置向量

$$PB_i = \begin{cases} \left[r \times \cos\left(\dfrac{(i-1)\times\pi}{6} - \dfrac{\Phi_2}{2} + \delta \right) \quad r \times \sin\left(\dfrac{(i-1)\times\pi}{6} - \dfrac{\Phi_2}{2} + \delta \right) \quad 0 \right]^{\mathrm{T}}, i=1,3,5 \\[4mm] \left[r \times \cos\left(\dfrac{(i-1)\times\pi}{6} - \dfrac{\Phi_2}{2} + \delta \right) \quad r \times \sin\left(\dfrac{(i-1)\times\pi}{6} - \dfrac{\Phi_2}{2} + \delta \right) \quad 0 \right]^{\mathrm{T}}, i=2,4,6 \end{cases}$$

$$(4\text{-}34)$$

③ 推导旋转矩阵

在 Z 轴上的旋转矩阵为

$$RZ\gamma = \begin{pmatrix} \cos\gamma & -\sin\gamma & 0 \\ \sin\gamma & \cos\gamma & 0 \\ 0 & 0 & 1 \end{pmatrix} \qquad (4\text{-}35)$$

在 Y 轴上的旋转矩阵为

$$RY\beta = \begin{pmatrix} \cos\beta & 0 & \sin\beta \\ 0 & 1 & 0 \\ -\sin\beta & 0 & \cos\beta \end{pmatrix} \qquad (4\text{-}36)$$

在 X 轴上的旋转矩阵为

$$RY\alpha = \begin{pmatrix} 1 & 0 & 0 \\ 0 & \cos\alpha & -\sin\alpha \\ 0 & \sin\alpha & -\cos\alpha \end{pmatrix} \qquad (4\text{-}37)$$

结合整个旋转矩阵基于平台的运动可得到

$$^P\boldsymbol{R}_B = \boldsymbol{RZ}\gamma\,\boldsymbol{RY}\beta\,\boldsymbol{RX}\alpha \tag{4-38}$$

④ 计算动平台球铰 B_i 相对于定坐标系的坐标 $\boldsymbol{PB}_i'$ 的方程

$$\boldsymbol{PB}_i' = T + {}^P\boldsymbol{R}_B\,\boldsymbol{PB}_i \tag{4-39}$$

式中 T 为动坐标系原点在定坐标系下的坐标。

⑤ 计算 i 号分支长度公式。

$$l_i = \boldsymbol{PB}_i' - \boldsymbol{PA}_i = T + {}^P\boldsymbol{R}_B\,\boldsymbol{PB}_i - \boldsymbol{PA}_i \tag{4-40}$$

（3）斯图尔特平台正解

正解的主要目的为在基座坐标系 $\{O_B\}$ 下，根据已知分支长度计算动平台的位姿。

在已知运动坐标系 $\{O_P\}$ 相对固定坐标系 $\{O_B\}$ 的位姿为 $\boldsymbol{P}_0 = \begin{pmatrix} X & Y & Z & \alpha & \beta & \gamma \end{pmatrix}^\mathrm{T}$ 的情况下，令球铰 B_i 在运动坐标系下的位置矢量为 $\boldsymbol{b}_i$、虎克铰 A_i 在固定坐标系下的位置矢量为 $\boldsymbol{A}_i$，则球铰 B_i 在固定坐标系 $\{O_B\}$ 下的位置矢量可表示为

$$\boldsymbol{B}_i = \boldsymbol{R}_{ZYX}\boldsymbol{b}_i + \boldsymbol{P}_1 \tag{4-41}$$

式中，$\boldsymbol{R}_{ZYX}$ 为动平台姿态变换矩阵，$\boldsymbol{P}_1$ 为动平台在固定坐标系 $\{O_B\}$ 下的位置矢量。

根据固定坐标系 $\{O_B\}$ 下球铰的位置矢量，需要先通过式（4-40）反解求出 6 杆长度为

$$l_i = \boldsymbol{B}_i - \boldsymbol{A}_i = \boldsymbol{R}_{ZYX}\boldsymbol{b}_i + \boldsymbol{P}_1 - \boldsymbol{A}_i\,(i = 1, 2, \cdots, 6) \tag{4-42}$$

式（4-40）中各分支长度可表示成关于动平台位姿 $\boldsymbol{P}_2 = \begin{pmatrix} X & Y & Z & \alpha & \beta & \gamma \end{pmatrix}^\mathrm{T}$ 的函数，即

$$l_i = f\left(X, Y, Z, \alpha, \beta, \gamma\right) \tag{4-43}$$

由式（4-41）可以看出，动平台各位姿参数均可以表示为 6 个分支长度 l_i 函数的形式，即斯图尔特平台的运动学正解表达式为

$$\begin{cases} X = f_1\left(l_1, l_2, l_3, l_4, l_5, l_6\right) \\ Y = f_2\left(l_1, l_2, l_3, l_4, l_5, l_6\right) \\ Z = f_3\left(l_1, l_2, l_3, l_4, l_5, l_6\right) \\ \alpha = f_4\left(l_1, l_2, l_3, l_4, l_5, l_6\right) \\ \beta = f_5\left(l_1, l_2, l_3, l_4, l_5, l_6\right) \\ \gamma = f_6\left(l_1, l_2, l_3, l_4, l_5, l_6\right) \end{cases} \quad (4\text{-}44)$$

显然，通过求解式（4-42）的非线性方程组，可获得动平台相对定平台的位姿。理论上非线性方程组具有多解，但从运动的连续性方面考虑，可以获得其唯一解。

方程组（4-42）可以表示为

$$F\left(\boldsymbol{P}_2, \boldsymbol{L}\right) = 0 \quad (4\text{-}45)$$

式中，$\boldsymbol{L} = \begin{pmatrix} l_1 & l_2 & l_3 & l_4 & l_5 & l_6 \end{pmatrix}^{\mathrm{T}}$。

若已知初始分支长度 $\boldsymbol{L}_0$、动平台初始位姿 $\boldsymbol{P}_0$（6 个铰链点的全局坐标），求解 $\boldsymbol{P}_2''$（未知平台 6 个铰链点的本地坐标）。采用牛顿迭代进行求解，即

$$\begin{aligned} \boldsymbol{P}_2'' &= \boldsymbol{P}_0 - \left(\frac{\partial F}{\partial P_2}\right)^{-1} F\left(\boldsymbol{P}_2', \boldsymbol{L}'\right) \\ &= \boldsymbol{P}_0 - \boldsymbol{J}^{-1} F\left(\boldsymbol{P}_2', \boldsymbol{L}'\right) \end{aligned} \quad (4\text{-}46)$$

式中，$\boldsymbol{J}^{-1}$ 为斯图尔特平台的雅可比矩阵。

迭代终止条件如下。

$$F\left(\boldsymbol{P}_2', \boldsymbol{L}'\right) = \varepsilon \quad (4\text{-}47)$$

式中，ε 为很小的正实数，如 1×10^{-5}。

由式（4-44）可以看出，通过牛顿迭代方式，最终可获得对应于目标杆长的动平台位姿。

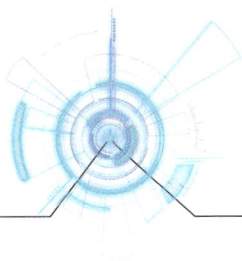

第 5 章　总结与展望

1．基准控制网

基准控制网为 FAST 测控提供高精度的时间和位置基准，是 FAST 测控的基础和先行工作，是保障 FAST 施工、安装、调试和运行过程中位置精度的基础。因此在 FAST 建造和运行的全过程，提供了不同阶段的基准控制网，如首级控制网、施工控制网、设备安装网和精密控制网。由于施工阶段不同、基墩类型不同及基墩稳定性不确定，针对不同施工阶段的需求，对基准控制网的精度提出了不同的要求。

FAST 建立完成后，受限于测量效率和施测环境，已经无法采用传统的边角网测量和水准高程测量，需要采用新的方法来实现精密控制网的测量。因此研发了控制网自动化监测系统，精度指标主要用来区分主站和副站，不同控制点（除 JD24 外）的精度都达到了 1mm。

控制网前期测量不具备监测所需的效率和自动化程度，基准控制网在变形监测的关键期并没有实现有效测量。后期完成的控制网自动化监测系统监测数据还不够丰富，因此后期的长期监测是基准控制网后续主要的工作。

2．反射面测量

经过对反射面测量系统的前期研究，研发了摄影测量和全站仪激光测量两套测量方案，两套方案均能实现 FAST 的 500m 级的节点测量精度目标。目前应用的是全站仪激光测量方案，该方案的主要优势是稳定性强，野外远距离测量适应性强，无源靶标没有电磁干扰问题且维护较容易。同时采用差分方法修正全站仪的测角误差，大大提高了测量精度，使系统即使在下雨等恶劣天气下也能满足 FAST 的面形标定精度要求。即使反射面目前采用开环控制，测量系统仍具有实时测量抛物面面形的功能。

随着技术的发展和进步，更高精度的测量仪器逐渐问世，这使得 FAST 反射面的测量可通过更多手段来实现，例如使用激光扫描仪监测单元面板的面形。如果未来出现更新的设备，也许可以取代现在使用的全站仪系统。同时，我们没有放弃对摄影测量系统的研发，目前已在探索 FAST 无靶标识别和进一步研发 DPU 样机。

3. 馈源支撑测量

在系统建设早期，针对馈源支撑测量的高精度要求，采用 GNSS 和全站仪进行测量，其中全站仪测量精度高，是保证测量系统精度的主要测量手段。然而全站仪测量时会产生电磁干扰，对 FAST 天文观测造成不可忽视的影响，必须采取措施对其进行电磁屏蔽。经反复优化设计及试验后，我们确定了目前全站仪的屏蔽方案，以极低成本满足了屏蔽要求。另外，全站仪受天气影响较大，恶劣天气环境下无法正常工作，针对馈源支撑测量要求大尺度、高精度、全天候的难点，传统、单一的测量手段难以解决问题。馈源支撑测量系统创新地采用多种测量系统相融合的方法，即使用全站仪、GNSS、IMU 这几种不同测量手段实现测量优势互补，增加 FAST 的有效观测时长。

由于融合测量精度依赖全站仪，我们研制了一套不依赖气候影响的微波测距设备，目的是在恶劣天气条件下代替全站仪。全站仪、GNSS、IMU 和微波测距等手段优劣互补，能够同时满足馈源支撑高精度和全天候的测量需求。

4. 总控系统

总控系统是 FAST 望远镜进行天文观测的顶层运行管理平台，主要功能包括将观测任务参数和指令发送给各子系统，反馈观测指令的效率和可行性，监测各子系统运行状态，收集并记录望远镜运行数据。

针对其独特的运动控制方式，总控设计了针对 FAST 的智能排布算法，并开发了大量的观测模式供用户选择，主要目的是为用户节约更多的换源时间用于观测。对系统的设计和开发，确定了总控与子系统间的连接方式为星形以太网网络结构，并采用内存数据库进行实时通信，利用 Redis 平台的订阅和发布功能，使多终端间的通信高效且性能稳定，为望远镜各子系统之间稳定协调地运行打下了良好的基础。

总控系统的控制结构及通信，开发时期虽然采用相对先进且成熟的技术。但随着后续望远镜的性能升级及观测需求变化，如可连接门户网站和接收机终端的全链条自动化观测、适用于望远镜阵列观测的控制系统等，当前生产环境所使用的网络传输技术和控制手段可能无法满足新的观测条件和观测需求。未来总控系统还需要根据新的能力和需求继续进行优化升级，以不断适应面临的新挑战。

5. 反射面控制系统

反射面控制系统的主要目标是根据天文轨迹规划和测量数据，通过调整促动器的伸长量控制反射面节点位置，形成位置和面形准确的抛物面。在系统设计阶段遇到的主要问题有通信系统网络拓扑的设计、节点位置与促动器伸长量之间的数学关系、反射面测量数据的使用和反馈机制等。难点在于各问题相互制约而又联动，因此找到一个适宜的方案十分具有挑战性。例如，网络拓扑方案有以太网和总线两大类，二者主要的区别是通信速率和应答方式。而这方面的取舍又会影响到节点位置的计算和下发方式，同时反射面测量数据也要使用该网络传递，其对网络性能的要求必须被满足。为解决上述问题，我们从两方面进行努力，其一是结合前期试验数据，先行展开与硬件设计有关的工作，同时为软件方案留好余量；其二是多与设备厂商、设计单位和研究机构合作，采用较为成熟的新技术，适当创新设计以求降低系统的复杂程度，同时取得较好的性能。通过上述的努力，反射面控制系统硬件从设计到最终完成，未出现大的变更与修改。同时通过软件的不断优化，系统性能不断增强，效率大为提高。

反射面控制系统在实施过程中采用了多项新技术和新方法。第一，在网络布线上，深度结合地形地貌以及道路、管线等构筑物设计走线路径，具备施工难度小、易检修等特点。第二，在通信介质上，没有选用传统的铜质双绞线，而选用蝶形光缆，大大简化了通信系统两端设备的电磁信号屏蔽处理难度，也增加了通信传输距离、提高了信号质量。第三，在反射面控制算法上，采用了基于力学仿真技术的开环控制技术，其核心思想是通过力学仿真分析建立数量和分布足够的抛物面数据库。第四，采用域内插值方法实时计算节点位置。

反射面控制系统未来会主要在控制算法上继续升级，提高控制精度和效率。另外，在硬件系统上采用更新的技术和设备，提高其可靠性和可维护性。

6. 馈源支撑控制系统

FAST 馈源支撑控制系统中，索驱动柔性机构具有变目标点、多变量耦合的控制类问题，但它是保证馈源舱运行到指定位置的关键，其控制的精度对馈源舱指向精度有直接影响。我们针对舱体处于不同运动速度的情况，通过采用动态 PID 的控制方式实现馈源舱的一次空间位姿调整。进行二次空间位姿调整时，斯图尔特平台是馈源最终完成瞬时毫米级精度位置的保证，通过控制馈源舱内的 AB 转轴机构和 6 杆斯图尔特并联机器人，最终实现馈源相位中心在天顶角 40° 以内的高精度指向观测。

我们在实际使用现有的馈源支撑控制方式的过程中发现，虽然现有的设计方案及算法实现了馈源相位中心的高精度控制，但受限于馈源舱 30t 的安全阈值，FAST 存在难以同时安装新型馈源接收设备，且难以观测更大天顶角的问题。未来可通过对馈源舱的内部机构硬件及算法进行升级改造，即优化设计新型的二次精调方式，完成有效减少馈源舱重量、大幅提升 FAST 观测角度（天顶角）的目标，为望远镜的性能提升提供大力支撑。